一噸垃圾值多少錢

垃圾變黃金？垃圾回收再利用，已成全球經濟舉足輕重的國際產業！

彭博新聞社記者
亞當・明特 *Adam Minter* ——著
劉道捷——譯

本書說明

亞當・明特（Adam Minter）

要寫跟產業有關的書，不可能不用到統計數字，因此本書包括和廢料產業有關的統計。有些統計數字由政府編纂，有些由企業提供，有些由個人製作。不過，除了少數統計之外，所有統計數字頂多只能將它視為估計數字。

就像書中所說，全球回收再生產業不容易提供清楚明確的資料，原因之一跟產品的性質有關。廢料經常是很少精確計算的垃圾的副產品，開發中國家更是難得有人會去計算垃圾的數量。

碰到廢料可以計算時——例如裝在貨櫃裡時——你會碰到額外的問題。例如，裝廢五金的貨櫃經常混裝很多種不同的金屬，其中有些金屬從來沒有精確計算過。此外，貨主為了避稅，經常向政府虛報混裝金屬的裝運量，這種做法極為普遍，到了嚴重影響所有廢料進出口統計可靠性的程度。

最後，讀者會注意到，雖然主流媒體普遍採用和傳播環保組織的統計資料，我卻沒有引用他們的統計數字，原因很簡單：廢料回收是一項產業，你所能找到的最好資料，來自實際從事收集、運輸、處理可回收資源的機構。環保組織雖然好心，卻難以獲得這種資料，而且對這種資料也沒有多大的興趣。

目錄

006 推薦序——綠色經濟已成爲一門顯學！
010 序
022 第一章——垃圾熱湯
041 第二章——東挖西掘
057 第三章——蜂蜜大麥
078 第四章——洲際廢料貿易
106 第五章——回程
129 第六章——骯髒的新興城市
145 第七章——浪費大國
164 第八章——厲害老鄉
179 第九章——塑膠國度

198 第十章——再生部門
227 第十一章——黃金碎屑
262 第十二章——聚錢成塔
288 第十三章——熱金屬流
298 第十四章——此廣東非彼「廣東」
307 第十五章——塵歸塵、垃圾歸垃圾
326 結語

推薦序

綠色經濟已成為一門顯學！

佳龍科技工程股份有限公司
總經理　吳界欣

當時報出版找我爲一本新書寫序的時候，原本我還在想什麼書可以由我來寫序？看到《一噸垃圾值多少錢》的書名，使我有一種莫名的衝動想要好好的了解。而當我看完《一噸垃圾值多少錢》之後，使我很有感觸的認同，因爲這本書不就是在探討我本身從小到大身處的廢棄物回收產業嗎？沒想到眞的有人可以出一本關於整個回收產業的書，而且這本書的作者跟我一樣，從小就在父親經營的廢棄物回收事業下長大。作者是遠在美國明尼蘇達州的明尼亞波利斯市，而我是身處在中華民國的台灣，不同的是他最後走上回收產業的專欄記者之路，因而更能看清楚整個全球回收產業的發展。

書中提到在美國十九世紀末的歐洲移民人口中，有很多人投入回收產業，並提到二十世紀初期回收產業對二次世界大戰的重要影響性。身處在這個回收產業多年，我所體認到的是，雖然東西方的文化有所不同，但回收產業並沒有因東西方文化上的差異而有很大的不同，這是回收產業的特性。不管是在歐美或亞洲，這個行業本身就是有我們共通的經營模式，而大多數的國家，初期發展經濟對回收產業的依賴比重也是非常的深，如二十世紀初期的美國及二十一世紀初期的中國皆是如此。

一直以來回收產業也是大多數人所較不了解的產業，而身處回收產業領域的作者與我都很清楚，回收產業對一個開發中的國家何其重要。當一個國家的整體回收比率越高，對一個國家的整體競爭力就會有很大的提升，尤其是工業化比重很大的國家，更是突顯回收產業的重要性。因爲社會中相關的回收比例越高，相對的可以直接降低隱性的社會成本，而減少大量依賴進口；更重要的是一些戰略性的金屬材料如果回收比例高，就可以降低或避免受到國外的牽制而影響國家的發展，這是就國家的角度來觀察。就發展經濟方面來說，因爲台灣資源缺乏，因此有必要好好發展回收經濟，我們稱之爲「靜脈經濟」。相較於靜脈經濟，台灣各種產業的發展大都以出口爲導向，但這些產品的出口都是先把原物料進口之後再加工成產品出口到全世界，多屬「動脈經濟」的發展。而這幾年大家都在提所謂的循環經濟概念，尤其是中國的發展，它所需要的資源更爲龐大。而且這些資源更是協助中國每年ＧＤＰ的成長都在八％以上，因此，這些年來提倡的綠色經濟，儼然也已成爲一門顯學。

回想西元一九九八年時，我到中國去拜訪相關的回收同業們，當時看到現場的回收環境，眞的是我們很難想像之困苦及惡劣，就如同作者在書中所描述的情景一樣。那時我一路從華北、華東看到華南地區的回收廠，全部都是採露天燃燒的方式，之後不是就地掩埋就是隨河排放。因爲北美的電子廢棄物至少八十％以上是跨國運送到中國來處理，就當時而言，對中國的重大公共工程建設及經濟發展是非常重要的原物料來源，這與書中提到的美國二十世紀初經濟發展也有非常相似之處。從我個人這十五年來觀察中國的經濟發展，回收產業對中國的發展占有非常重要的地位，也有其獨特的必要性。但一直以來，經濟發展與環境安全都無法取得生態上的平衡，尤其這些年來的氣候變遷是與環境汙染有絕對的直接關係。因全球工業化大力的發展，而導致近年來環境生態面臨嚴重的危機，從熱帶雨林的破壞到海洋資源的枯竭，這也是人類發展經濟過程中萬萬沒有想清楚而導致現在必須面臨的困境。站在回收產業的我來看，相對於前端的生產製造業，我們回收產業就是屬於末端產業。

一年有春、夏、秋、冬的四季交替而讓地球生生不息，當我從身處末端產業的角度自我省思時，我常常在想，產品的生命週期應該就要如同一年四季的生態一樣，從原物料到產品最後生命週期結束之後，也應該有它的春夏秋冬，進而生生不息的交替。如果我們的大地是這樣有智慧的讓萬物生態可以不斷的循環發展，那麼我們更應該回過頭來看人類自己發展的生活形態，包括所有我們使用的消費性產品，也應該要有生生不息的發展，這點是我多年來一直希望能以這樣的一個觀念來與大家分享。雖然我一直身處在回收產業並以此角度在思考，其實從末端的角度來往前端看，就不難發現生態會產生不平衡了。

綠色經濟、環境保護、生態平衡是全世界一直在倡導的觀念，但說實在，這些觀念一直都沒有形成全球公民共同的行爲模式，因爲人們在發展經濟規模之時，只考慮個人的利益價值，所以只從利己的角度出發時，相對的就很容易會犧牲環境而造成生態的破壞。一直以來我都在思考這一點爲什麼不能改變，這很多是因爲在道德及觀念上的偏差而造成只會從利己的心態出發，最後的行爲模式就是不知覺的破壞環境、汙染土地、水及空氣。在這個社會上，看到一些廠商爲了省一點點處理成本而造成環境的汙染，雖然省下了自己的成本，但這之中所要付出的社會成本，可能是上百倍或千倍，並要讓全民買單的後果。這之中還會影響全民的健康，這個隱性的社會成本的代價非常昂貴，相信這也是未來發展經濟必須要衡量計算的一個重要的社會成本。因爲企業的永續發展也一定要對社會負完全的責任，企業的社會責任不應只是一句口號，要落實這一切都要從道德觀念上重新建立起價值觀，讓所有的產業包括回收產業都要重新建立對社會應有的責任；因爲只有在環境永續發展的前題之下，企業才有可能永續發展，創造社會價值。

我一直把回收產業認定爲社會需求價值型企業，不管是有人稱爲現代清道夫或把垃圾變黃金，這都是對回收產業的一個最基本的了解。回收產業的升級發展是要創造對這個社會有所貢獻，當有很多重要的環保議題，回收產業應該帶頭執行、以身作則，因爲回收本身就代表對環境的尊重，回收效率越高就越能降低對環境的衝擊，所以從頭到尾就是要做的徹底，才能對社會有所交待。在書中作者談到他所看到的回收產業是如何造就許多人的財富，雖然是以最原始的方法來做回收處理，但那是就當時的時空背景之下，沒有任何對防治技術有所要求而產生的環境汙染。相對的除了回收產業之外，有其它製造產業對環境的衝擊也不小，因爲人類的永續生存是架構在一個平衡生態的基礎之上。

這些年來氣候的巨變已經在要求我們要改變對地球的破壞，想一想以後的子孫要如何來解決環境的重大巨變，最簡單的就是現在的我們要改變生活的模式，不要過度使用及浪費，早點降低對環境的汙染，讓地球慢慢的恢復正常運轉，才能解決未來子孫所可能要面對的環境變遷問題，這點都是值得我們身爲人類而應該省思的。回想從小到大一路跟隨父親從事回收產業至今，從回收產業目睹了整個世界的改變，也看到所有的產業都有起有落，當然回收產業也不免於此。最後，不管是身處在黃金國度或垃圾國度之中，唯一不變的是要隨時面對世界的轉變，而做出最正確的決策，順應環境，就像地球也已經產生氣候異常……等巨變，而我們就更應該做出最正確的決策來改變自己！

序

一條燒壞掉的聖誕燈飾放在手裡，幾乎沒有什麼重量，但是打包成像乾草包一樣大小的一大塊時，會有多重？照李瑞蒙（Raymond Li，譯音）的說法，重量大約一公噸（二千二百磅）。李瑞蒙臉孔清新、意志堅決，是廣東省石角鄉廢五金處理業者永昌處理公司（Yong Chang Processing）的總經理。

他應該很清楚。

我站在他和三大包聖誕燈飾之間，這三噸聖誕燈飾都是美國人丟在回收桶、放在救世軍回收中心，或是賣給開著貨車「收購廢品」業者的東西。最後，這些東西會送到回收場，壓成方形，運到李瑞蒙的聖誕燈飾回收處理廠。

李瑞蒙急於讓我看看工廠的回收處理過程。

但是首先他要告訴我，雖然在華南小鄉村看到三噸美國聖誕燈飾似乎很多，其實並非如此。事實上，十一月中是進口舊聖誕燈飾的淡季，旺季從新年後開始，到春季達到最高峰，這時美國北部各州居民開始清理房子，清除聖誕燈飾這些煩人的東西。把聖誕燈飾送到本地回收中心或賣給本地廢料場的人，非常不可能知道聖誕燈飾的下一步去向，但是我知道：會送到人口大約兩萬人的廣東石角鄉這裡。李瑞蒙告訴我，他們公司每年大約處理一百萬公斤進口聖誕燈飾，他估計石角鄉進口和處理同樣數量聖誕燈飾的工廠至少還有九家，保守估計，這樣加總起來，一年就是九千多公噸。

石角鄉是廣東一個籍籍無名的小鄉村，怎麼會變成世界聖誕燈飾回收之都？答案如下：從石角鄉開車可到的範圍內，有成千上萬家需要用銅生產電線、電力纜線和智慧型手機的工廠。這些工廠可以選擇利用西藏這麼遠的地方所開採的銅，或是採用石角鄉從進口聖誕燈飾中回收的銅。

但是李瑞蒙用簡單多了的答案，回答了石角鄉怎麼會創造這麼怪異地位的問題：他輕聲說：「大家想賺錢，就是這樣而已。」說著，他那迷濛的眼神從我身上移開。

李瑞蒙像任何人一樣清楚這段歷史，也毫無修飾的迅速敘述了這段歷史。一九九〇年代初期，石角鄉的經濟機會有限：你要是不耕田，就得離開家鄉。這個地區沒有良好的道路、沒有受過教育的勞動力、沒有原料，只有空地，只有廣闊、偏遠的空地。因此，你只需要偏遠的空地、火柴和一些油料，就可以焚燒一堆舊聖誕燈飾，並從中回收銅；你只要堆起電線、點上火，設法不吸電線膠皮燒出來的黑煙，就可以了。

李瑞蒙帶我走進狹小的辦公室，請我坐在布滿灰塵的皮沙發上，辦公室模糊不清的窗戶面對永昌處理廠的廠房地板。李瑞蒙是石角鄉本地人，他的內弟姚先生坐在我右邊，他的太太姚葉坐在我對面，低調的李瑞蒙坐在太太旁邊。他們告訴我，這是家族企業，每個人都得幫忙。

我從窗戶向工廠地板看過去，但是因爲沙發的位置較低矮，我什麼都看不到，只能看到李瑞蒙幾天前進口、價值數萬美元的許多堆廢電線（不是聖誕燈飾）。如果李瑞蒙有意願，他有夠多的資金，每個月可以買進價值數百萬美元的美國廢金屬。這個數字聽來似乎很大，實際上卻並非如此。全球回收工業的年營業額高達五千億美元（大約等於挪威的國內生產毛額），雇用的員工總數超過世界上的任何產業，僅次於農業。李瑞蒙是石角鄉的大型廠商，但是他在廣東省有很多競爭對手，因為廣東這個地方實際上是中國回收工業的總部。

我們繼續閒聊石角鄉的歷史，談這裡的電線回收廠商，也談到這一行怎麼改變成千上萬原本務農鄉民的生活。然後姚先生突然宣布，他已經獲得一所頂尖大學的工程學位。他說，他不願意進入傳統的製造業廠商工作，卻願意回到石角鄉，加入姊夫的廢棄物事業。但是他原本可以到任何地方去，可以做別的事情，畢竟工程師在中國不缺乏就業機會。不過他一眼就看到一個更好的機會，這個機會就是廢五金業，他和李瑞蒙都看得出來，中國的經濟正在快速擴張，中國政府的計畫促使官員和企業家急於尋找銅、鋼鐵、紙漿和其他原物料，以餵飽推動中國經濟成長的工廠。經營銅礦非常好，但是李瑞蒙和家人沒有錢，也缺乏關係，無法開採銅礦。不過話說回來，美國的垃圾場和回收桶裡有無限量供應、價值數十億美元、適於回收再利用的銅，為什麼要去開採銅礦呢？

李瑞蒙點起一支菸，說明他沒有內弟那種選擇。十五年前，他二十七歲，在油漆和化學工廠擔任沒有前途的工作。他輕聲解釋說：「我希望發財、希望成功，因此我加入廢料業。」他太太娘家已經從事小規模的廢棄物處理工作，知道怎麼從哪裡取得可以回收的廢料，更好的是，知道外國廢棄物可能使家族發財——變得比種稻的農夫、開店的老闆和文職員工富有多了。

從李瑞蒙做出攸關自己命運的決定後，中國的原物料需求除了成長之外，還是只有成長，李瑞蒙的事業也一樣。以中國的石油需求為例，近在二〇〇九年，到石角鄉來的人看到的是，一大堆、一大堆的電線（不只是聖誕燈飾電線而已）燃燒後冒出的大量黑煙。當時包覆電線的塑膠外皮毫無價值，大家只想要銅而已，燃燒是釋出銅最快的方法。接著重大的變化出現，中國人開始買車，拉抬了油價、也拉抬了聖誕燈飾塑膠外皮之類石油製品的價格，隨著塑膠價格上漲，中國的製造商開始尋找代用品，取代利用石油生產的「原生」塑膠。最顯而易見的解決之道是最便宜的方法：不再把銅製電線塑膠外皮燒掉，而是想出方法，把塑膠外皮剝離，再回收利用。塑膠外皮雖然不是最高級的塑膠，品質卻足以製造拖鞋鞋底之類的簡單產品！近來李瑞蒙的聖誕燈飾塑膠外皮最大的顧客是拖鞋鞋底製造商。

從聖誕燈飾變成拖鞋鞋底當然不容易，方法也不顯而易見。姚先生花了一年多的時間摸索和試驗，才把永昌公司的聖誕燈飾回收系統調整到妥善可用。我環顧了一下辦公室，問他們是否准許我看一看這套系統，李瑞蒙點點頭，我們走出辦公室，前往廠房所在的地方。

回收製程的起點有一些月薪高達五百美元的工人，他們負責把一把又一把的聖誕燈飾，丟進小小的切碎機裡（切碎機看起來像是木材削片機），切碎機發出隆隆巨響，把糾纏不清的聖誕燈飾磨碎，變成毫米大小的塑膠和金屬顆粒，然後把這些像清潔霜汙泥一樣的東西吐出去，切碎機旁邊有三張不斷震動的長桌，每張長三公尺，工人把切碎的聖誕燈飾霜狀顆粒，鏟到長桌桌面上，讓一層薄薄的水幕清洗，再流出去，變成兩道非常明顯的綠色和金色條紋。我靠近一點去看，發現綠色條紋是塑膠，水流把綠色條紋沖到長桌邊緣掉下去；金色條紋是銅，銅慢慢的移動到長桌盡頭，掉到籃子裡，變成純度九十五％、可以送去重新熔解的原料。

其中的原則很簡單：想一想鋪著砂礫的河床，流水會沖起比較小的東西，快速的帶到下游，岩石之類比較大的東西會留在原地，只偶爾動一下。同樣的物理學在李瑞蒙的長桌上發揮作用，只是水流帶走的不是砂礫，而是聖誕燈飾膠皮和銅。

一代的美國人把「回收」定義爲：爲罐子、瓶子、紙板、報紙分類，然後放在路邊或放在垃圾房裡，等別人來收走的行爲。這種行爲會表現個人的信念，從一開始，大家就認定：本地回收公司或收集垃圾的人，會像你爲回收物資分類一樣，決心做有益環境的好事。但好事到底是怎麼回事？如果你小心分類的報紙、罐子和瓶子運到亞洲去，你做的事情眞的是資源回收嗎？

定義很重要，從回收業的觀點來看，大部分美國人認定的「回收再生」其實比較接近收回。換句話說，大家做回收時，是從垃圾中把紙板和其他可以回收的物資區分開來，紙廠把這些舊紙板再製成新紙板。回收再製是在回收桶離開你家外面的路邊時才眞正開始，大部分人所做的家庭回收只是第一步，卻是關鍵的一步：沒有一種機器能夠像你一樣，用便宜而有效的方法，從你的垃圾中收回可以回收的物資。

事實上，和收回相比，眞正的回收再生經常是比較輕鬆的步驟。畢竟把舊紙張變成新紙張的製程科技，已經有好幾百年歷史了；把舊電腦變成新電腦比較難，但是原因完全是電腦拆卸起來比較麻煩。不過回收足夠的紙張，以便紙廠再製再生紙麻煩嗎？這樣做很難。找到夠多的電腦，以便創設電腦再利用或再生事業又如何？這樣做甚至可能更難。

本書意在說明全球化回收再生是不足爲外人道的世界，卻也是一長串保護環境行爲的合理結局，起點則是你在家庭垃圾桶或本地垃圾場的回收行爲。這種過程中沒有什麼道德上的肯定，卻有一種保證：如果你丟進回收桶的東西可能以某種方式利用，國際廢棄物回收業會設法把這些東西，交給能夠用最賺錢方式去處理的業者或公司。這種獲利之道通常是其中最能夠永續維持的部分，但是實際上並非總是如此。不錯，並非每一位回收業者都是環保分子，並非每一處回收設施，都是你希望帶幼稚園學童去校外教學的地方。但是在揮霍性消費的時代裡，全球回收業要承擔起重責大任，負責把你不想要的東西清除，再變成你迫不及待想要購買的東西。

本書要敘述的故事是：過去三十年來舊物利用這種簡單之至的活動怎麼演變，變成世界經濟全球化中舉足輕重的國際事業。這種故事隱晦不明、模糊不清，就算你非常關心自己丟在回收桶中的資源去向，你都無法徹底了解。全球性回收再生的故事就像大部分故事一樣，至少有些地方隱而不顯卻揭露不少令人不安的眞相，也說明有哪些偶爾十分聰明的奇人逸士，替我們解決這些問題。

這種人大都像李瑞蒙一樣，能夠從別人丟掉的東西中看出其中的價値。在美國殖民時代銀匠保羅·列維爾（Paul Revere）就表現出這種才能，他精明的向鄰居購買廢金屬，然後在自己的工作坊裡重新熔解。到了一九五〇年代末期的美國，有人把這種才能用在找出方法，回收處理棄置在美國鄉下的幾千萬輛汽車，以此賺錢爲生。今天有人把這種才能，用在回收中產階級像丟棄糖果包裝紙一樣丟掉、藏在智慧型手機、電腦和其他高科技設備中稀少的寶貴成分。不過，天才經常表現在商業上，而不是表現在技術上，今天回收業的風險與報酬和全球任何事業一樣，業者靠著想出方法，把你回收桶中的舊報紙送到需求最迫切的國家，賺到令人不可思議、規模媲美矽谷的驚人財富。

對包括美國人在內的先進富國人民來說，回收再生當然是環保要務，不是事業。從這種角度來看，回收再生可以消耗比較少的樹木、可以挖掘比較少的礦坑，和利用原生材料製造產品相比，這樣消耗的能源也比較少（回收再製一個啤酒罐所消耗的能源，比利用原生鋁礦製造新啤酒罐少九十二％）。但是如果沒有財務誘因，沒有一種倫理道德制度，能夠把舊啤酒罐變成新啤酒罐。

不管全球回收業多有永續維護精神或環保精神，還是百分之百依賴消費者購用其他材料製成的產品。原料需求、消費與回收之間的關係牢不可破，是本書中最重要的主題之一。其中的計算很簡單：你能夠回收，完全是因爲你曾經消費過，你可以消費某些產品，完全是因爲有人負責回收再生，我們全都回收再生自己所購買的很多東西。

不過有些回收公司會告訴你，智慧型手機之類的很多東西只能回收一部分，紙張之類的某些東西只能回收再生幾次。從這個角度來看，回收再製只是拖延時間，讓收垃圾的人晚一點上門而已。如果你最重要的目標是保護環境，回收只是每一個美國學童所學到「垃圾減量、重新利用、回收再生」的著名金字塔中，排名第三的好方法。可惜的是，大多數人對於減少消費或重新利用自己的東西毫無興趣，因此考慮所有因素後，回收再製是最差勁的最佳解決之道。

但是這種解決之道的規模驚人之至！二〇一一年內，美國回收再製的紙張和紙板，高達四千七百八十七萬噸，節省了十二億零七百萬立方公尺的垃圾掩埋場空間；美國回收再製的鋼鐵達到七千四百萬噸，節省了八千四百萬噸的鐵礦砂、四千六百七十萬噸的煤炭（美國大約一半的鋼鐵來自廢金屬）；美國人回收再製的鋁達到五百一十七萬噸，節省的電力超過七百二十億度。在工業汙染遠比美國嚴重的中國，這種數字甚至更爲驚人，而且可以說更爲重要。根據中國非金屬礦工業協會的說法，二〇〇一至二〇一一年間的金屬再生（不包括鋼鐵），爲中國節省了一億一千萬噸的煤炭，中國也因此減少開採九十億噸的鐵礦砂；同一個十年內，中國致力回收鋁，阻止了五億五千二百萬噸的二氧化碳，排放到汙染極爲嚴重的天空中。不管什麼地方，只要有回收再生工業——再生工業處處都有——就有涵蓋從衣服到汽車電池在內的各種回收物資的例子。

如果本書的寫作達成目的，不見得會說服你，擁抱回收工業經常令人敬佩的現實狀況，卻一定會協助你，了解為什麼垃圾場會呈現現在這個樣子，為什麼這個樣子不是這麼糟糕的事情。就我的經驗來說，最糟糕、最骯髒的回收再生，都還勝過最高明的「皆伐式」砍伐森林，勝過最新穎的露天採礦。

值得注意的是，李瑞蒙的永昌處理廠中沒有藍色或綠色的回收桶，也沒有鼓勵大家「垃圾減量，重新利用、回收再生」的標語，影印機旁沒有放著裝滿辦公室廢紙的紙箱，永昌處理廠的工作很辛苦，工廠設在艱困地區，設在從古老農地中劃分出來的工業鄉鎮裡，員工都是追求更美好生活的外來民工。至少從表面上來看，這家工廠似乎跟極多美國人放在路邊，或是經過仔細分類、再放到自家公寓垃圾房裡的瓶瓶罐罐和報紙，沒有多大的關係。

你必須記住，李瑞蒙的成就跟剝削無關，他的情形不會比美國垃圾場剝削員工那麼嚴重，李瑞蒙其實是機會主義分子，很久以前他就看出下列簡單事實：中國在發展成未來世界最大經濟體的過程中，創造出的胃口只能靠進口廢五金、廢紙和塑膠廢料才能滿足。如果中國不進口這些資源，就得自行開採和提煉。

我站在李瑞蒙的工廠裡，看著他的員工從聖誕燈飾中回收銅，立刻想到一個問題，就是為什麼美國沒有人能夠回收聖誕燈飾？

我從十年來參觀世界各地回收設施的經驗中得知，其中的原因不是科技（水床只是分離金塊與砂礫所用舊淘金盤比較新穎的形式）而是業務規模：截至二〇一一年，快速成長的中國消耗了世界銅總消耗量的三七．五％，同時，包括美國在內的北美洲，只消耗了其中的九％。差別這麼大，原因在於中國的中產階級正在增加，還要興建很多建築物和基礎建設，美國的所得已經停滯不前，基礎建設經費幾十年前就已經到達高峰。近年來，如果你要在世界上興建煉銅廠，你可能會在中國興建，如果你要興建回收廠，供應原料給這座煉銅廠，你非常可能會在石角鄉興建。

但是這點不表示在美國從事回收業沒有希望。事實上，美國製造業（總產出僅次於中國、位居世界第二位）所用掉的再生物資，仍然占美國境內再生物資的三分之二左右。問題是——如果你喜歡把這件事當成問題——美國人不止購買美國國產品而已，也進口巨量的外國製造品，結果是美國經濟消費和丟棄的東西，遠超過國內生產的製造品總量。這些過量的回收廢棄物必須有地方去，出口是一種選擇，垃圾掩埋廠是另一種選擇。因此中國既是對美國輸出最多新產品的國家，也是進口最多美國回收物資的國家，這點應該不會讓人覺得意外。

本書說明中國如何變成美國回收物資首選的出口目的地，爲什麼這點對環境而言大致是好事。畢竟中國和其他開發中國家有意願、也有能力，回收美國回收業不願意、或不能自行回收的東西（聖誕燈飾只是小小的例子）。中國不再購買美國的回收物資時，這些回收物資就會開始流向垃圾掩埋場（二〇〇八年全球金融海嘯後，中國工廠大量關門時，這種事情曾經大規模爆發過）。因此，本書所描述的大部分事情都在美國和中國發生，但是並非完全如此：回收業的確是全球性產業，因此下文要觸及很多國家，尤其是開發中國家。

回收業的起源比全球化還早；事實上，早到第一次有人把刀劍打造成犁頭、再設法把犁頭賣出去的時候。原因之一是回收很容易，是任何人都可以做的事。在開發中國家裡，從垃圾桶中回收瓶瓶罐罐是企業機會，是任何人都能夠做的事業。這種工業的不利結果——汙染、健康與安全受到威脅——的確很眞實，但是和另一種選擇相比，也就是和回歸自耕自食、繳不起子女學雜費的農業生活相較，大家經常認爲從事這一行是公平卻不愉快的交換。已開發富國的回收業者根本無法想像這種交換；但是在印度、華南、洛杉磯若干所得較低的地區，這種交換和追求良好的營養、安全的食品、乾淨的空氣和飲水相比，大家關心的程度就遠遠不及了。在這種情況下，回收別人的垃圾並非總是最糟糕的事情。我在下文中會探討這種交換。

回收業涵蓋的部門之多，足以媲美大家消費和丟棄的東西樣式之多。我在報導這一行的十年期間，訪問過致力於金屬、紙張、塑膠、石油和紡織品買賣的企業，也有機會參觀世界上若干最先進和最原始的回收設施，其中很多地方致力於更新與回收特定產品，包括從汽車、電視機、日本柏青哥機台到印度學校教科書之類的產品。

本書會觸及所有這些領域，但是重點會放在廢金屬上。我基於好多個原因，選擇這個部分，但是最重要的原因是根據重量計算，世界上回收最多的產品不是報紙、筆記型電腦或塑膠水瓶，而是大部分由金屬製成的美國汽車。美國每年平均要廢棄一千四百萬輛汽車，產生千百萬噸金屬，可以在世界各地快速而有效的回收再製成一系列新產品（大部分再製成新車的零組件）。汽車跟報紙、可樂罐子、電腦不同，很少流入垃圾掩埋場，幾乎總是流入回收設施，因此，汽車的回收比率接近百分之百，其他產品都比不上（例如美國和歐洲的紙張與紙板回收比率相當低，只有六十五％）。

過去的情形並非總是如此。我在後面的章節裡，會說明只不過是五十年前，汽車幾乎不可能回收再製，因此千百萬輛廢舊汽車車體堵塞、汙染了美國城市與鄉間，整體而言，變成美國最嚴重的環境危機之一——接著，因爲廢料場的問題得以解決。今天中國之類充滿熱心購車民衆的開發中國家，都採用美國解決廢舊汽車問題的方法與手段。

我把重點放在廢金屬上，目的也是希望把討論範圍，擴大到家庭回收桶回收以外的地方，同時強調收回家庭回收資源的手段和市場，跟應用在拖到本地廢車場的破舊老爺車一樣。事實上，從統計來看，美國家庭與辦公室收回的回收物資，經常只占美國回收資源總量的一小部分。

以鋁爲例，二〇一〇年內，美國從家庭與辦公室垃圾中，收回了六十八萬噸的鋁，大部分是啤酒和汽水罐。聽起來似乎很多——實際上也很多——但事實上，只占那一年美國回收廢鋁總量的十四·七%！根據設在華盛頓的產業公會廢料回收產業協會（ISRI, Institute of Scrap Recycling Industries）的資料，那一年回收的其他廢鋁共有三百九十二萬噸，都來自工廠、礦場、農田、電力纜線、汽車、舊機器，以及跟家庭或辦公室回收桶無關的無數其他來源。要了解你回收桶中的廢鋁爲什麼會到什麼地方去，你也必須了解所有其他廢鋁會送到什麼地方去。

最後，我把重點放在金屬上，還有一個個人的原因：家父是美國一家廢料場的老闆，他的事業規模不大，目前還在北明尼亞波利斯經營和世界各地都有人經營的這種產業，從根本上，塑造了我在本書中所要探討的人生觀。你在書中看到的故事中，有一部分是我自己的探險故事，是個在小廢料場成長的小孩離開家鄉，搭著家裡運送廢料貨車的順風車，來到亞洲的故事。

最後一點強調一些應該已經很明顯的事實，就是我熱愛我祖母所說的「垃圾事業」。我最早、最快樂的回憶中，有一些回憶是我經常陪著祖母，在家裡的垃圾庫存中漫步尋寶。我度假時，要是有廢料場可以參觀，我通常會去看（對內人深感抱歉）。不管我參觀的廢料場是在孟買、上海還是里約，我都知道自己回到了家。相信我，我清楚這一行的錯誤，而且後文會詳細探討這些錯誤。但是，這一行雖然有極多的錯誤，要是沒有廢料場的話，世界會變得更骯髒、更無趣。

第一章
垃圾熱湯

有一件事情一直都正確無誤：就是你越富有、教育程度越高，你丟掉的東西就越多。富有的美國人買的東西不但比較多，買回去後可以回收的物資也比較多，例如可以回收的瓶瓶罐罐，和大家所熱愛商品的包裝紙盒也比較多。這就是爲什麼你在「回收日」開車，經過高所得、高教育水準的社區時，會看到綠色和藍色桶子裡，裝滿清楚分類的報紙、iPad平板電腦紙盒、酒瓶和健怡可樂罐子的原因。但是開車經過窮人社區時，你看到的回收桶和回收資源一定比較少。

相較於富裕社區的居民，他們努力分類、努力收回可以回收的資源，善於管理自己的垃圾。但是如果他們不是非常善於消費物資，他們應該沒有機會可以好好管理自己的垃圾（就像窮人收回的回收物資沒有這麼多一樣，原因之一是他們沒有買這麼多東西）。統計數字支持這種說法：一九六〇年到二〇一〇年間（美國環保署提供資料的最新日期），美國人從家裡和工作場所收回的回收資源總量，從五百六十萬噸增加到六千五百萬噸。同期內，美國人製造的垃圾總量增加了三倍，從八千八百一十萬噸增加到二億四千九百九十萬噸。毫無疑問的，美國人比過去更善於回收垃圾，但是同樣的，也比過去更善於製造垃圾。一九六〇到二〇一〇年間，是美國人財富巨幅增加的時期，美國人的財富越增加，製造的垃圾越多。事實上，過去五十年內，要到二〇〇八年的金融海嘯和經濟衰退後，美國人每年製造的垃圾總量才大幅減少。

幾十年來，所得、教育和資源回收之間的關係一直很清楚。看看人口一百一十六萬八千人的明尼蘇達州漢尼賓郡（Hennepin County），我在漢尼賓郡最大的都市明尼亞波利斯出生，到二〇一〇年，我家鄉的年度家戶平均資源回收總量爲一百七十六公斤，在漢尼賓郡四十一個社區中排名第三十六。同時，在明尼亞波利斯西邊十分富裕的明尼東加灘（Minnetonka Beach）湖濱社區裡，住家每年回收的資源達到三百八十公斤（三八八磅），在漢尼賓郡中的排名高居第一。爲什麼？原因之一是二〇一〇年內，明尼東加灘的中等家庭所得爲十六萬八千八百六十八美元，相形之下，明尼亞波利斯有大量窮人社區，中位數所得爲四萬五千八百三十八美元。不錯，其中還有別的影響因素（這些資料計算時，明尼亞波利斯要求居民做的垃圾分類做法令人生氣，也耗費時間，規定居民必須把回收資源分爲七類，同時，明尼東加灘只要求居民分爲一類）。但是你很難忘記明尼東加灘之類地方居民產生的白色、乾淨、可以回收的iPad平板電腦紙盒和《紐約時報》（*The New York Times*）周日版的數量，遠比明尼亞波利斯公屋居民多多了。

我還住在美國時，家裡有藍色和綠色的回收桶，我會感受到把回收桶裝滿的道德壓力——如果可能，回收桶裝的東西要比垃圾桶多。紙張要放在其中一桶裡，所有的其他東西要放在另一個回收桶裡，然後我會把回收桶放在路邊——因爲兒時在自家廢料場度過的關係——我覺得我只是欺騙自己而已。我知道鋁罐是根據重量計算價格；中小學的暑假期間家裡經常派我去秤鋁罐，秤遊民、大學生和節儉回收家庭丟在我家所經營廢料場的鋁罐。我祖母成長在大蕭條年代，因此她認爲所有可以重新利用的東西都有價值，她會堅持開著車把少量鋁罐拿去賣，而不是免費送給市政府的回收計畫。

在美國和其他先進國家裡，市政府和經營廢棄物處理業的若干大企業經常必須想出辦法，處理我們丟在屋外的垃圾，而不是由站在販賣機前的青少年負起這種責任。在某些情況下，這些企業別無選擇，只能載走丟在垃圾桶裡的東西，要是他們可以選擇的話，他們應該只願意載走可以出售獲利的東西——例如我祖母不喜歡交給他們的鋁罐。可以出售賺錢的東西通常都能夠輕易再製成新商品，鋁罐很容易再製成新鋁罐；然而，皮製手提箱根本難以再製成任何東西。

我偶爾會在回收日裡，開車經過美國的社區，我會注意到回收桶裡裝滿了舊行李箱之類的東西，大家把這些東西放在回收桶裡，是基於錯誤的正當信念，認為不管回收的意思是什麼，廢棄物處理公司都必須做正確的事情，也必須「回收」這些東西。但是回收公司不會拒絕做正確的事情，只是還沒有找到可以賺錢的方法，好把行李箱把手的塑膠，和構成行李箱本身的不同塑膠分開來。這種工作必須由能夠看出其中有利可圖的人負責，到目前為止，從藍色和綠色回收桶中收取資源的大型回收公司，還沒有想出辦法來。但是他們已經想出方法，知道如何更深入挖掘你的垃圾，得到能夠回收再製、從中獲利的東西。這一行不是最有魅力的行業，也不是政客和環保人士討論「環保工作」時討論的事情，但是對適當的人而言，這一行就像亨利．福特（Henry Ford）所夢想的一樣，代表無盡的商機。

艾倫．巴克拉克（Alan Bachrach）就是適當人選，他是北美最大家庭垃圾回收業者廢棄物管理公司（Waste Management Corporation）的南德州區域回收主管，對他來說，回收具有職業性的獲利誘因，他像全球廢料回收業的極多競爭對手一樣，顯得青春無敵，這種年輕面貌最能顯示他確實眞正喜歡垃圾分類機器，這種喜愛掩蓋了他已經年近六十的事實。要是有人覺得從事處理別人垃圾的行業很可恥，巴克拉克絕不是這種人，他熱愛這個工作。

二〇一二年一月初，我們在廢棄物處理公司造價一千五百萬美元，像沃爾瑪百貨商場那麼大的新工廠訪客區見面。巴克拉克在這座工廠的設計方面扮演重要角色，現在還負責經營這個廠。雖然我們在談話，巴克拉克的眼睛卻沒注視著我，而是看著窗戶另一邊、兩層樓以下地方的優質塑膠瓶、紙板和紙張湍流快速移動，隨著輸送帶起起伏伏、上上下下、繞來繞去，最後變成像乾草包一樣大小，用鋼帶綁成一大塊的東西。他告訴我，從事這一行的人，「對這一行不是愛，就是恨，很可能不是做六星期後就離開——甚至做不到六星期就走路，不然就是永遠不會離開。」

從某個角度來看，這裡是綠色天堂，是回收日所有家庭基於愛心回收的紙張、瓶子和罐子的最後歸宿。巴克拉克不完全像守著聖城十二道門的聖彼得，卻一定是指揮系統中的一員。不過話說回來，如果這座休士頓物資回收廠是綠色天堂，那麼我們一定可以說，休士頓本身是某種綠色地獄——如果你關心家庭廢棄物的處理，至少你可以這樣說。二〇一〇年美國大約回收處理了三十四％的「都市固態廢棄物」。換句話說，三十五％家庭、學校和企業辦公室（但是不包括工業廠房、建築工地、農田與礦場）產生的廢棄物，沒有送到垃圾掩埋場，而是送進某種設施，進而再次利用，延續生命。這三十五％加減幾個百分點，大約跟實施長期回收計畫的紐約、明尼亞波利斯和美國其他城市的成就相當。

但是休士頓如何呢？近在二〇〇八年，休士頓只回收處理二．六％的都市固態廢棄物，另外九七．四％的垃圾哪裡去了呢？大致上都送到垃圾掩埋場去了。巴克拉克有點不好意思的說，回收比率已經提高到「六、七％」，不管根據什麼定義，這樣都不好，要怎麼解釋這種情形呢？

舊金山居民的垃圾回收比率超過七十％，他們喜歡說的原因是德州大老粗不喜歡回收。但是這樣不但表現出優越感，也顯示大家對舊金山垃圾回收比率這麼高的情況和原因，有著嚴重的誤解。特定個人或特定地方的回收比率多高，無疑的是受文化、教育和所得影響，但是我根據自己的經驗，我知道沒有一種文化像貧窮文化那麼能夠鼓勵回收。孟買貧民區居民的回收比率遠高於舊金山郊區，原因之一是他們消費的東西比較少（例如，沒有iPad平板電腦紙盒可以回收），原因之二是日常生存要求他們節儉度日。但是不管特定人口多麼貧窮或多麼具有環保意識，他們的回收比率高低，主要取決於是否有人能夠從廢棄物的再利用中，獲得到一些經濟利益。孟買的這種利益大致上是個人經濟的問題；在舊金山這種地方，大致取決於能否找到回收公司，從出售所收集家庭垃圾中的iPad平板電腦紙盒和其他回收物資賺錢而定。

休士頓人像大多數美國人一樣，從過孟買人式的節儉生活中，不會得到什麼好處，因此這種情形對回收公司形成了壓力，不幸的是，回收公司發現，在休士頓經營很難賺錢。他們碰到很多問題，第一個問題是休士頓很大，人口密度卻很低——每平方英里（二．五九平方公里）的人口大約為三千三百人。相形之下，舊金山的每平方英里人口密度超過一萬七千人。從人口學的觀點來看，這點表示，舊金山每平方英里中回收桶的數目比休士頓多。從回收業的觀點來看，這點表示，休士頓的回收車必須比舊金山的回收車多開很多里程，才能收到四、五百公斤的報紙。換句話說，休士頓的回收公司必須更努力、付出更高的成本，才能創造跟舊金山回收業者一樣的營收。

要克服這個問題，方法之一是地方政府補貼回收——有些地方的政府已經這樣做。但是在喜歡避稅的休士頓，這種做法很難，尤其是因為德州的某些垃圾掩埋費用堪稱全美最低。不提政客，理性的納稅人可能會問，垃圾可以用極低的成本掩埋時，為什麼要他們付比較多的錢去回收。

要克服這個問題，另一個方法是鼓勵休士頓的家庭，收集更多的回收物資，以便回收公司每次收集時收穫更豐富。信不信由你，這樣做其實很容易（又不會鼓勵大家增加消費）方法如下：把若干美國家庭預期要做垃圾回收分類時，所用的兩個、三個、偶爾多達七個的回收桶拿走，改放可以放所有回收資源的大桶，這種方法叫做單流回收（和雙流回收不同，不要求一個桶子放紙張，另一個桶子放其他所有回收資源）。在試驗這種系統的很多社區裡，回收比率提高的程度多達三十％。當然是這樣，不管你喜不喜歡，連最有環保意識的人，偶爾都會太忙，不願意把垃圾分裝在好幾個容器裡（我喜歡把這種做法說成是「玩垃圾」）。因此廢棄物管理公司最近花了幾年時間，在休士頓推出單流回收系統。但是如果休士頓家庭不爲所有額外的回收物資分類，就丟進廢棄物管理公司的回收車裡，廢棄物管理公司應該怎麼從中篩選比較多的回收物資？這就是貝克拉克、一堆工程師和一千五百萬美元派上用場的時候。

念中學時，有些小孩到麥當勞兼差，有些小孩高興的爲別人除草，貝克拉克不是這種小孩，而是具有企業精神的小孩，喜歡尋找賣出價格比買進價格高的東西。他找到兩樣東西，一樣是一直到一九六〇年代末期，還是把資料輸進大電腦和持續供應電腦資料的主要工具電腦打孔卡，兩種打孔卡都百分之百可以賣給本地廢紙廠換錢，廢紙廠則把打孔卡再製成新的紙張。因此巴克拉克念中學時有很多零用錢，事實上，我猜他的零用錢比大部分同學多。

我問他怎麼會受到吸引，加入回收業時，他告訴我，「我很幸運，這一行非常適合我的注意力不集中的過動症和強迫症。」貝克拉克像很多早早就找到心愛職業的年輕企業家一樣，大學沒有念多久，退學後就到朋友的垃圾清運公司工作，教導收集垃圾的人，把可以回收的紙張和紙板賣給廢料場，以便增加收入，並在隨後的三十年裡，致力於回收波士頓地區企業（不是家庭）所製造的回收紙張和紙箱。但是到了二〇〇八年，情勢突然變化，廢棄物管理公司要尋找回收公司幫助該公司在休士頓建立住宅回收業務時，認定貝克拉克經營了將近三十年的灣岸回收公司（Gulf Coast Recycling）可以幫助廢棄物管理公司完成任務。這項合作時機極為巧妙，貝克拉克希望灣岸公司踏入住宅回收領域，卻無法取得大量的回收物資。他解釋說：「這些東西由垃圾公司收集，因此你沒有安全無虞的料源時，你很難證明自己應該在廠房設備上投資一千五百萬或二千萬美元。」

我回答說：「你需要規模經濟。」

站在他旁邊的廢棄物管理公司溝通副總裁林恩．布朗（Lynn Brown）開口說：「不然就是要跟休士頓市政府簽約。」

貝克拉克開心的笑著說：「在這一行裡，規模非常重要。」

二〇〇八年廢棄物管理公司買下灣岸回收公司，二〇一〇年開始把灣岸回收公司的這座工廠，改造成單流式回收廠，然後在二〇一一年二月開工。今天這座工廠每天分類處理二百七十到三百二十噸的單流式回收資源，重量和空中巴士公司A380超級噴射客機相當，卻是由報紙、塑膠牛奶罐、啤酒罐和鞋盒組成。我請他們估計這種重量到底代表多少家庭垃圾，貝克拉克告訴我，休士頓每個家庭每個月平均產生二十三公斤的單流式回收資源；然而，並非每個人都做回收，並非每個人每周都推出大垃圾桶一次，有些家庭——例如貝克拉克的家庭，每周推出大垃圾桶六次（！）回收總量超過平均值。同時，這個設施處理的物資中，還是有一小部分來自商業經營場所，例如超級市場後面裝滿紙箱的垃圾箱。然而，大致的計算顯示，以一天爲基準，休士頓市回收廠處理的物資數量，大約等於一萬兩千個休士頓家庭每個月製造與回收的總量。

「你準備到處走一走了嗎？」貝克拉克帶著孩子般的笑容問我。陪著我們一起走的是麥特．柯茲（Matt Coz），他是廢棄物處理公司負責成長與商品銷售的副總裁，也就是負責利用這座廠房所處理的物資來賺錢。布朗也陪著我們一起走，他們兩個曾經徹底巡視這裡很多次，柯茲曾經深入參與這座工廠的規劃，但是我不覺得他們對再次巡視這座工廠有什麼厭煩的感覺。

我們四個繞著這座建築物外圍前進，來到一處圍起來、讓卡車傾卸回收物資到水泥地板上的接收區。單流式回收系統發出的斷斷聲比較多，發出的乒乓聲音較少，最主要的原因是回收物資當中，有七十%是紙張，包括垃圾郵件、報紙和辦公室用的紙張。一台前面裝有鏟斗、大部分人經常在建築工地看到用鏟子挖泥土的裝卸車開了過來，在一大堆大家出於善意回收的垃圾中挖掘，然後升起鏟斗，以貝克拉克告訴我的穩定、一致的速度，把這些東西放進一種設備裡，再送到輸送帶上。貝克拉克說：「如果你等一下看到的一切要順利、持續的運作，這台機器眞的很重要。」

我們走進像沃爾瑪百貨公司大賣場一樣大小的空間，從上面望下去，我敢說，我心裡想到的第一樣東西是威利旺卡（Willy Wonka）的巧克力冒險工廠：堆著垃圾的輸送帶快速上升，把垃圾倒進不斷旋轉的星星式轉盤中，轉盤把垃圾拋出去的方式，我只能以玉米花在平底煎鍋中跳躍的方式來形容。有些垃圾繼續前進，有些垃圾掉了下來。我看到清潔劑和洗髮精的罐子，以每秒超過一百二十公尺的速度快速推進（貝克拉克要我保持實際速度的祕密——這是他們的商業祕密），我也看到牛奶罐從我不知道的地方，掉進一個巨大的籠子裡。我想到一件事：「小孩應該會喜歡這個地方」！我大聲的叫他，但是他沒有回答，原因可能是這一點極為明顯，或是因為他聽不到我的聲音，因為我的聲音完全淹沒在機器隆隆作響、紙張嘶嘶作響，和玻璃、鋁與塑膠互相碰撞破裂的聲音裡。

我們爬上樓梯，來到貝克拉克所說「前置分類」的地方，這裡有兩個工人站著俯瞰一條高速輸送帶，輸送帶帶著剛剛到達、需要回收的未分類「回收物資」！一個工人把手伸出去，從一片模糊不清的垃圾中，抓起一個褐色塑膠袋，然後塑膠袋同樣快速的消失，由安置在工人正上方的大型眞空管吸到上面去，這一切都非常像威利旺卡的歡樂糖果屋，接著他又再次這樣做！貝克拉克把頭靠過來，對著快速而模糊不清的輸送帶點頭示意，說：「不是每個人都能做這種工作，有的人會頭暈目眩、會嘔吐。」

但是我對這種事情沒有興趣，我問：「這些塑膠袋會到哪裡去？」貝克拉克對我吼著說：「塑膠袋最糟糕了，會纏住機器的軸心，我們每天要花六小時把塑膠袋扯下來。」我心裡暗自記住：再也不要用塑膠袋裝舊啤酒罐。「但是你們仍然可以回收再製塑膠袋吧？」

「那是當然！」

一位分類工人抓起一大塊東西——速度太快，因此我不知道那是什麼東西——丟進一個方型的斜槽裡，送到——送到什麼地方去呢？據我所知，可能是送到地球的另一邊（送到中國嗎？）他補充說：「另一項工作是拉出大塊的塑膠和垃圾。」然後他指點我，向我從底下看到的星星式轉盤更前方外看過去，我沒有機會問他斜槽會通到什麼地方去。

輸送帶把垃圾送進星星式轉盤，報紙在轉盤上方跳動、噴出，像不斷翻騰的白浪一樣。眾多星星式轉盤用耐用特殊塑膠製成，設在中間的位置，好讓塑膠、玻璃和鋁落進另一條輸送帶上。同時，報紙在轉盤之間跳動、分離開來，出現在另一端。同時，經過轉盤掉下去的物資也包括更多的紙張，送進設置間距縮小的更多轉盤裡，轉盤再把尺寸比較小的更多紙張送出去，塑膠、玻璃和罐子繼續往下掉。這種情形就像小瀑布一樣，每一階的角度都比上一階陡峭，紙張和塑膠經過每一個平面時會分離開來。在清理大約六十五到七十％由報紙、辦公室用紙和垃圾郵件構成的垃圾流過程中，這個地方是關鍵程序——可能是最關鍵的程序。

下面的鋁罐是利用某種設備所產生具有排斥金屬功能的電流，把鋁罐從整個系統中彈射出去。在我看來，罐子就像從紙張和塑膠構成的垃圾流中，跳上自己的死亡之路，掉進籠子裡，再收集起來，送到其他公司去重新熔解。同時，系統利用玻璃比紙張重的明顯原理，把玻璃從系統中的幾個程序中清除出來。你可以這樣想：如果你把啤酒罐放在從報紙上剪下來的一堆優惠券旁邊，然後拿著吹風機，對兩樣東西吹，留下來的東西可能只有啤酒罐，廢棄物管理公司用來區分兩種物資的原理大致就是這樣。

我必須承認，當我眞正融入這種系統時，突然間，整個系統發出嘎嘎聲，慢慢停下來，我轉頭問貝克拉克，「一切還好嗎？」

「很可能是有什麼東西堵住了」，說著他揮揮手，表示這種事情很常見。「很可能是什麼壞掉的東西造成整個系統關閉。」

我們等待機器重新開機時，我靠在欄杆上，發現我離地大概有六公尺，而且我們才開始參觀這隻巨大的怪獸而已。貝克拉克告訴，一樣回收物資大約要花十二分鐘，才能從頭到尾，走完整個系統。我看到下面有一台堆高機，叉著一大包看來由成千上萬封垃圾郵件構成的紙包，快速的在地板上開過去。這個大紙包比較可能會放進貨櫃裡，運到中國，再製成新的紙張。

機器在毫無預警的情況下，開始隆隆作響，輸送帶開始前進，整個龐大的回收機器慢慢恢復生機，遠處的一條輸送帶、星星式轉盤、震動式平台和誰也不知道的什麼其他設備輪流開動。貝克拉克解釋說：「你不能一次同時全部開動，整個機器極爲複雜，你必須分階段啓動。」如果我的耳朵沒有聽錯，輸送帶大約要花十五秒之久，才會完全動起來。

我們爬上更多的樓梯，爬到整個系統的更高處，這麼高的地方已經沒有紙張，所有的紙張已經被系統抽出去，現在的任務完全是要區別不同種類的塑膠。貝克拉克比著懸吊在一大片模糊不清瓶子上方的黃色設備，告訴我，「這是我手下最喜歡的機器。」這台機器包括兩百個感測器，感測器會發出紅外線，照在從下方通過的垃圾上，如果紅外線從紅色的汰漬（Tide）清潔劑瓶子上反射回來，什麼事情都不會發生；如果紅外線從白色的美粒果（Minute Maid）柳橙汁瓶子上反射回來，也不會發生什麼事情。但是如果垃圾呼嘯而過時，紅外線從透明的可口可樂瓶子上反射回來，電腦會精確記錄瓶子在輸送帶上的精確位置。

「聽到那個聲音了沒？」貝克拉克大聲的問，臉上帶著頑皮的笑容。

我在吵鬧聲中，聽到壓縮空氣不規則而尖銳的爆破聲，像微小型槍械發射一樣。我在離感測器幾英尺外的地方，看到一個水芬納（Aquafina）礦泉水瓶好像遭到擊斃一樣，慢慢退到另一條輸送帶上，後面跟著的一個可口可樂瓶子也遭到擊斃。電腦十分清楚這些瓶子的位置，知道這些瓶子要花多少時間，才會從原來的位置移動到空氣槍口。現在我可以看到很多噴嘴，看到很多能夠把空瓶子擊飛的微小針尖，射擊速度讓我想到最像你在擁擠的靶場中聽到的聲音，咻兩聲，兩個瓶子倒下去了，咻三聲，又有三個瓶子倒下去了，過了一會兒，又是咻聲響起。照貝克拉克的說法，這台機器包括感測器和氣槍，可以取代六到十位靠著手工揀選分類的工人，工人和機器不同，盯著下面不斷翻滾的塑膠後，可能會變得十分疲勞。

然而，紅外線感測器雖然十分精密，卻有限制，照貝克拉克的說法，限制之一是「不能分辨白色聚乙烯瓶子和彩色聚乙烯瓶子」。用一般人的話來說，這就是區別紅色汰漬清潔劑瓶子和白色美粒果柳橙汁瓶子的過程。但是你不必擔心：「我們擁有最精密的設備，就是人。」不錯，三個人站在一條輸送帶上，抓起白色的瓶子，丟進斜槽裡。每人每分鐘大概最多可以進行四十五次的「分類」——不算很差，但是的確遠不如一台能夠處理幾百次的氣槍和感測器，處理這種塑膠的科技還沒有出現，因此必須由人負責。

貝克拉克雖然一直開人和科技的玩笑，卻從來沒有貶抑過手下分類工人所做工作的尊嚴。他像我這輩子在這一行裡所碰到的很多廢料企業家一樣，認同手下的工人。畢竟他們從事的工作，完全都是爲別人的垃圾分類，他們在這裡工作時，休士頓市民拆開新買的樂克魯塞（LE CREUSET）醬汁鍋，把包裝盒丟掉時的好意，他們完全不會感受到，他們只是知道什麼東西有價值、什麼東西沒有價值。他告訴我：「我不會解雇這些人，他們太好了……」他猶豫了一秒鐘，然後立刻恢復激情，說道：「大家認爲因爲這是最低薪或接近最低薪的工作，因此員工流動率一定很高，但是我卻有已經工作十年、十五年，甚至二十年的員工。」

這種工作的待遇可能不是最高，也沒有你的小孩希望告訴朋友的魅力或類似的性質，但是如果你想找附有各種福利、幾乎從來不裁員的穩定工作，那麼你找不到多少比美國垃圾業還穩定多了的工作。在景氣盛衰循環比大部分地區還令人心碎聞名的休士頓，這種穩定工作的價值高過純粹的薪水。貝克拉克再度開懷大笑。告訴我「我的頂頭上司——也就是主持這個地區廢棄物處理公司業務的人——會進入這一行，是因爲他爸爸從事石油業，他少年時看著爸爸的工作盛衰起伏，才說『我要找一個總是穩定不變的行業。』」

在遠離休士頓的丹佛、密爾瓦基、波士頓和芝加哥的辦公室裡，三十五位男女員工每天一上班，就要負責爲休士頓這座工廠、爲廢棄物處理公司遍布北美的幾十座回收工廠產出的分類完成回收物資，尋找最後的去處。對他們來說，一包回收的清潔劑瓶子，不比最初生產這些瓶子的一桶石油好、也不會比較壞，他們的工作沒有感情用事的地方，沒有特別環保或特別具有生態意識的地方，他們的工作純粹而簡單，就是要爭取最高的價格。因此，如果浙江富陽有一座工廠，爲這些瓶子開出比較高的價格，那麼這些瓶子非常可能就會運到富陽去；但是如果出現相當可能的情況，如果美國有一家製造商比較需要這些瓶子，付出的價格也能夠證明他們這種意願，那麼這些瓶子就會留在美國。這種事情是純生意，唯一的限制是運輸成本，以及美國和廢棄物處理公司出口目的國的法規限制。

陪著貝克拉克和我考察這座工廠、主管成長與商品銷售的副總裁柯茲，就是負責這種行銷業務的人。我們結束考察後，走進一間大房間，房間裡一包、一包的商品分成很多層堆著，堆到離地板四·五公尺高的地方。柯茲指著一包閃閃發亮的東西，對我說：「那是鋁罐，鋁罐占送來這裡處理廢棄物總重量的一小部分，卻占從這裡送出去的全部價值的一大部分。」換句話說，一磅（四百五十公克）報紙價值幾美分；我和柯茲站在一起時，從那一大包中抽出來的鋁罐，在北美市場中每磅的價值大約爲○·五四美元。現在想像一下你有幾十噸的鋁罐，你沒有出錢，就得到這些鋁罐：這就是廢料業者、回收業者經營這一行所能創造的利潤。

我回頭看看主要的房間，看到一台堆高機把一大包報紙搬走，然後我把注意力拉回儲藏室這裡，注意到堆成一包又一包的塑膠清潔劑罐子中間，有幾包看來好像是廢棄物處理公司的回收桶、車輪和所有附件構成的大型塑膠廢料。「這些包包是我所想像的那些東西嗎？」

貝克拉克笑著說：「司機要清空回收桶時，偶爾會把桶子掉到回收車上，這種事情經常發生。」

我走近其中一個大包包，回收桶看起來相當好，但是已經壓成扁平狀態，因此像蚌殼化石中的恐龍骨架一樣，夾在扁平的水桶、洗衣籃和一些牛奶罐中間。我想起二〇〇八年時，包括強納森·法蘭森（Jonathan Franzen）在內的一群舊金山作家舉辦募款會，購買二百七十六個回收桶，贈送不做回收的休士頓鄉巴佬，這種構想立意良好，卻有一點優越感；而且我相當確定，如果我現在看到的情況具有代表性，那些垃圾桶很早以前就已經壓扁，運到中國，製成洗衣籃，賣給上海前途看好的中產階級。不論有沒有優越感，在全球廢料業這一行裡，務實和利潤幾乎總是會打敗好意。我問道：「你們不把回收桶拉出來嗎？」

「不值得這樣做，」貝克拉克回答說：「回收桶送到這裡前，已經遭到回收車壓扁，不值得我們關掉機器，把回收桶拉出來，再開車運到別人的家裡去。」

在廢棄物處理公司不斷成長的三十六座單流式回收廠中，休士頓這座廠是最新穎、最進步的回收廠。這點表示，這裡非常可能是世界上技術最先進的家庭垃圾分類場。然而，休士頓廠雖然擁有一切，卻不是停滯不前的地方，這點非常、非常重要。這座回收廠不能停頓不前，因為休士頓居民的消費習慣不斷改變，因此所製造的廢棄物也不斷改變，這座單流式回收處理廠會配合這些改變而演進。

今天這座回收廠的設計和調整，是為了接收大致由七十%報紙、雜誌和垃圾郵件構成的單流式廢棄物。但是這種情形正在改變，越來越多休士頓居民在電子閱讀機上看報紙，具體的統計數字支持著這種變化：根據亞特蘭大造紙業顧問業者穆爾公司（Moore & Associates）的說法，二〇〇二年內，美國人回收了一千零四十九萬二千噸的報紙，到了二〇一一年，回收總量降為六百六十一萬五千噸。直接的影響是垃圾郵件占回收廢棄物的比率提高，就機械式分類處理廠的目的而言，這種情形是重大變化，因為垃圾郵件比報紙輕，也比較沒有價值。久而久之，報紙占廢棄物總量的總比率再下降大約五%時，貝克拉克和廢棄物管理公司的工程師就必須調整機器——可能要增加一、兩台星星式篩選轉盤，可能要改變某些輸送帶的速度——以便配合時代的發展。

貝克拉克告訴我，「我喜歡把回收當成煮湯，煮湯可以放些胡椒、放些大蒜，但是你不能做胡椒大蒜湯。回收是一種不斷混合的工作，實際上是一種工藝。」「回收」做的是為美國人丟掉的垃圾分類，如果美國人自己不想這樣做，那麼貝克拉克和廢棄物管理公司的工程師，十分樂意創造需要千百萬美元才能創造的科技，為美國人代勞。他告訴我，「喜歡這種業務的人會愛上回收，是因爲我們大部分人都有注意力不集中的過動症，需要回收工作的不斷變化，如果這種工作靜止不變，你多多少少都會覺得厭煩。」

中國的白報紙需求成長，垃圾郵件也一樣，但是你在中國，不會發現貝克拉克煮湯式的回收工廠，你在印度、肯亞、越南或約旦，也不會發現這種回收工廠，因爲世界上大部分國家仍然很窮，窮到不能請人，做貝克拉克利用星星式篩選轉盤和氣槍所做的事情，也就是不能做爲回收物資分類和收回的工作。同樣的，如果某個地方太窮，無力興建貝克拉克所管理的這種工廠，那麼這個地方很可能還太窮，不能產生夠多的回收物資，以便投資興建這種設施。

看看我住了八年的上海一棟高樓院子裡每天晚上發生的事情，午夜剛過，你就可能聽到瓶子在水泥地上拖過發出的乒乒乓乓聲音，如果你循著聲音，走到聲音的來源，你會看到一棟混凝土蓋的小房間，小房間比能夠放一部汽車的車庫大不了多少，帶有味道的垃圾從小房間裡滿出來，流到外面狹窄的柏油路上一、兩公尺。這些垃圾看來不像美國人的垃圾，其中沒有什麼盒子、罐子、瓶子或原本裝其他東西的木盒，反而大都是蔬果外皮、外殼或動物骨骼之類的廚餘。

你走近一點，就可能看到兩、三個彎著腰、肩膀上掛著帆布袋的人影，看著下面汁液橫流的垃圾，用雙手在垃圾中翻找，尋找金屬罐、塑膠瓶或可能更有價值的東西，例如別人偶爾遺失的錢幣。他們都不是上海人，驕傲的上海人絕對不會讓人看到他們在鄰居的垃圾中翻找，即使是在午夜時翻找也是一樣，他們都是來自比較貧窮省分農村地區、努力在上海討生活的窮苦外來民工，而且他們經常是一家人。我聽相當權威的人說，他們爲了得到翻找垃圾的特權，必須送給我所住大樓大門口的管理員一筆小小的賄賂，而且答應在天亮前把所有的東西清除乾淨。他們毫無怨言的接受這兩項規定，但後面這項規定尤其不是問題，因爲如果從事收集廢料的家庭想過像樣一點的生活，每個夜裡，他們必須去好幾棟住宅大樓，他們的工作很緊湊。

中國不缺可以讓外來民工家庭回收的垃圾。事實上，到二〇〇八年前後，中國製造的垃圾已經超過特別浪費的美國，每年大約製造三億噸垃圾（美國大約製造二億五千萬噸）。然而，以人均的基礎計算，美國人製造的垃圾是中國人的四到五倍（美國人比較富有）。美國人每年消耗將近二百九十七公斤的紙張，中國人消耗四十五公斤，印度人平均消耗的紙張少得難以想像，只有八·五公斤。即使考慮這中印兩國多很多的人口和紙的總消費量大很多，實際的情形卻一定表示，這兩個國家比較少的人均消耗量，代表家庭與廢料業者進行回收物資分類時，工作一定輕鬆多了。

雖然如此，如果你關心節約資源，這種趨勢就不是良性的發展。中國消費者正爭相加入全球中產階級，採用符合中產階級的消費習慣。例如，二〇〇〇到二〇〇八年間是中國歷史性經濟成長的期間，中國的調理食品業成長十·八%。從購買生鮮食品變成購買裝在塑膠、鋁和玻璃容器食物的這種變化，對於我所住公寓建築後面半夜發生的事情，產生深遠的影響，對中國垃圾掩埋場每天發生的事情，也產生重大影響。

現在有一個好消息，就是中國人送到垃圾掩埋場或焚化爐的可回收垃圾少之又少。如果你在我住的公寓外面等到深夜，你會發現在這種由利潤動機推動、從第一道曙光照到大門時開始的過程中，那半夜翻找垃圾的家庭，只是最後一道篩選關卡。一位看來像五十歲、實際上卻只有三十多歲的矮壯外來女工慢慢的走在街上，腰間繫著一個裝了零錢的腰包，手上提著一具小小的桿秤。要是有哪個中國人像貝克拉克一樣，主持從垃圾中收回回收物資的體系，那麼這位女性確實當之無愧。

她走向眼前放在地下用繩子綁好的一堆紙板，以及旁邊高度到達腰部、你在診所裡可能看到的磅秤。她拉出大磅秤時，我所住公寓大樓裡早起的老婦人走下樓，提著一些塑膠瓶，可能還提了一、兩個小紙盒和裝了罐子的小塑膠袋。瓶子和罐子的價格不同，她把紙盒掛在秤桿上的小秤鉤上，付出一些硬幣給早起的老婦人，她們會拿這些錢到傳統市場去，買當天要吃的青菜。

天快亮了，交通更繁忙了，負責回收的女士她高瘦的先生也來了。他處理路邊的交易時，他太太走進我住的大樓，因爲警衛室告訴她一個訊息，說有人買了一台電視機，希望她把裝電視機的大紙箱搬走；還有別人可能收集了幾星期的報紙，在看煩了廢紙的配偶催促下，希望把報紙賣掉。整個早上她搭著電梯上上下下，根據行情付出一些錢，購買能夠回收的物資，然後帶下樓，並適當的分成好幾堆擺放。

她處理這些東西時，一些男士騎著後面附有小拖車的自行車，分別來到，有些人來買報紙、有些人來買罐子，不管他們要買什麼，他們付給她的錢，都比她付給大樓住戶的錢還多，然後這些男士把東西綁在拖車上離開。這一天結束前，他們會把收集到的東西，賣給小型的廢料公司，這些公司把廢料存放在倉庫裡而不是擺在街上，但是其中的觀念完全相同，就是買低賣高。回收業者騎著自行車，來到小型廢料公司時，會碰到同樣騎著自行車過來的其他回收業者，每個人都騎著附有裝滿準備出售廢料的類似拖車，這些廢料後來會併成比較大的包裝，賣給紙廠、鋁廠和需要原料的其他廠商。

沒有很好的統計數據說明中國回收了多少家庭垃圾，因爲中國大部分地方仍然是發展不足的農村地區，收集這種統計數據即使並非不可能，費用也一定高得嚇人。但是從政府官員到半夜在垃圾堆裡翻找東西的人當中，每一個人都同意一件事，就是中國居民的垃圾送到垃圾掩埋場時，其中可以再度利用或回收再生的東西已經非常少，要是德州的休士頓能夠這樣說，一定會很高興。

然而，上海並沒有分發回收桶給居民，沒有類似廢棄物處理公司花了千百萬美元興建的休士頓物料回收廠，也沒有配備紅外線感測器和氣槍，把塑膠瓶從快速移動的輸送帶上打下去的設備。但是上海有幾十萬小生意人，向絕對不會把可以完全再度利用的物資免費送人的千百萬居民，購買紙板、紙張和罐子，藉以維持生計。垃圾都經過徹底翻撿，沒有需要設立單流式回收廠，提高中國城市的回收比率，因爲到最後，我的中國鄰居都具有大部分美國人所沒有的想法，知道「資源回收」不只是美德而已。

回收資源是值錢的東西。

第二章
東挖西掘

不是只有中國人才從賺錢的觀點而不是從純道德的觀點來看待回收，世界最大的美國回收產業會誕生，也是基於自利的動機。一個多世紀以來，美國回收產業蓬勃發展，致力於回收，卻幾乎沒有人注意他們，一直到一九六〇年代，美國新生的環保運動才爲這一行重新定位。

環保人士的下述觀點的確有道理：資源稀少是嚴重問題，而且重要性只會日漸提高，因爲從中國、肯亞到巴西之類的開發中國家，都在努力尋找方法，希望享受美國式的中產階級生活形態，享受隨著這種生活形態而來的所有消費。因此，除非月球和其他外星採礦科技長足進步，否則下一個最好的選擇是重新利用我們已經擁有的資源。

然而重新利用和回收再製並非總是很容易，需要巧思，也需要企業精神，近年來，這種特質在亞洲開發中國家裡最常見，這些國家的消費速度快速增加，隨之而來的是各式各樣可以回收的廢棄物。根據我的經驗，設法從日漸成長的回收市場中賺錢的亞洲人腦海裡，拯救地球的意願並非高高在上。但是這點不足爲奇，美國企業家會創造回收工業，也不是受慈善的動機啓發。然而，他們的短期和長期影響都對環境和全球經濟，形成深遠且良好的影響。

近來美國廢棄物回收處理業領袖開著寶馬汽車、進駐大企業的董事會，但是他們經營的事業並不是在董事會中創立的，而是靠著背包、小貨車，和一、兩處房子的後院創立的。只有經過多年的漫長成長後，他們的事業規模才大到足以併購其他公司，或是由其他公司併購。不過在每一個例子裡，刺激他們事業成長的動力都一樣：有人短缺某種資源，別人運用巧思和企業精神，知道怎麼提供這種資源。

李奧納德．傅立茲（Leonard Fritz）坐在辦公室裡的樣子很特別：近午的陽光穿過玻璃窗，照在他滿頭幾乎已經全白、往後梳成龐巴度（pompadour）髮型的白髮上。他穿著白長褲，白T恤上面加了一件白色短袖襯衫。和一身白色衝突的地方，是掛在脖子上的金項鏈，以及歷經工作與年齡考驗、變得和善、慈祥的長臉上掛著的琥珀色太陽眼鏡。他長得不很高大，但是肩膀仍然很寬，大家不難想像他的身體原來很健壯。他握著我的手時，我注意到他長滿老繭的手握起來強而有力。

我從他身後的窗戶望出去，可以看到灰暗的地平線上，有一座廢棄鋼鐵廠的骨架。他回憶說，他年輕時，曾經自由自在的在這家廢棄鋼鐵廠的垃圾堆裡，挖掘鋼鐵廠生產時剩下來當成垃圾的碎片——當時這家鋼鐵廠供應鋼鐵給蓬勃發展的底特律汽車工業。現在他八十多歲了，上班時，大部分時間都待在這棟兩層樓建築的二樓辦公室裡，這棟建築原本屬於另一家鋼鐵廠，現在屬於他大約九歲時創立的公司。他的公司表現非常傑出，二〇〇七年是美國廢料工業歷史上營收規模最大、最賺錢的一年，他的休倫河谷鋼鐵公司（Huron Valley Steel Company）處理的廢料超過四億五千萬公斤，二〇一一年處理的廢料爲三億五千二百萬公斤。世界上沒有幾家回收企業曾經達到這種規模。

他說話很快，卻有點結結巴巴，他告訴我：「我在一九二二年出生，生日正好是哥倫布紀念日，也就是十月十二日。我們當初處在經濟蕭條期間。」他說，他媽媽在廢布料處理廠工作，負責把家庭用和工業用的廢布料分類，分成可以清洗再運用和只能切碎成纖維、用在紙張裡的廢布料。二十世紀上半葉，廢布料處理業的規模極爲龐大，甚至擁有自己的產業雜誌，是沒有其他工作能力的人最後的歸宿。近來大家已經完全忘掉了這一行，只有跟這一行有關係的人還記得。傅立茲回憶說：「這一行的周薪爲二美元，時薪爲五、六美分。」

當時回收沒有什麼特別的地方。事實上，回收這個字彙才剛剛創造出來，根據牛津英語字典的解釋，「回收再生」這個字眼到一九二〇年代才出現，當時石油公司需要一個辭彙，說明他們怎麼利用煉油廠，把還沒有煉製的石油重新煉製，以便減少雜質。這種做法是回收再製方式的一種，卻不是我們今天所知道的那種方式。要再經過五十年，回收再製石油這個名詞，才會變成收集報紙與罐子、重新再製成新產品這種具有公德心行爲的同義字。

傅立茲和家人把我們今天所知道的回收叫做「挖掘」。這種工作是你什麼事情都不能做時會去做的事情。因此，九歲的傅立茲正好迫切需要新的校服，就從一九三一年夏季，開始到底特律郊外的垃圾堆「挖掘」。他對我解釋說，這些地方不是「貴族的」垃圾堆，而是窮人的垃圾堆。

他解釋說：「垃圾堆的底部有流浪漢住的村子，是用舊焦油紙搭蓋的破舊房子，五十加侖的油桶充當暖氣爐，還有類似的其他東西，那裡沒有半個小孩……」垃圾堆設在岩壁下方，方便垃圾車倒垃圾。傅立茲解釋說，垃圾車開來時，九歲的他和每一個流浪漢都聚在一起，準備搶可以轉賣的任何東西。瓶子一打可以賣三分錢，但是眞正的好東西是羅馬牌清潔劑（Roman Cleanser）的瓶子，傅立茲記得很清楚，這種瓶子一個可以賣五分錢。傅立茲歎一口氣說：「在那個地方，這種瓶子會引起打鬥。」他所說的流浪漢會拿著沒有掃把的掃把柄跑過來，掃把柄上曝露在外的鉤子就當成武器，可以鉤住別人的手。「他們根本不管你幾歲、你是什麼人，這種錢就像血汗錢一樣。」

現在美國人再也不會去挖垃圾堆了（而是把瓶子分類，裝在藍色和綠色桶子裡），但是在傅立茲這輩子裡，大家會去挖垃圾堆，現在開發中國家的人仍然這樣做。我在印度、巴西、中國和約旦，看過傅立茲所說的那種垃圾堆，上面爬滿了窮人，而且經常是媽媽帶著小孩，她們實際上是以翻找垃圾為生。最著名的垃圾場當然是在孟買，《貧民百萬富翁》（*Slumdog Millionaire*）這部電影曾經用令人感動的方式，刻畫過這裡的垃圾場，電影裡的孤兒努力挖掘，只是為了尋找足夠換取食物的可回收垃圾。我看過傅立茲所描述的那種打鬥，但是打鬥只限於兒童之間，成人通常都是自己一個人挖掘，大部分人挖掘垃圾都是為了賺錢活命。

一九三一年時，傅立茲挖掘垃圾是為了買校服和模糊不清的未來，根據這個標準來看，他的情況勝過他所挖掘垃圾堆所在地的大部分人，夏季結束時，他賺到十二·四五美元，「對當時暑假打工的小孩來說，這是一筆大錢。」

因此，大家為什麼會從挖掘垃圾、進而實際經營廢料業呢？有更好選擇的人，通常不會選擇花時間替別人進行垃圾分類。美國廢料業歷史學家卡爾·辛靈（Carl Zimring）指出，這一行是外來人從事的行業，他用下面這段文字，說明十九世紀美國的外來移民加入這一行時，必須跨越的門檻非常低：

> 進入廢料業不需要什麼資本投資，因為這種工作骯髒、危險、地位低下，本國人要是有其他前途，很少有人願意長期從事這一行。低落的底薪、加上沒有地位穩固的本地人參與

競爭，使外來移民能夠在這一行裡站定腳跟……

辛靈研究美國人口普查資料後指出，一八八〇年時，美國垃圾處理業「超過七十％」的員工都是在歐洲出生，大部分人來自愛爾蘭、波蘭和德國。其中絕大部分人是東歐猶太後裔移民，他們除了因為辛靈所列出的事實外，也發現自己因為反猶太主義的關係，不能進入其他行業。我曾祖父在二十世紀初葉，從俄羅斯移民到德州的加爾維斯頓（Galveston），他當時的經驗和辛靈筆下從事回收業的東歐猶太裔前輩，並沒有什麼不同。因為學校不接受他，種族問題又使他在以反猶太人聞名的明尼亞波利斯無法加入其他行業，因此他開始撿拾地位比較穩固的當地人不希望留在家裡的東西。這一行可能是非常有價值的工作：我祖母——我曾祖父五個小孩中的老二——喜歡回憶說，她大哥舉行成年禮所需要的錢，就是她和弟妹花精神，把鐵從銅製廢水管設備中「清理出來」賺到的錢。我祖母會自傲的笑著告訴我，「那是我父親的銀行，我們在地下室台階上清理這種銀行。」

辛靈對十九世紀美國廢料業種種要求的描寫，對我祖母、曾祖父和傅立茲來說，聽起來一定非常熟悉：

因為垃圾和骯髒結緣，以致很多土生土長、有其他前途的人，不願意進入垃圾處理業，因為辨認和收集可用廢料不是簡單或令人愉快的工作。廢料收集要做得好，必須在一堆又一堆的垃圾中挑選，還要有能力看出什麼東西有價值。這種工作要求業者在城市垃圾堆、鋼鐵廠廢料堆和大家認為不健康、不衛生的其他環境中，從事不舒服的體力勞動。

辛靈寫的是美國廢料業歷史，但是他談的非常可能是二十一世紀的中國，非常可能是在中國大都市裡工作、騎著行進緩慢、附裝小拖車的改裝大型三輪車的千百萬人，外人一定認爲他們沒有組織，而且分布也很隨機。但是如果你像我在二〇一一年九月下旬一樣，隨意在北京的街上攔下一位業者，你就會學到一些事情。這位滿臉皺紋、穿著格子花呢的人停下自行車後說：「垃圾處理業由四川省來的人控制。」四川離北京一千六百公里，中間隔著一樣多的次文化，還有自己的方言、自己的菜色，四川省的民工來到北京後，跟我的俄羅斯籍曾祖父移民到明尼亞波利斯一樣，是十足的移民，這位廢料業小販補充說：「回收業的小販全都是湖南人。」他說的是距離北京很遠的另一個省，湖南省也有自己的方言。「購買我們所有廢料的商人都是河北人。」

站在我旁邊的是陳立雯，她是北京非營利環保團體求知社的年輕研究員，她把大部分的時間，花在設法提升北京居民的環保意識。她問道：「北京居民呢？他們對回收沒有興趣嗎？」

這位小販看了看街道，有一位警察正在看著他。他回答說：「沒有興趣，年輕人對這種工作沒有興趣，他們對大事有興趣。」

我們走開時，我告訴陳立雯我一位朋友的故事，這位朋友也在湖南出生，他說過，他成長時，覺得不想做功課時，他父母會說出非常明確的威脅，告訴他：「你長大後會變成撿垃圾的人。」

陳立雯搖搖頭說：「這些人當中有的人賺很多錢，超過會做功課的人。」

不用說也知道，傅立茲過去沒有做過多少功課，但是他雖然缺乏從書本上學來的智慧，卻從垃圾堆裡學到更多的智慧。

我們開始談話時，他談到一九三一年九月十二日的星期六，那天是猶太新年吹角節的第一天。這一天他記得很清楚，因爲最常向垃圾堆流浪漢買回收資源、綽號叫做矮子的猶太人那天沒有買東西。那個垃圾堆裡「酒癮最嚴重」的幾位流浪漢，因為沒有拿到矮子交給他們的現金，開始恐慌起來。九歲的傅立茲剛剛從暑假撿垃圾中賺到十二．四五美元的財富，人又早熟世故，因此他去找爸爸，問他爸爸一個從工業革命開始以來一直驅策垃圾回收業者的問題：「如果我們買下他們的東西，我們能不能夠轉賣出去？」

傅立茲的爸爸說可以，九歲的傅立茲就此踏上經營回收業的大道。「我碰到很多非常心急的醉漢，他們願意把價值一美元的東西，用五分錢賣給我。」他告訴我這些話後，突然想到暗示九歲的小孩欺負醉漢，聽起來可能不太好，因此他帶著辯護的意味補充說：「噢，我不是說我這樣買不是好買賣，但是我只有這麼多錢而已。」

傅立茲買下醉漢要賣的東西後，和爸爸在周末把這些東西，運到本地一家廢料場去，賣得三十六美元，賺到兩倍的利潤。他回憶說：「我們一輩子裡從來沒有看過這麼多的錢，這一行在經濟蕭條期間，變成了非常有吸引力的事業。」不久之後，他爸爸就把他和兄弟姊妹送到其他垃圾場去，做起買賣廢料的生意。這一行不是利潤太高的行業——例如，他們家裡就沒有自來水設備——但是傅立茲回憶說，他們很幸運，是「貧窮之路」上的垃圾堆之王。

到了一九三八年，傅立茲不再跟流浪漢一起，在城市垃圾堆裡撿垃圾，而是獨自一個人或跟他父親雇用的一些同事，在鋼鐵廠廢料堆裡忙碌。因此，他不再把時間花在找瓶子、罐子和金屬或塑料薄條上，而是尋找鋼鐵製程中所產生更加豐富的廢料。這種做法很精明，對於志向遠大的垃圾業者來說，鋼鐵廠的廢料堆——而不是都市垃圾場——是你創立事業的地方。過去和現在一樣，製造商和其他大型事業丟掉的廢料比住家多，而且工廠廢料跟家庭垃圾不同，在你收集前，通常會根據等級和形式分別儲存，你不需要坐在地下室樓梯上，從大家都知道的銅當中，把大家都知道的鐵分拆開來，就像我祖母和她的弟妹在大哥的成年禮之前那樣做。更好的是，精明的小型垃圾收集業者不喜歡挨家挨戶，尋找幾百公斤值得賣給熔煉廠的鋁，卻總是尋找一次就能交給他幾百公斤鋁的工廠，即使要付錢也願意。

然而，傅立茲很快就知道，志向遠大的垃圾業者能不能夠在垃圾堆或任何其他地方賺錢過日子，跟是否有人願意購買他從（大家都知道或真正的）垃圾場撿到的東西直接相關。傅立茲開始從事回收業時，鋼鐵廠廢料堆裡放的是垃圾和鋼鐵製程中丟掉的廢料，廢料中的東西是砂子、磚頭和製造過程中掉下了的鋼鐵碎片，鋼鐵碎片中，最多的是熾熱的鋼鐵冷卻時從表面上掉下來的大量碎屑。

一九三八年時這種「鐵屑」用處相當小，實際上不能熔製成新的鋼鐵或任何其他東西。但是隨著時間過去這種情形已經改變，今天鐵屑可以混在混凝土中、可以用來製造合金、也可以用來生產新的鋼鐵，但是一九三八年時，上述科技全都不存在，因此鋼鐵廠把沒有用的鐵屑，丟到垃圾掩埋場裡。然而，傅立茲很幸運，有些廢料場低價買進鐵屑，然後混在其他廢料中。這個市場規模相當小，利潤也不是特別高，卻沒有什麼競爭，像傅立茲所經營的這種努力工作，由一、兩個人組成的事業，不必擔心別人的低價競爭，就可以穩穩的賺到少少的利潤。

然而，提供鐵屑給廢料場是辛苦的體力勞動，只能用圓鍬和篩子完成。傅立茲說篩選的過程很簡單，只要把滿滿一鏟的鐵屑、汙泥和磚頭放在篩子上，再搖動篩子，理論上，留下來的就是具有若干價值的鐵屑。這種工作會把少年變成大人，年近九十的傅立茲回想這段時光，還不勝唏噓的說：「我十五歲時，樣子和我現在坐在這裡的樣子不同，我體重八十四公斤，身高一百七十三公分，腰圍二十九吋，全身都是力量。」

我移開視線，注意到傅立茲右邊的架子上幾乎是空的，只有幾樣小東西，還有一幅耶穌小小的畫像，上面寫著：「我就是道路。」他的辦公桌跟架子差不多，上面也是空蕩蕩的，但是有一支電話、一個糖果碗和附有綠色玻璃燈罩的小小檯燈。我想到，如果可能的話，他寧可在垃圾堆上而不是在這裡接受我的訪問。如果不談信念問題，這個空蕩蕩的地方似乎跟傅立茲毫無關係。

一九一七年十一月二十四日，《科學的美國人》雜誌（*Scientific American*）出版二一八六號增刊，增刊的三二八頁上登了一篇短短的文章，叫做〈垃圾是美國最富有的戰爭新娘：出奇浪費的結果〉（*Junk is America's Richest War Bride: The Result of Amazing Wastefulness*）。這篇文章在美國參加一次世界大戰期間刊出，當時感受戰時重要物資短缺、受過高等教育的讀者無疑一定會驚訝的發現，在他們看不到的地方，由不同種類外來人口組成的大軍努力流血流汗，爲他們撿垃圾，現在這些外來人口不但發了財，還成立了同業公會，在華爾道夫艾斯托利亞（Waldorf Astoria）豪華大飯店舉行年度晚餐會：

戰前，美國廢料處理業者的平均年度交易總額大約爲一億美元。最近廢料處理業者在紐約市開大會時，宣布美國廢料處理業者每年的交易總金額超過十億美元。

對於不屬於這行的人來說，廢金屬業的規模和獲利能力即使不是一種侮辱，也總是令人驚異。

毫無疑問的，這種情形的原因之一，跟一般人認定這一行充斥黑幫分子、流浪漢和小偷的形象有關。這種想法經常帶有階級偏見（在二十世紀初年的美國，這種想法也帶有反猶太主義偏見的意味），但事實上，廢料業企業家的確都出生在比較貧窮的階級中。可想而知，《科學的美國人》雜誌這篇報導的作者詹姆斯．安德森（James Anderson）的想法，和不會創設垃圾場的階級完全符合。他寫道：

> 廢紙之王賺到大錢後，不會在百老匯上購買摩天大樓，你在華爾街的任何建築物中，也找不到他們。如果你要找廢紙之王的工廠，你要走到水邊，在那裡找最破爛不堪的建築物。

傅立茲十五歲時，因爲跟父親吵架，就帶著三美元離家出走，沒有地方可以去，第一天裡，他整天走在鐵軌上，走到阿爾．沙德勒（Al Saddler）設在迪爾伯恩（Dearborn）的煤炭堆放場。傅立茲回憶說，自己需要工作，但是沙德勒沒有工作讓他做，卻看出他有些與衆不同的特質，建議把自己車齡兩年的雪佛蘭（Chevy）貨車，以三百美元的價格賣給他，付款條件是傅立茲開始從事廢料業後，每天付一美元的價款。傅立茲回憶說：「我根本不敢相信這種事，我心裡所想的是我可以開始撿垃圾和撿東西的所有不同地點。」他現在不必付錢給別人，替他把每天撿到的東西運到廢料場去，他可以自己送去，而且可以運送和出售的東西比以前多多了。

傅立茲認爲，廢料業者的工作就是從別人認爲沒有價值的東西中，或是從別人不願意自己花精神找出價值的東西中，找出價值來。他告訴我，「我最早的工作包括從倒塌在交叉大道（Junction Avenue）上的煙囪裡，找出強化鋼筋。我盡一切力量，從那一大堆廢料中找出強化鋼筋，我的工具是大鐵錘。」當時他每天賺四到六美元，「不算很差。」

汽車業的重要供應商惠通鋼鐵公司（Armco Steel）正在底特律的另一個地方，試用一種新型的鋼鐵熔爐。

但是惠通鋼鐵要解決一個代價高昂的問題：就是爲熔爐準備每噸成本大約一百美元的礦砂。設計新熔爐的冶金學家正好是鋼鐵廠總裁的女兒，她做了一些計算後發現，如果加入具有鐵屑化學成分的東西進去，準備過程會加速，每噸成本會降低九十九美元，降爲一美元，惠通鋼鐵到底要用什麼方法，才能找到最多的鐵屑，放在熔爐裡呢？因爲大家已經忘掉的原因，尋找鐵屑的工作落在這位冶金專家年輕丈夫的肩膀上，他在一九三八年七月二日，到底特律附近的凱西海斯（Kelsey-Hayes）汽車輪圈鍛造廠拜訪。

結果，那天傅立茲正在凱西海斯鍛造廠的停車場上，篩選一堆三百噸的鐵屑，雙方同意的價格爲每噸一．二五美元。到了下午，他從鐵屑堆上抬頭一看，看到惠通鋼鐵公司這位冶金學家的先生向他走來：

他戴著男用翹邊氈帽，穿著非常精美的駱駝毛短上衣。噢，我沒有穿襯衫，因爲我在停車場上篩選和工作。他是哈佛大學的畢業生，不了解世情。噢，他開口說：「小夥子，你有多少這種鐵屑？」

「我猜大約有三百噸。」

「這樣不夠，」這位冶金學家的先生說。

「噢，你需要多少？」

「我想要三千噸。」

傅立茲才十五歲，卻已經懂得一些事情，其中一件事是：底特律有一個廢料堆，多年來，很多鋼鐵廠都在那裡倒鐵屑。他解釋說，「你必須去挖掘和篩選，但是所有的鐵屑都在同一個地方。」如果戴小禮帽的男士眞的跟他簽約，訂購三千噸，他一定需要找人幫忙挖掘，但是即使以他目前每噸一．二五美元的價格計算，他保證可以收到三千七百五十美元的收入，這筆錢足夠他聘請一些好手幫忙，還綽綽有餘。他回答說：「我想我可以去挖掘，你打算付多少錢？」

冶金學家年輕的先生遲疑了一下，說：「大概每噸三十二美元。」

可想而知，才十五歲的傅立茲沒有聽清楚，叫道：「什麼？」

傅立茲將近七十年後回想起來，對那位冶金專家的先生接下來的反應還會哈哈大笑。「他把『什麼』當成『你一定是在胡說八道』。」

這位先生顯然不知道他討價還價的對象一直到片刻之前，都認爲鐵屑每噸只値一．二五美元，因此把他認爲自己所說不夠高的價格抬高，「噢，那三十六美元吧。」

傅立茲聳聳肩說：「我說『我會去挖，先生。』」

鐵屑的市場剛剛重新定義。從一九三八年七月二日起，行情由鋼鐵廠在製鋼過程中利用鐵屑可以省下多少錢決定；鐵屑從無關緊要的垃圾，變成鋼鐵廠必須利用的重要原料。傅立茲不但知道到哪裡找鐵屑，又有豐富經驗，知道怎麼取得鐵屑。這兩個關鍵——怎麼找和到哪裡去找——正是把傅立茲從小販的地位，推升到比較少見、能夠累積大量回收物資和可觀財富業者的關鍵。

然而，這個工作還是大工程，對十五歲的少年來說，更是如此，傅立茲必須聘請一些朋友，必須另外購買一些設備，包括用簽約預付款中的三千六百美元，購買兩輛傾卸車，但是這些債務不是問題，因為幾個月後，也就是在傅立茲過十六歲生日後不久，惠通鋼鐵公司交給少年傅立茲一張十八萬六千美元的支票。

這時還是一九三八年。

一九四一年初夏，美國加入二次世界大戰前夕，紐約市推動了全美最早的「資源回收運動」。運動的目標之一是得到可以製造飛機的輕量金屬，主要目標是舊的鍋碗瓢盆，但是也包括窗框、廚房用具，甚至包括小孩的玩具。廢鋁一旦收集好，就會交給鋁廠重新熔煉。

廢料業者一向擔任仲介和經手人，負責從住家收集廢五金，再交給熔煉廠，小規模的廢料業者知道到哪裡購買舊的鍋碗瓢盆，知道該付多少錢，最重要的是，知道怎麼為廢五金做好準備，以便交給熔煉廠。他們擁有耐心、經驗和獲利動機，願意分門別類把廢五金分離開來，而且「清除」任何和鋁無關的汙染物，例如把把手和鍋子鎖緊在一起的鋼質螺絲拆卸下來，以免汙染煉鋁爐，我祖母和她弟妹在哥哥成年禮之前所做的就是這種工作。

紐約人在承平時期，願意忍受廢料業者，願意忍受廢料業者靠著他們的舊貨賺錢為生，但是戰爭改變了這種態度，在美國的外國人遭到猜忌，廢料業者尤其如此，過去三十年來，他們靠著出口廢五金到世界各國，包括出口到後來變成臭名昭彰的軸心國，創造了相當優異的事業。因此，可想而知，包括紐約市長菲奧雷洛·拉瓜迪亞（Fiorello LaGuardia）在內的紐約人，都不很熱心，不願意把自己可以做好事的鍋碗瓢盆，交給廢料業者。拉瓜迪亞在猜忌之餘，指定業餘的社區委員會，負責收集廢料，再交給煉鋁廠。歷史學家蘇珊．史特拉瑟（Susan Strasser）在她有關美國垃圾早期社會史的大作《垃圾與需要》（*Waste and Want*）中，針對隨之而來的重大災難，提出了最翔實、最簡潔的紀錄：

（熔煉廠）通常會購買廢料業者分類好的廢鋁，這項運動卻送來整台的電冰箱和嬰兒車，這些大件東西重量達到二十三公斤，其中所含的鋁去只有五十七公克。

換句話說，社區委員會沒有財務誘因，不會把嬰兒車裡的五十七公克鋁分離出來，而是把「我要捐出冰箱，協助作戰」的好心人交出來的一堆又一堆、非常像具有隱含價值（鋁）、卻一文不值的垃圾，送到煉鋁廠。難怪含有鋁的廢料在煉鋁廠堆積如山，卻無法利用。這種最沒有價值的捐贈意在嘉惠煉鋁廠，煉鋁廠卻別無選擇，只能雇用人力把鋁分離出來，也就是在一堆又一堆的廢料中尋尋覓覓，把沒有價值的物資和有價值的廢鋁分離開來。要是紐約市不要無事生非，這種工作可以由廢料業者用更有效率，而且很可能更便宜的方式完成。

毫無疑問的，二次大戰期間，住家把垃圾丟到回收桶裡讓別人分類時，感覺一定很愉快。事實上，他們很可能像今天的住家把iPhone包裝紙盒丟進藍色回收桶，再放在人行道上時的感覺一樣愉快，但是這兩種行動對於眞正的回收業者——眞正把這些物資變成新產品的公司——其實沒有多大的幫助。這就是爲什麼聯邦政府在一九四一年悲慘的回收廢鋁運動後，轉而求助於傳統的廢料交易商和廢料業者，在大戰期間大致負責處理回收物資收集的原因。

二十世紀上半葉期間，包括廢布料、紙張、金屬、骨頭和其他商品在內的廢料產業快速成長。根據辛靈的說法，傅立茲故鄉底特律的廢料工業像氣球一樣擴張：一八九〇年時底特律有六十家廢料處理公司，到一九一〇年增加爲一百二十七家，到一九二〇年增加爲二百九十六家，到一九四八年根據美國政府在這一年推動的商業普查資料，光是處理廢鋼鐵的美國公司就有三千零四十四家，銷售額將近十七億美元。但是和二次大戰後美國的繁榮創造出有史以來最富裕的消費階級，和隨之而來的所有垃圾相比，這種規模根本不值得一提。美國的廢料產業雖然已經有一世紀的歷史，卻只是處在正要開始發動的階段。

傅立茲把鐵屑賣給惠通鋼鐵公司賺到十八萬六千美元後，把大部分的錢花在購買後來會變成有價值廢料的產品上，就是這種東西後來把美國廢料產業改造成今天年營業額三百億美元的事業。傅立茲付錢給弟弟雷伊和從小認識的兩個少年後，就帶了很多錢出去買了三輛裝滿貨物的福特A型汽車。他低聲笑著說：「警察當然一路攔下我們、警告我，他們知道我們很窮，他們攔下這些少年，因爲他們認爲我們要去做壞事，我們的樣子不太受人欣賞，我當時開的是全新的林肯車。」傅立茲爲媽媽買了一棟房子，還買了一台龐帝克敞篷車。剩下的錢——還剩下很多——他放在雪茄盒子裡，因爲「我不信任銀行。」

但是他信任自己的事業敏感度，他從鐵屑上賺到的錢，讓他可以購買貨車和設備、聘用員工、競標更大堆的廢料。情況好的時候，他每星期賺一千八百美元；情況不好的時候，他每星期賺的錢掉到「七、八百美元」。他過的日子很舒服，但是二次世界大戰爆發後，他毫不猶豫的從軍報國。「我心裡有這種英雄意識，噢……」說著他停了下來。他接受我訪問的兩小時期間，只有這一次想不出要用什麼話，正確說明他爲什麼做這種事。「其中的興奮——你知道，我的身體已經衰老，骨架已經縮小，但是心裡仍然有一種興奮。」他再度住口不說，停頓了比較長的時間後，才說：「當時一定有些比較好的事情，有些我們可以做，卻又大不相同的事情。」

傅立茲前往歐洲前，把事業留給家人，兩星期後，他們把事業以五千美元的代價賣掉，傅立茲回想起這件事時說，光是那些設備就值二萬五千美元。但是當時他無可奈何，整個戰爭期間他每個星期領五十二美元，還把其中一部分寄回家孝敬媽媽。一九四四年他回到美國，手中沒有什麼錢，只有嚴重的腎結石還有滿腔的樂觀之情。他微笑著說：「我有這種任何人所沒有見過最不可思議的運氣。」

的確如此，戰後美國經濟開始蓬勃發展，底特律要是有哪一個人，知道如何從大家丟棄的垃圾中賺錢，這個人非傅立茲莫屬。

傅利茲的休倫河谷鋼鐵公司最後搭上發財的順風車，利用世界史上規模最大、由美國汽車創造的垃圾巨流。但是這種趨勢還要經過幾十年才會發展完成，在這段期間裡傅立茲靠著處理鋼鐵廠丟在廢料堆裡的東西賺錢。他告訴我，到一九五〇年代末期他大約雇用「一百二十七個人」，在「全國各地」到處挖掘廢料堆。

工作很辛苦，卻可以讓傅立茲之流的小企業家，跟世界上最大的若干鐵礦砂場競爭。畢竟廢料回收業者和鐵礦砂場兩種事業，都是爲相同的鋼鐵廠服務。然而，翻撿廢料比採礦便宜，是傅立茲之類小人物可以參與的行業，因此，傅立茲能夠創立原料供應事業。到了一九五〇年代末期，他的規模已經大到可以開始用自己的熔爐生產鐵材。

第三章
蜂蜜大麥

美國小型廢料場每天早上開門時，所做的第一件事情是打開保險箱數錢，換句話說，如果你不把錢帶回家你就必須這樣做。一九八〇和一九九〇年代內，當我還是青少年和年輕大學畢業生時，積極參與經營我們家設在明尼亞波利斯的廢料場，當時我們選擇把錢留在保險箱裡，原因有兩個：第一，後箱裡帶著三千美元開車，絕對不是好主意（雖然家父經常這樣做）；第二個原因是，一早開門後，你根本不知道顧客什麼時候可能上門，帶來價值幾千美元的廢料要賣給你。如果我們需要更多的現金——我們經常如此——總是有人可以在銀行早上九點開門時，跑去銀行領錢。

至少我記得我們家是這樣做。

夏天裡，我妹妹愛美會跟家父和家祖母一起，坐在前面的櫃檯上數錢，我大學畢業後，也加入他們的陣營。但是在大部分的歲月裡，每天早上六點三十分時，經常只有家父和我祖母在數錢，然後放進收銀機裡。你可以看到他們坐在櫃檯前面，大腹便便、頭髮盤在頭頂的家父負算大鈔，體重四十五公斤、有著湛藍色眼睛的我祖母是他的左右手，負責算小鈔。不過這對母子檔的工作難免會受到電話鈴聲的干擾，這時家父會離開我祖母，讓她自己完成任務，他會走到前面辦公室正後方的辦公室接電話。

他的辦公室裡有兩件東西：一件是用巨大樹根木片做成的便宜壁鐘，以及一扇非常大、可以看到前面櫃檯和收銀機的窗戶。家父在他的辦公室裡，不但可以看到媽媽、看到她付錢給什麼人；也可以看到一些電視螢幕播出的影像，顯示他裝滿鋁、黃銅、青銅和鉛的金屬倉庫；看到一些他買賣廢料時所用的磅秤；也可以看到金屬廢料場，那裡是大家丟棄的一切，包括舊車，從一九七一年代開始從丟棄的大電腦，到十九世紀大家所使用巨型鑽床的地方。

他在難看的辦公椅子上坐下來後，會瞄瞄電視攝影機，然後按電話機上的按鈕接通電話。「廢金屬處理公司，有什麼我可以爲你效勞的地方嗎？」打來的電話可能跟任何東西有關，可能是鋁罐、棒球棒、明尼蘇達大學化學實驗室的銅網、整台的汽車、半截的電冰箱、鍍銀的電線和一批浴室用的磅秤。沒有什麼東西會讓他覺得訝異，每一樣東西都有價格。「你說音叉嗎？」他問電話線上另一端的人，「每磅大概十五美分，但是我要先看看才能確定，你到這裡來的時候，說你要找米奇。」然後他會掛上電話，轉個身，掀開窗簾，略微看看窗外附近明尼亞波利斯的天際線，也看看來上班的員工所開的車子。

大約就在這個時候，收銀機的抽屜會砰的一聲關起來，準備開始做生意，我祖母會回到經過美化、她稱之爲她辦公室的掃帚間。房間裡有幾樣東西值得注意：一樣是微波爐，另一樣是冰箱，她用這台冰箱存放合乎猶太戒律的高聖熱狗，還有一樣是一排看來怪異、由銅製小人像和可以稱之爲古董的陳列品構成，這些陳列品是她從家父員工手中偷來，員工則是從金屬倉庫裡偷來，然後藏在似乎只有她才知道地方的東西。整個辦公室裡，只有這個房間帶有全世界各地垃圾業者（和祖母級婦女）熟知的廢料業味道：也就是像金屬一樣強烈、像電線一樣稀薄的雜味。我在四大洲，從泰國的小鎮到芝加哥外緣的倉庫，都聞過這種味道，每次聞到這種味道，都會讓我想到祖母的辦公室，想到辦公室正後方一堆又一堆的金屬。

她爲熱狗加熱時——一條給家父，一條她自己吃（如果我能夠這麼早就現身，還有一條是給我的）——家父會離開他的辦公室，穿過走廊，打開金屬倉庫的大門，然後打開電燈，升起裝貨平台的大門，電燈打開後還顯得冷冰冰、沒有生氣時，他會到處走走，在黑暗中瞇著眼睛看他的存貨。

如果家父有時間，他可能伸出手指，摸摸裝了聖保羅一家工廠所削下薄銅片的紙箱；然後看看郊區修理廠送來、裝汽車水箱的紙箱底部。在靠近前面的地方，總是有一些裝著「銅滴」的紙箱，銅滴其實就是工廠在鑄造期間滴在地板上的銅；有些紙箱裝著裁剪下來的鋁片，這些鋁片其實很乾淨，是技工用鋁裁剪零組件時掉下來的片段；有些紙箱裝著水電工人送來的銅管；有些紙箱裝著水錶；有些紙箱裝著閃閃發亮的細銅線，銅線是國防廠商完成精靈炸彈後丟掉的東西；還有一些鋼製的籃子裝滿鄰居丟掉的鋁罐；有些紙箱裝滿了好心環保人士丟掉的舊個人電腦；很多紙箱裡放的銅製彈殼都已經滿了出來，這些彈殼是從警察和黑幫分子喜歡去的本地射擊練習場中撿來的，根據我的經驗，牙醫也喜歡去這個靶場；有些紙箱裝著的印版，是替我們印名片和信紙的本地印刷廠送來的；有些紙箱裝著家父從一家大型航空公司標來的刀叉和湯匙。

這是小廢料場相當典型的經營形態，獲利卻足以讓家父在郊區買一棟房子，供我和妹妹上私立大學，還綽綽有餘。

但是在年輕的我看來，這棟倉庫最令人驚奇的事情不一定是其中的廢料或財富，而是周轉率非常快。這棟倉庫星期一所放的東西跟星期五所放的東西絕對不同，廢料的供需看來就是永無止境。

二〇一一年內，大約七千家企業構成的美國廢料回收業，負責把一億三千萬噸的可回收垃圾，變成可以用來製造新產品的原料。這樣表示不必從地下挖掘、不必從森林中砍伐一億三千萬噸的鐵礦砂、銅礦砂、鎳、紙張、塑膠和玻璃，這種數量也比回收的都市固態垃圾，多出五千五百萬噸之多，都市固態垃圾就是家庭、政府機構和企業在同期內製造，然後丟到藍色、綠色和單流回收桶中等待回收的垃圾。

廢料場回收物資和運到休士頓物資回收廠的東西之間，有什麼不同？其中有部分重疊，但是一般說來，廢料業處理的東西，包括辦公室或家庭日常生活中不會產生的每一樣東西。破舊汽車最後會送到廢料場，汽車廠生產新引擎時掉下來的研磨碎屑也一樣；你家後面的舊電錶最後會流入廢料場（如果電力公司很聰明，知道要把電錶賣掉）；換下來的電力纜線也一樣；本地超級市場後面堆著的包裝紙盒，會流入廢紙廠；報紙箱裡賣不掉的報紙也是這樣。

總之，根據業界的統計資料，美國廢料回收業包括負責買進、包裝和處理從金屬到橡膠之類所有物資的企業，二〇一一年內，這一行聘雇的員工達到十三萬八千人。但是在所有可以追蹤的企業和員工之外，還有同樣多無法追蹤的企業和員工，包括在底特律流浪的廢料小偷組成的黑幫，到把手伸進地下鐵垃圾桶、尋找可口可樂罐子的乞丐。我知道。大家很難相信乞丐是任何產業的一分子，但是請你相信我，要是乞丐不把玻璃瓶從地下鐵垃圾桶裡撿出來，沒有人會這樣做。乞丐是整個連鎖的最底層，連鎖從你家的回收桶往上升（乞丐可能偷走你家回收桶裡的東西，再拿去賣，而不是讓你送給別人）經過家父之類的處理和包裝業者，再到把廢料熔解和改造成新金屬的公司，然後賣給需要原料的企業。

平常日子的早上七點前，在家父廢料場中出現的顧客，主要是在最近的工作中得到廢料的水管工人、電工和包商——他們得到的東西通常是自來水管、電線、側板和窗框。他們不是乞丐，卻也屬於美國回收連鎖的底層，回收大公司因爲數量實在太少、不想收集的東西。偶爾他們帶來的完全只是當天產生、重量只夠換幾箱啤酒的廢料；偶爾他們換到的錢足以舉辦一場附有啤酒的高級烤肉餐會。不過交易金額通常都介於這兩種極端之間，例如一位臨時工可能送來幾個白色的塑膠桶，其中一個桶子裡可能放了浴室水龍頭所用的銅管；另一個桶子可能放著舊的銅製水管設備，其中可能也放了一些銅製電力連接器；最後一個桶子可能放了重量很輕的各種電線，加上一、兩個電錶。

家父善於跟來到廢料場平台的散客閒聊，會帶著賭徒般的自信慢慢走過去，說：「看看我們有什麼東西？」然後他不等待客人回答，就提起其中一個桶子，放在設在水泥地板下、像餐桌一樣大小的金屬秤台上，很多第一次來的客人會驚訝的發現，這支秤不是電子秤，而是附有秤砣，可以在秤桿上移來移去的平衡桿秤。家父和大多數廢料業者都認爲，這種秤比只附有數字結果的秤精確多了，我眞的不知道這種看法對不對。家父會在電工的注視下，移動秤桿上的秤砣，非常快速的秤好，再在發票上寫下重量。接著就該秤第二桶了，家父經常會在顧客轉頭，問當天銅管的價格是多少之前，就伸手去拿第二桶。電匠可能看著第二桶掛在秤鉤上，問道：「噢，你最近用什麼價格收銅？」

價錢總是要花點精神來計算。廢銅雖然跟垃圾有關，卻非常像成斗的玉米、成桶的石油和完整的金錠。如果顧客帶給家父成錠的銅錠，價格會很容易決定，在網際網路出現前，家父只要拿起

《華爾街日報》，看看倫敦金屬交易所或紐約商品交易所（COMEX）的銅價，從中減去幾美分作爲自己的利潤後，向顧客報價。然後他會把銅賣給熔煉銅的公司——可能是賣給附近鑄造銅鍋和銅盤的鑄造廠。

收購電線就沒有這麼簡單了。畢竟一磅電線不等於一磅金屬，而是一磅經常由一種以上的金屬和絕緣外皮構成的東西。絕緣外皮不很重，但是你必須出錢叫別人把外皮剝下來，要把不同種類的金屬分開來，成本更高。因此收購電線的價格必須反映成本，否則買方做這筆交易就會無利可圖。像家父這樣經驗豐富的廢料收購商憑著經驗、甚至憑著直覺，就知道從某種電線電纜中會回收什麼樣的金屬。要是他們不知道，他們會打電話問知道的人。這點可能反映廢料業者普遍接受的最重要智慧：你是在買廢料時賺錢，不是在賣廢料時賺錢。例如，你買廢電線時，認爲電線中含有二十%的銅，結果其中銅的成分只有十%，那麼除非倫敦金屬交易所銅價出現極不可能出現的暴漲，否則你無法回收虧損。這條規則適用這一行的小商販，也同樣適用大型多國公司。

無論如何，購買廢料的人一旦知道、或自認知道一堆廢料中金屬的比率後，就會根據倫敦金屬交易所或紐約商品交易所的銅價，減去處理廢料的成本後，定出價格。例如，只以紐約商品交易所銅價的二十%，向電工收購電線，再以紐約商品交易所銅價的四十%賣掉——要非常幸運才能如此。因此，家父跟其他廢料交易商，或跟大致了解廢料市場的公司談話時，絕對不會說出實際價格（例如不會說：「我們付了一・二五美元。」）而是根據交易所的公式報出價格（例如說：「我們付出負五的價格。」）

同時，電匠對家父怎麼移動秤砣，就像對家父怎麼報價一樣注意。在小型廢料業中，前者經常跟後者一樣重要。例如，家父和我都很清楚，明尼亞波利斯有一家廢料交易商秤金屬時，會在跟顧客愉快的談話時，乘機把他總是很大的雪茄（菸草裡經常還埋了一顆BB彈）放在秤砣上。把菸草和BB彈多出來的斤兩，放在秤桿上適當的地方，看起來似乎沒有什麼壞處，卻會改變重量，讓購買廢料的人賺到好幾磅秤頭。明尼亞波利斯也有一些交易商採用比較粗糙的做法：我很熟的一位小型廢料交易商會發給顧客帶有健美模特兒的筆，模特兒身上穿的比基尼可以刮掉，顧客分心去刮除比基尼時，這位廢料交易商會像上演讓人無法察覺的默劇，好像卡通人物在秤廢金屬那樣，來回移動秤砣。只是在這種情況下、在顧客為了刮掉比基尼搞昏頭時，這種做法才變成騙局，顧客不會注意到自己在秤頭上損失了多少重量。

但不只是買方會在秤頭上耍花樣，可想而知，在這方面真正顯得貪得無厭的是賣方。事實上，廢料場偶爾會發現，鋁製飲料罐中插進了石頭，或是汽車後行李箱中放了大石頭。這樣做只是小規模的騙局，我曾經看過中國一家紙廠拆開很多包進口美國報紙時，每包報紙中都夾了煤渣塊，增加重量，這些報紙還是向一家非常大的著名美國廢紙公司購買的。全世界的廢料進口商都很樂意跟你分享類似的故事。

家父寫好早上的第一張秤重單據後，他的員工該開始陸續來上班。其中一位員工可能提起臨時工送來的桶子，看看桶子裡裝的是什麼東西，不是倒在裝同樣廢料的紙箱裡，就是把桶子移到一旁，等著跟未來一、兩天內一定會送到廢料場的其他廢料併在一起，放在比較大的紙箱裡。同時，我們的送貨卡車可能會開進來，卸下好多個跟裝洗衣機紙箱一樣大小的紙箱，紙箱裡裝著銅屑，這些銅屑是市內一家工廠大夜班生產時產生、二十分鐘前才裝上我們貨車的東西。這批貨的價值會超過這個星期裡，水電工人收集、送來的所有廢料價值（而且這一星期裡，卡車還會從不同的工廠裡，載來幾十批這樣的東西）。這時，家父會帶著包商的單據，走進辦公室，丟給我祖母，然後回到他的辦公室，而在他桌上待售存貨表旁邊，通常都會放一個紙盤，上面放了熱狗和猶太醃黃瓜。

家父的廢金屬顧客分為三類，彼此有一些重疊：第一類是鋼鐵廠、精煉廠和鑄造廠，他們買了廢料後，會把廢料熔製成新的金屬；第二類是比較大的廢料公司，他們有能力從比較小的廢料場購買大量廢料，然後再以高價賣給迫切需要很多廢料的工廠；第三類是跟前兩類業者打交道的中間商。然而，不管是什麼顧客，家父每天早上都會用同樣的方式，跟這些顧客通電話。他會跟可能認識很多年的買主談話，他們會問候彼此的家人、談談運動比賽，說一、兩個黃色笑話，然後才言歸正傳，回歸全球廢料業以外的人不可能了解的業務。「你們的人付多少錢買蜂蜜？嗯。大麥呢？是這樣嗎？很好，我有一堆海洋要賣，好，還有樺樹懸崖呢？」

蜂蜜、大麥、海洋……樺樹懸崖到底是什麼？

這些字眼是全球廢料交易商發明的祕密語言，你也可以說，這是廢料業者的世界語，起源最早可以回溯到一九一〇年代。當時舊布和舊衣服回收商碰到一個問題：就是如果每一噸舊棉布都不同，買賣雙方要怎麼協議完成一噸舊棉布的交易？答案首先由全國廢物料交易商協會（NAWMD）在一九一四年提出，就是訂出具有約束性的規則，精確說明這些舊布應有的樣子。交貨給買方的舊布如果不符合約定的規格，買方就有理由提出申訴、仲裁或訴訟。這種觀念很有用，到一九一七年，原來的三級廢布料（主要用來造紙）已經擴張成二十三級，包括下列等級：

特一號白棉布：大塊白色的乾淨棉布，其中沒有針織品、毛線、帆布、蕾絲窗簾、纖維狀或雜亂的廢布料。

二號白布：弄髒的白棉布，其中沒有垃圾、街頭廢布料、烤焦、沾到油漆或油性的舊布。

黑棉襪：只包含黑棉襪，但容許白色襪底或白色邊緣。

你可以暗自竊笑，但是對於希望控制所生產寫字用紙張顏色的紙廠來說，保證只有黑色襪子、沒有其他顏色的規格卻是重要大事。到一九一九年，廢料規格已經跨越襪子和紙張，打進廢金屬業中，到一九五〇年代初期，這些規格已經變成國際廢料業行之有年的工具。

然而其中有一個問題：當年完成交易最快的工具是電傳電報機，電傳電報機公司根據字數收費。因此，爲了簡化通信、降低昂貴的電報交換費用，廢料交易商同意一套四到六個字母構成的字眼，代表他們所交易的不同等級可回收廢料。例如：「Talk」代表「鋁銅汽車水箱」；「Lake」代表「完全發射的銅製武器與步槍彈殼」；「Taboo」代表「混合的低等級銅鋁碎片與碎塊」。

因此，家父談到乾淨電線時，用的字眼是大麥，這項規格由華盛頓的美國廢料回收產業協會制定，這個協會直接從全國廢物料交易商協會傳承下來，這項規格過去和現在都像下面所說的一樣：

Barley（**大麥**）**一號銅製電線**：包括一號未塗布、無合金裸銅製電線，尺寸不得小於美國電線標準第十六號。綠色銅線和液壓包裝材料須經買賣雙方同意。

如果家父在早上的談話中，同意賣出一批大麥，那麼他應該會受到合約拘束，要確保自己不交出聖誕燈飾電線之類的銅纜線。畢竟這項規格規定要交出裸線，交出裸線以外的任何電線都違反合約。因此，家父和員工會花相當多的精神，爲收在倉庫裡、經常隨意交纏在一起的電線電纜分門別類，從裸線中拉出銅纜線，以便確保交出符合規格的貨品。如果規格不符合，買方有權拒絕收貨，不過買方經常會利用對一批電線「索賠」的方式討價還價，談出比較低的價格，家父的利潤率會因此略微減少。

規格不止對廢金屬交易商重要而已，就紙張而言，不同等級紙張之間的差別就像一百年前一樣重要，業者花費大量資源，分辨不同的紙張等級。二〇〇六年時，我在新德里郊外大約一百公里的拉瑪（Rama）紙廠，看到幾十位婦女整天都忙著從廢舊中小學筆記本上，撕下筆記簿的封面紙板，原因很簡單：紙板比筆記本白紙貴，紙廠也可以拿來做不同的用途。筆記本的出口商設在杜拜，當地勞工成本太高，出口商無法為筆記本分類，因此折價賣給印度的紙廠，折價反映一大堆廢紙中有很多等級的廢紙。對拉瑪紙廠來說，替可以回收的廉價筆記本「升級」，也就是區分昂貴的紙板和比較便宜的白紙，帶有很高的利潤。

今天世界上有好幾百種不同的廢料規格，有些規格專屬於某些國家（南韓和日本訂有自己的規格），但是最重要、應用最普遍的是北美洲的廢料回收產業協會規格。這種規格並非長年不變，而是會隨著大家所丟棄垃圾的性質和處理垃圾的科技變化而演變。值得注意的是，制定規格的委員會很有幽默感：在電傳電報機絕跡很久後的二〇〇七年，還決定用Tata、Toto和Tutu三個方便的縮寫，當做三種類型廢鋁的簡稱。對業界來說，這些規格和歷史比較悠久、運用比較廣泛的規格，可以媲美「美元」、「公噸」和「運費」之類的辭彙。這種情形讓我想到我二〇一〇年在印度加姆納格爾（Jamnagar）碰到的事情，這個城市的經濟完全靠利用廢金屬的幾千家銅製品廠支撐。某一天下午，我和一位大廢料進口商走在一處工業區裡時，碰到一位骨瘦如柴、資本投資頂多只是一部自行車的廢料小販，他一看到在當地難得一見的我這個外國人兼可能的進口廢料來源時，指著他自行車後面拖車裡放的各種廢銅，微笑著說：「蜂蜜。」

我知道他的意思，把這些蜂蜜出口到印度的人也知道。但是更重要的是，向他們買這些東西的人，一定知道這個字眼的定義。這些怪異的名詞不止是一種奇怪行業的遺跡；而是把隨隨便便的垃圾從一大堆垃圾中改造，變成可以銷售產品時所運用的工具，畢竟如果你不能說明你賣的東西是什麼樣子，你可能無法把東西賣掉。規格會把回收資源帶到需要這些東西的人手中，有時候，這些人是在中國，有時候是在印度，有時候非常可能在美國中西部之類的地方生活和工作。

二〇一一年八月中的某一個工作日早上，時間剛剛過了七點，印第安納州韋恩堡居民蓋伊．杜梅托（Guy Dumato）開著一輛非常大、非常貴的黑色皮卡車，走在他故鄉的街道上，我坐在他旁邊，因爲皮卡車前車廂非常大的關係，我覺得自己跟他隔了好幾尺遠，看著他喝超大塑膠咖啡杯裡的飲料，他身材矮壯、年近四十，十分清醒，在咖啡因的助陣下，表現出精神奕奕、習於一早就開工的樣子。

杜梅托是世界最大廢料業者之一全方位資源公司（OmniSource）的經理。多年前，我在家父的廢料場工作時，我們曾經把廢料賣給他們。但是一直到現在，我從來沒有去拜訪過他們，看看我們賣的東西最後變成什麼。我們開車前進時，他告訴我他在這家公司從低下的職位幹起，只是奉派去做需要有力的幹部、又有工作意願的勞工。不過奇怪的是，杜梅托不記得他過去做的是什麼工作，反而記得他所搬運過的廢金屬是什麼價錢。

他回憶說：「我記得當時銅價每磅是六十美分，一車滿滿的廢銅可以賣到二萬四千美元。」這種物價便宜的往日大致在一九九〇年代結束，在印度、中國和其他開發中國家開始需要原料和廢金屬、從事基本建設、提升生活形態之前結束。我坐在杜梅托開的皮卡車上那天早上，美國經濟還在衰退，但是中國之類開發中國家因為城市突然從農田中興起，對廢金屬的需求增加，導致銅價漲到每磅三．五美元以上；過去杜梅托載運的一車銅價值二萬四千美元，現在價值接近十五萬美元，這種差別就好像是福特福克斯車款和法拉利車的差別。

「到了！」說著，我們向右轉，開進一個小小的停車場，停車場旁邊的高大磚造倉庫蓋在住宅區邊緣一條安靜的街道上，看來不像是設置世界最大工廠設施的地方，事實上卻是這樣：這裡是世界最大的電線電纜切碎廠，負責把電線電纜切碎、變成不同的成分——主要是銅、鋁和絕緣塑膠，然後再回收。

杜梅托帶我走進倉庫，我在離大門不遠的地方，看到一堆彩色電線電纜，有些電纜跟壘球一樣粗。這些電線電纜的來源跟顏色一樣多樣化：有些可能是最近遭到光纖取代的銅製電話纜線；有些可能是電力公司為了換裝風力發電所需要的高級電纜、從地下挖出來的電線；有些是向原本十分龐大、現在只剩最後幾家繼續生產的電線電纜廠買來的下腳料（工廠生產產生的廢餘料），但是大部分的廢料或大約六十％的廢料，是購自美國各地其他規模比較小的廢料場，例如我成長歲月所度過的那種廢料場。他們購買的標的包括從臨時工到工廠之類的客戶。

美國或世界任何地方每年產生的廢電線電纜總量都沒有統計，但是從全方位資源公司韋恩堡切碎廠的產能，大致可以看出全世界一年到底產生多少廢電線電纜：這座工廠一天二十四小時內，可以處理二十萬公斤的電線電纜，大致等於紐約港自由女神像的重量。

全方位資源公司的工廠不是北美洲唯一的電線切碎廠，北美洲至少有四十家這樣的工廠，但是沒有一個廠的規模或先進程度，比得上全方位資源公司的工廠。這只是北美洲的情形而已，印度、中國和越南的廢料公司跟全方位資源公司一樣，迫切需要廢料，因此經營幾千家小規模的電線處理廠，利用人工和簡單的機器，進行我受邀訪問的這座切碎廠的類似作業。但是杜梅托首先把我帶到角落上，告訴我：「你得看看我們怎麼知道自己在做什麼。」

我跟著他，走進一間沒有窗戶的小房間，看到兩位身材結實的年輕人，其中一位穿著白色T恤，露出強壯的手臂和刺青。他們正用夾子小心的整理五公分長的電纜樣本。杜梅托將我的注意力從他們身上移開，轉而注意一面長六公尺的釘板牆壁，牆壁上從地板到天花板布滿了鉤子，鉤子上輕輕掛著幾千條長五公分的電線電纜。左邊最細的電線好像編織緊密的黑色細條紋布，中間的電線電纜變得比較粗、彩色也比較豐富；此外，到處還橫放著尺寸比較大、比較緊實、又閃閃發亮的銅製電纜橫切面，這種電纜長度大概有十到十三公分，讓我想到這些電纜最像等著撒糖粉下去的葡萄柚。

這面展示牆令人昏昏欲睡，是無心藝術的意外之作，也正好相當完整的展示過去三十年左右、美國人用來傳輸電力和資訊的所有方法。但是牆上掛著「僅供參考」的牌子顯示深遠多了的意義。對於可能擁有世界最大電線回收廠的全方位資源公司而言，這面牆只是輔助工具，確保他們完全了解自己買到的是什麼廢料。每一條電線、每一段電纜都用白色的標籤包著，標籤上精確的說明其中的成分，杜梅托伸手隨意拿了一段電纜下來，這段電纜看來像是八號電纜，由一大一小兩條電線組成，外面包著黑色的絕緣塑膠，他讓我看標籤上的文字：

八號：八分之三英寸

三七．八一　一號黃銅

八．八二　黃銅箔

二一．二六　鐵

要翻譯這些術語不難。八號電線是高高掛在電線桿上的電線，這個樣品的尺寸是八分之三英寸（〇．九五公分），裡面有兩條電線，一條負責輸運電力或電訊信號——這條電線的成分是三七．八一的銅，用一般人的話來說，就是其中含有三七．八一%的銅。另一條線叫做吊線纜，功能是在電纜高高掛在天上時支撐另一條電線，因此，在這段電纜中，這條電線的規格是二一．二六的鐵，用一般人的話來說，就是其中包含二一．二六%的鋼鐵。這張標籤上標注的另一個成分是銅箔（八．八二的銅），銅箔通常包住銅電線，隔絕電力和其他形式的干擾。在廢料業的術語中，整個標籤表示「可以回收」四六．六三%的銅，回收比率越高的電線越有價值。

兩位年輕人從放滿電線電纜的的參考牆上，取下電纜樣品，剝掉外面的絕緣塑膠，再把銅線放在像茶盤一樣的不銹鋼盤上，再放到電子秤上秤重，整個做法看來像解剖一樣，事實上，這樣就是解剖，正是代表全方位資源公司每年所購買幾千萬公斤電線的精確解剖體。兩位年輕人和他們解剖的電線提供即時的資料，讓全方位資源公司知道自己從千百位顧客手中，買到什麼東西，因此這些資料成爲參考牆必要的補充資料。杜梅托解釋說：「重點是我們不斷的看到新東西、新型的電線電纜和新的回收比率。」他隨意指著牆上的一條電纜，告訴我：「我們過去從這種電纜中，可以回收六十%出頭的銅，現在只能回收五十%出頭。」

會出現這種變化，原因正是過去二十年來銅價不斷上漲，為廢金屬業帶來極高的利潤。不是只有杜梅托看到銅價從每磅〇．六美元漲到三．五美元，銅製品廠商也注意到這一點。很多廠商決定用其他金屬取代銅，以便壓制上升的成本，這種趨勢不斷成長，結果就是電線電纜中的銅純度下降。杜梅托聳聳肩說：「如果我們收到一卡車混雜各種電線的東西，我們很可能要採樣二十次，如果你希望知道自己買到的是什麼東西，你必須這樣做，把東西賣給我們的廢料經銷商全都習慣一種回收比率，我們現在得告訴他們，還有不同的回收比率。」換句話說，大部分舊式的廢料經銷商仍然不習慣看到中國不但主宰銅價，也主導電力線中所使用的銅純度。

杜梅托問我：「你準備好了嗎？」

我點點頭。

杜梅托把安全帽、安全眼鏡和耳塞交給我，我們就轉彎走進工廠。

切碎工廠偶爾也叫做造粒工廠，是好幾層樓高的龐然大物，延伸好幾百英尺，通到自然光線照射下的倉庫，工廠裡的很多台馬達發出隆隆的響聲，金屬碎片落在金屬盤上，會發出嘶嘶聲和尖銳的碰撞聲，工廠裡不只是很吵而已，即使你帶著耳塞，還是可以聽到帶有重金屬樂團般的吵鬧聲。

整個系統的前端是兩條輸送帶，看來這是我唯一熟悉的東西；再往前看，我看出不少管子和更多的輸送帶，看到遠處有一台類似銅塊升降機的東西，抓起一把像胡椒一樣大小、閃閃發亮的銅塊，搬運到上面的系統中，然後消失不見。

我們走到切碎生產線前面時，杜梅托喊叫著說：「在這種製程中，聲音確實很重要。」我們身後有一台發出隆隆響聲的裝貨機開進來，把亂成一團、重好幾百公斤的電纜倒在跟書架寬度相當、長度大約四．五公尺的震動盤子上；盤子震動時，電線慢慢的往前走，落在一條輸送帶上，繼續向上升，再落在很多旋轉的刀片上；電線碰到刀片時，切碎機發出深沉、空洞的響聲，你可以感受到這種響聲從地板上傳來，傳到你的骨頭裡。杜梅托喊著說：「耳朵在這個階段非常重要。」他指點我看著一位全身包著圍巾、眼鏡、長袖衣服和防毒面具的男性。在我看來，這位男性像是遊擊隊戰士。杜梅托指著這位遊擊戰士的右腳，他的右腳正在操作一個踏板，控制震動盤子的搖動速度，以便把電線送上輸送帶。這時，另一團緊密纏繞的電線流進機器裡，發出低沉的響聲，杜梅托喊叫著說：「他要注意看，也要傾聽適當的音量，傾聽雜質發出的聲音，這台造粒機會發出大不相同的聲音告訴你經過機器的東西是什麼，這種事情的確是藝術，需要一些經驗。」

我跟著杜梅托，向整個系統的後方走去，走到封閉的切碎機房下方才停下來，這時刀片已經把電線切成大約二．五公分長的長條，這部分是輕鬆的工作。難的地方在於把不同種類的金屬分開，也把塑膠分開來，這部分工作正是整個系統大部分長度必須負責完成的地方。把不同東西分開的某些原則是常識，例如裝設磁鐵；把鋼鐵吸走。有些原則比石角鄉李瑞蒙的聖誕燈飾回收系統的科技水準還高：切碎的金屬和塑膠要經過一個震動的平台，平台底下有空氣往上吹，比較重的金屬會向一個方向流去，比較輕的塑膠會向另一方向流去。

杜梅托要我跟著他，走上圍繞在一些震動平台四周的架子，我看到閃閃發亮的乾淨金屬碎片像水一樣，從輸送帶上掉下去。杜梅托指點我看著自己的腳下，我看到一條乾淨的金屬河流，像快速流動的溪水一樣，掉進耐用的大塑膠袋裡，這種袋子原本可以裝得下洗衣機，現在卻用來裝多達一千八百公斤的金屬，在廢料業裡，這種袋子叫作「超級袋子」。

杜梅托帶我走出去，走到後面的裝貨平台，我在這裡聽到塑膠從輸送帶落下去，落在水泥地上成堆絕緣塑膠堆的嘶嘶聲。金屬在北美洲或全世界都不愁賣不出去，但是電線電纜回收必然有的副產品絕緣塑膠卻比較麻煩。不同的塑膠混在一起時，不能一起熔解得很好，而且至少到目前爲止，還沒有人發展出能夠把不同塑膠區分開來的科技。

因此，全方位資源和北美洲其他電線回收廠，在沒有顧客大量購買塑膠與橡膠混合廢料時，通常都把絕緣廢料送到垃圾掩埋場。全方位資源決定廢電線電纜應該在印第安納州的工廠裡切碎、還是應該運到國外處理時，電線電纜絕緣塑膠的數量是重要的決定因素。電線電纜所含的絕緣塑膠越多，越可能出口（其中還有其他考慮因素，包括特定電纜中的金屬類別）。銅和絕緣塑膠所占的比率沒有嚴格的規定，但北美洲或歐洲的電線電纜回收廠，很不願意接受金屬成分占六十％以下的電線電纜。相形之下，聖誕燈飾裡的黃銅和青銅一共只占二十八％，因此會出口到外國，外國的處理成本低廉，對任何種類的銅都有龐大需求，混在一起的絕緣塑膠又有現成的市場，因此聖誕燈飾十分受到喜愛。

相形之下，全方位資源公司切碎生產線末端裝金屬的大袋子中，銅的純度可能高達九九．九％。你可以這樣想：二〇一一年夏末我去拜訪這家工廠時，銅價每磅大約是三．五美元，這樣表示一大袋四千磅（一千八百公斤）的銅，價值大約爲一萬四千美元。

然而，杜梅托卻警告我不要太興奮。「這些東西的利潤只有幾美分，」他指的是在美國處理電線電纜成本高昂，「我們還能賺錢，是因爲我們（每年）處理幾千萬公斤的廢電線電纜。」他帶著我轉個彎，走進另一棟長形的倉庫，倉庫裡有幾百個超級袋子，都整整齊齊的排成很多排，每個袋子裡廢銅的含銅比率都不同，並非所有袋子裡都放純度九十九％的廢銅，大部分袋子裡廢銅的比率介於九十六％到九十九％之間，但是毫無疑問的是，從倉庫高高的窗戶射下來的陽光，照的是價值千百萬美元的東西。

接著我們隨意停在一個袋子前，杜梅托打開袋子，露出長度四分之一英寸（約〇·六四公分），像黃金一樣閃閃發亮的銅塊。他把手伸進去，拿出一些銅塊，攤在陽光下，說：「這種銅塊的純度爲九九·七五％，還不是我們最好的產品。」〇·二五％的差別使得這些銅塊變成不是最好的產品，卻照樣會反映光線，這些銅塊是青銅，原本可能用在電線末端的電力連接器中。青銅和黃銅很難分開，更困難的是青銅是銅和鋅的混合產品，因此黃銅中如果含有青銅，實際上你擁有的東西只是青銅而不是黃銅。不過你完全不會有損失：全方位資源知道，有些煉銅廠喜歡購買含有一定比率青銅的黃銅。這樣的青銅廠有些設在印度，大部分都設在美國，對這些青銅廠來說這種東西是主要原料，可以依據特定規格製成產品，什麼東西都不會浪費。

「這種東西有市場嗎？」

「市場很大。」

這個市場是漫長供應鏈自然而明白的終點，起點可能是賣給印第安納州一家廢料場的一桶舊電線，或是丟在紐約市回收桶中的USB電纜。電線在這麼漫長的旅程中，經過買賣、切碎和分類，最後來到有人能夠拿來運用、製造新產品的地方和階段。這種供應鏈很常見，電冰箱、塑膠瓶和舊教科書都走相同的路子，唯一不同的是把這種用過的廢料變成原料的製程，以及希望買這些廢料成品的人和企業在什麼地方。二十五年前，這些人和企業大部分都在北美洲，今天卻散布世界上的每一個地方。我在我家的廢料場及後來參訪全亞洲和全世界的廢料場時，都見證到這種變化。

我還在自家的廢料場工作時，家父早上大部分的時間，都會花在看明尼蘇達州製造商的名錄，再隨機打電話給他們。然而，他不是想對他隨機電話詢問的工廠賣東西，而是想買廢料，諷刺的是，這種做法正是我們所說的「銷售」。他會問電話另一端陌生的聲音：「目前誰負責處理你們的廢金屬？」「嗯，噢，我想我的價錢會比他們高。」

他的價錢偶爾會比較高，但是即使他的價錢比較高，也不足以贏得向一家小工廠購買多餘廢金屬的權利。家父也會遊說這家廢料供應廠——舉例來說一家生產食品加工設備、每年有幾百噸鋁片廢料的廠商好了——說他可以準時去收他們的廢料、提供高品質的服務，可能還要保證如果他們有需要時，可以替他們拿到雙城隊和維京人隊比賽的票。然而，他和對方都不會忘記，其他廢料場也提供同樣的好處——包括維京人隊比賽時更好的座位——以便吸引本地工廠把廢金屬賣給他們。坦白說，有些廢料商會很高興的把裝有現金的信封，塞給工廠裡的貨運平台經理，雙方取得諒解，經理在廢料商載走工廠裡一桶又一桶高價廢金屬時，會視而不見；在中國，就算你只是希望跟某些工廠的老闆談他們的廢料，基本的敲門磚經常是豪華晚宴加上招妓陪酒。

事實上，全世界每一個市場上的廢料競爭一直都很激烈。廢料其實像食物一樣：如果你沒有食物你會餓死，如果你的食物不夠你不會成長。因此你出門到處尋找廢料，隨機打電話給工廠、電力公司和市政府，表示你的價格和服務可以勝過競爭對手，希望得到對手的廢料，同時競爭對手也會設法搶奪你的廢料。傅立茲年紀很小，才九歲時，就跟試圖偷竊他所撿廢料的流浪漢在一起在垃圾堆裡撿垃圾，當時就體驗到這種競爭；家父在一輩子的事業生涯裡，和明尼亞波利斯其他廢料商競標廢料時，也體驗到這種競爭。

事實上，要對抗這種競爭，唯一的保障是龐大的顧客群。我認為，家父處在事業巔峰時，大約會從兩百家小型製造商、電力公司和市政府購買廢料，這些顧客規模大小不一，但是如果家父失去一、兩個客戶，仍然能夠安穩的繼續經營。規模比較大的公司、包括跟家父競爭的公司在內，可能有幾百個顧客，他們可以失去幾十家客戶可能還不會注意到。但是從小公司到多國公司，不管公司的規模是大是小，都有必須同樣面對激烈競價購買廢料的權利。從這個角度來看，廢料業和生產iPad平板電腦之類的正常事業正好相反，在正常的事業裡，你選擇自己的供應商（事實上，供應商會爭相把東西賣給你），而且你是對買方行銷。

廢料業有一句名言，就是買廢料很難，賣廢料很容易。

第一位中國籍廢料買主到底是什麼時候出現在家父廢料場門前的？我已經記不清楚了，大約是一九九四年前後，也就是中國開始解除重要工業的管制，民間企業家認定廢金屬業是他們可以藉以致富的行業時。這樣做是高明的選擇：當時中國領導群倫，正在努力成為世界重要的經濟體，中國經濟得到勞工和政府的支持。中國唯一需要的東西就是原料，開礦是獲得原料的方法之一；另一個方法是到美國去買。很多廢料業者把美國叫做「廢料的沙烏地阿拉伯」，美國產生的廢料比本國業者所能處理的數量還要多。廢料的沙烏地阿拉伯是有趣的暱稱，但是這樣說的意思不是恭維，而是指值得利用的大好商機。

我必須承認，我對第一批中國籍買主的記憶已經模糊不清（不過他們不是第一批亞洲買主，我們多年來，一直都把比較少量的廢料賣給台灣）。我只記得中國人的臉孔、破英文和樂於買下我們所有庫存的意願。「你們有二號電線嗎？」

我們當然有二號電線，我們也有要買這種電線的客戶。家父會問他們：「你需要多少？」

「我們可以看看貨嗎？」

因此我們會走進倉庫，待他們迅速的驗完貨後，會提出買下全部存貨的要求。家父會報出價錢，報出遠高於我們的北美洲客戶願意支付的價格，而他們會當場接受，毫無異議的。接著，要是他們有時間，整個下午都會看著我們把電線的所有存貨裝進貨櫃裡，準備運到只有他們才知道確實存在的某一個中國港口。但是對我來說，而且對當時大部分的廢料業者來說，佛山很可能是比亞特蘭提斯還虛幻的地方。

第四章
洲際廢料貿易

我在明尼蘇達州長大，對中國一直都沒有興趣，我像大部分的中西部人一樣，認爲從我們家鄉向四面八方延伸的美國大陸，就是大到足夠我們探索的地方。如果我要搬到國外，加拿大和墨西哥可能是夠遠的地方（我二十多歲前，都沒有到過這兩個國家）。我到中西部的芝加哥上大學當然毫不意外，我出國留學時選擇的國家是義大利，義大利當然是遙遠的異國，而且義大利讓我產生是否還有什麼國家值得我進一步漫遊的感受。不過當我回美國後，的確也以爲自己不會再離開美國，畢竟美國西部有很多沙漠地區值得探索，即使到今天，美西的沙漠還是我最常去的地方。

就我所知，我祖母除了到過加拿大之外，從來沒有離開過美國。家父也不太常旅行，我記得我有一位表兄叫做恰奇住在德州南部，經常越過邊界搬運廢料，家父去看過他一、兩次，兩個人經常在電話上交換意見。除此之外，我記得家父曾經在一九八〇年代初期飛到衣索比亞，經手一筆沒有成交的廢金屬交易。

一九九〇年代中期，我們家的廢料事業開始認眞跟中國貿易時，交易全都在本地進行，中國的貿易商會上門來，付現買走廢料。這樣當然是國際貿易，卻是一種我們能夠在家裡成交的國際貿易。一九九〇年代廢料貿易蓬勃發展時，家父曾經短期往返中國數次，帶回中國廢料場人頭很多、堆滿彩色電線的相片。但是我總是懷疑，如果家父的目的不是要到中國（處理廢料）的城市好好享受幾個晚上，那麼他的中國之行頂多只是他想出門旅行的藉口。就我所知，他從中國之行中所學到的教訓，只是中國已經富起來，很長、很長的一段時間裡，都會迫切需要廢金屬。不過這些教訓沒有不好。過去二十年來，有不少人靠著這類的觀察，從廢金屬中賺取到驚人的財富。

不過諷刺的是，我們家並沒有從中賺到大錢。

最近我聽別人說，如果過去二十年裡，你擁有廢料場卻沒有發財，你不是笨蛋就是運氣非常不好。我聽到這種說法時雖然覺得心痛，卻總是哈哈大笑。我們不但沒有發財，我們家的事業在這段繁榮歲月裡，其實還吃虧受害，甚至萎縮。不過話說回來，我們家的事業經歷一九九〇年代和二十一世紀前十年的繁榮後仍然繼續經營，這本身就是一項成就；如果市場正確無誤，我們應該已經破產。

一切都要歸功家父，他是個能力高強、徹頭徹尾的廢料業者，在像把輪胎推下山一樣驅策業者的這一行裡，是高明的經紀商。然而這樣或許還不夠，我看過、聽過其他中年廢料業者放棄或厭煩為交易而交易的故事，他們通常像家父一樣，頭腦比一般人好，在垃圾處理業變成「綠色」事業，在這一行具有意識形態、意義、目的之前，就已在這一行中長大。沒錯，這一行要面對很多跟金錢無關的挑戰，尤其是要面對冷淡、強硬、令人討厭的政府管制，但是這些挑戰都是令人生氣，而不是大家樂於解決的問題。

因此，厭煩了為賺錢而賺錢的廢料業者會怎麼辦？不再尊重自己擅於從別人的廢料堆中看出價值、從中賺到大錢的業者會怎麼做呢？偶爾他們會縱情女色；偶爾會寄情酒精；偶爾會到澳洲的海灘上蓋起小屋，出售龍舌蘭酒，自認為這樣做是經營事業。還好家父沒有考慮最後一種做法，而是選擇前兩種做法。事實上，我在自家廢料場工作的一九九〇年代大部分時間裡，他都極度沉迷在酒精和其他東西上。不用說也知道，不管是哪一行，經常醉醺醺的執行長是所有問題的起源；但是在小型廢料業裡，大部分交易都是現金交易，員工會在你看不見的時候不斷搶錢，醉醺醺的執行長就像把錢丟在電線切碎機裡一樣。

當時我很年輕、沒有經驗，又以優異的成績從哲學系畢業，對於投身廢金屬業的想法覺得很矛盾，我希望做別的事情，例如寫歌、寫小說、得到進化生物學的博士學位、愛上憂鬱的女性，但是當你家和你的家族事業陷入困境時，你會盡你所能的去解救。因此我做了一生中最好的抉擇之一，到廢料場去，跟我祖母密切合作。我們盡了最大的力量，防止現金不見，同時，努力把家父送到美國最好的一些上癮症治療中心。這段期間裡，我變得擅於結束銀行的帳戶和信用額度，不論我們是否靠著付款給銀行和我們的員工，或是為家父的習慣付款，得到比較好的結果，我們終於達成了收支平衡。

令人驚異的是我們繼續經營！我清楚很記得，在某一天的下午，我必須到提供我們信用額度的銀行去低聲下氣的說明家父正在治療的狀況，央請銀行不要切斷我們的信用額度。我甚至更清楚的記得，我必須到佛羅里達州的一家治療中心，為家父辦理臨時出院，好讓他到一家金融機構簽字，申請另一筆信用額度，以免他們認為他正在墨西哥灣海岸駕著帆船度假一個月（我十分確定他從來沒有踏上帆船過）。總而言之，在我將近三十歲時，有兩件事情變得極為清楚：第一，家父永遠不會像我祖母和我所希望的那樣恢復清醒；第二，我在最高階經理人極為傑出、卻經常不在的這家企業裡不會有前途。

這番奮鬥不完全是註定會失敗的戰役，家父曾經展現出足以維持公司經營於不墜的才能，但是這種情形不是我的前途，我需要的是生活、需要超越廢料場以外的生活，即使「以外」表示我每星期有好幾次，不能跟祖母共進中餐。但是這種情形不只是跟共進中餐有關而已：沒有什麼事情比跟你的祖母在一起，坐在一台錄影監視器前，抓到員工偷錢還有趣，我們從中獲得極多的樂趣。

當時我逐漸放棄廢料以外的兩大興趣，第一種興趣是音樂，第二種興趣是新聞事業。我曾經試過音樂創作，卻幾乎沒有什麼成就，就在二十多歲、這種熱情理當熄滅的時候，放棄了音樂。至於新聞事業，因爲我不完全了解的原因，似乎還繼續在我心中燃燒。我在明尼亞波利斯開始爲雜誌當自由撰稿人，迅速的接受越來越大的任務，經過一、兩年後，我有機會到中國，針對廢料問題進行自由採訪寫作，我毫不猶豫的接受了這個機會。

這個構想糟糕透了。

首先，我不懂中文；第二，我從來沒有到過亞洲；第三，我們家在明尼亞波利斯的事業仍然搖搖欲墜。但是堪稱廢料業女兒的祖母鼓勵我去。她告訴我，「你必須過你自己的生活，你必須這樣做。」我認爲她沒有預料到我會在中國一住十年，我自己的確從沒有想過。要是她有預料到，我猜她應該會像她告訴別人一樣的告訴我：她其實不希望我去。要是我知道她非常希望我留下來，我應該會留下來；要是我知道我會在她的晚年離開她，我應該會留下來。但是大家都認爲這項任務只是短程的旅程，任務完成後，我會回家，可能在本地的報紙找工作。

我秉持最純潔的良心，基於幾項任務到中國去，其中我最感興趣的任務還是廢金屬問題。我看過家父在中國廢料場拍的照片，但是其實我不相信這些照片，我必須親自去看看，這種景象對我才有意義，我多年來在廢料場中學到的知識才不會浪費。

我記得第一次從廣東佛山發出報導的情形。

我飛到廣州機場，接我的人是坐著漂亮寶馬汽車的廢料商，以及剛從鄉下來到佛山，替他開車的司機。當時是二〇〇二年，佛山頂多只是散布在中國某個城市西邊一些低度開發的村莊。當時我來到中國才幾星期，在地圖上還很難找到佛山，這一切看來都像是個差勁的主意。

從機場坐上車，一開始走的是新開闢的高速公路，接著走不算新開闢的鄉下道路，沿路都看到垂落到離地只有幾英尺的高壓電線。超載的送貨卡車是主要的運輸工具，卡車塞滿道路，碰到有路肩的地方，連路肩都塞得死死的。當時要花將近兩個小時，才能開到仿洛可可風的楓丹白鷺酒店，這家酒店在佛山市南海區市中心，樣子很像泛黃的洛可可風圓形小瓷碗墊。

當時南海區已經是世界最大的廢金屬處理廠聚落之一，你只需要走進酒店大廳，就會了解到這一點。酒店坐落在清翠茂盛、精心修剪、連法國國王路易十四都會臉紅的園林裡，從世界各國來的廢料交易商咬著雪茄，坐在巴洛克風的椅子上，討論他們周末到上海時能不能買到像樣的漢堡。但是這種情形並非全貌，全貌是你在一天的任何一個小時裡都可以走進酒店大廳，發現至少有好幾個白人廢料出口商，跟幾個中國廢料進口商一起喝茶、喝咖啡或喝威士忌，廣東一些最漂亮的妓女搖曳生姿從旁邊走過，要上樓去找客人。如果你想知道銅纜線的價格，噢，全球市場行情從早到晚，都在這裡形成。

時差決定了楓丹白鷺酒店當時的大部分景象。我記得自己曾經看過廢料業者在午夜時分，坐下來吃早餐，早上七點三十分卻在吃牛排，而且隨時都有人在喝調配差勁的雞尾酒。但是這樣也沒有什麼不好，因爲從過去到現在，華南的廢料處理業經常都是每天二十四小時作業，情況一定是這樣，因爲中國經過二十年的現代化發展後，一切都開始加速進行，加速興建機場、高速公路和公寓，也開始加速生產汽車，不用說也知道，一切建設都需要金屬。

以興建地鐵爲例，我搬到上海那一天上海共有三條地鐵線，十年後上海地鐵變成世界最大的地鐵系統，一共有十一條線，軌道總長超過四百三十公里。然而，中國沒有足夠的自產原料供應，以便興建所有地鐵，因此爲了替現代化的社會興建現代基礎建設，中國在非常短的時間內變成廢銅、廢鋁、廢鋼和所有其他必要廢金屬的淨進口國。

當時如果你受到時差的影響，卻有一位相當配合你的廢金屬業者當你的東道主（如果這樣做表示可以得到美國的廢金屬，他們全都非常樂意配合），你可能會在漆黑的夜裡前往廢料場訪問，你會坐在昂貴的名車裡左轉右轉，走過兩旁都是磚牆的窄巷，開上交通號誌不清不楚、照明不足的大馬路，再走進巷子裡開到廢料處理區，最後停在和其他金屬大門無法分辨的一些金屬大門前，司機會按喇叭，老闆會搖下車窗，好讓警衛知道車裡坐的是什麼人，然後有一位員工會推開大門，車子會開進燈火明亮的廣闊空地，車頭燈會照到一堆又一堆的金屬碎片、很多包裝極爲龐大的電線包，在這些東西旁邊，會有一個棚架，兩、三位男性——大部分都是男性——會把廢電纜，送進沿著絕緣塑膠切開的機器，附近通常會有由女性組成的另一群人，利用這種切割機器，切開絕緣塑膠，露出銅線。十年前，這些電線應該會在全方位資源公司，或該公司競爭對手的工廠裡處理。

我看到的景象極爲陌生，只有所有的廢料例外，我知道這些廢料是什麼東西，這些廢料看來像我們過去賣到中國的東西，只是現在這一切都到了中國。

同時，在廢料場最遙遠的角落上，可能發出熊熊的火光，把黑煙送上不算很漆黑的夜空，那種味道對人體有害（而且要看所燒的是什麼電線，可能含有戴奧辛成分），但是目標都一樣，都是爲了追求利潤。規格太細、不適於用剝皮機器處理的電線，是焚燒的好標的物，但是如果銅的需求強，任何東西都可以拿來焚燒；到了早上，銅就可以從灰燼中掃出來。我記得很清楚，有一天夜裡，我看到一排六個原本掛在電線桿上、用來調節電壓的圓形變壓器，在月色裡冒著黑煙。我知道這些是什麼東西時，嚇了一大跳：舊變壓器含有毒性極高的多氯聯苯。但是似乎沒有人把這一點告訴整個晚上都在旁邊撥弄火焰的工人。我不喜歡這種事情，但是你到你剛剛知道名字的省分、到某一個從來沒有聽過的村子裡，站在一家廢料場時，你不能多說什麼。不過我不知道我有多少立場可以抱怨，因爲我也是這一行出身的小孩。

老實說，在廢料場工作的員工人數之多、以及他們的薪水之低，讓我深感震撼，但是這種卑微的工作和其中的汙染，倒不會讓我覺得震驚。畢竟，我祖母和她的弟妹從小就一直清理廢金屬，一直到成年，她弟弟雷奧納德曾經告訴我，他和雙子城中的任何一個人一樣，知道怎麼「拆解」汽車，也就是用錘子和鉗子把汽車拆解，從中拿出銅來。這是你一窮二白時所做的事情，他們那一代的確沒有什麼錢。

中國人和我家人共同的地方還不只這一點。

例如，我會不以爲恥，坦然承認我家人經常拿錢給包商，替我們在明尼亞波利斯郊外的農田裡，焚燒我們買來的電線（我們也經營一座擁有開放式煙囪的煉鋁廠——照理說，這樣做嚴重違法）。如果東西不能焚燒，就必須掩埋，因此我們像當年的無數廢料場一樣，運用最便宜的方法，清除別人的垃圾。這種日子已經成爲過去（至少對我們家而言），但是我知道北達科他州還有人繼續這樣做，而且在這樣做的人當中，可沒有窮困的中國農民。

老實說，二十一世紀初年的佛山汙染程度，遠比我一九八〇和九〇年代，在美國成長時所見過的任何景象還嚴重，而且一定比我曾祖父早年所知道的汙染還嚴重。但是對我來說，這種差異只是程度、集中度和歷史的不同。不論結果是好是壞，二〇〇二年時，他們不是做我們在一九七二年時不會做（或不願意做）的事情，他們所做的事情其實是極度的變本加厲。而且這些東西雖然看來很髒，我卻不覺得有哪個佛山人會認爲，是別人把廢料「倒在」他們身上。他們反而積極進口廢料，或是從別的的省分運來這裡加工。

畢竟這一行的薪水無人可比，如果你沒有受過教育、又不識字，更是如此。看不同的廢料場而定，薪水可能比本地的高科技工廠高出十到二十%。然而，根據美國的標準，這種薪水不多，每個月大約一百美元，加上食宿。然而，如果你原本的人生希望是過著靠務農爲生的日子，那麼這筆錢除了足夠你寄回家、繳交孩子的學費之外，應該還綽綽有餘，下一代應該會有更好的生活，在廢料場工作影響健康的後果，可以等到將來再擔心。

二〇一一年，我飛到廣州，從事一年兩次的廢料場報導之旅，看吧，地鐵已經通了，我坐地鐵到佛山，花費的時間不到一小時。南海區過去讓我覺得像是美國大西部的偏遠小鎮，和所有跟廢金屬無關的現實分離，現在卻變成中國的另一個大都市、變成有二千多萬人口廣州市的一個郊區。我走出地鐵站，看看四周，發現自己站在交通繁忙、新鋪柏油的兩條大道交叉口，也站在四塊完全空置的農地中間。然而，兩條街口外就是代表財富流入的象徵——幾十台建築用起重機，在幾十棟高樓大廈上空移動，有些大樓高達三十層，每棟高樓都吃掉一小塊最近還是農田的空地。我拉著行李箱，往這些大樓的方向走去，穿過長了馬唐草和丟了速食麵紙碗的泥土地，來到新建的五星級保利洲際酒店大門，酒店旁邊是一個跨越三個街口的購物中心。

有人問我，爲什麼美國人賣到中國的所有廢金屬中國都照要不誤時，我希望我能夠讓他們看看那天我從旅館房間看出去的景色，二十層樓下面就是那座購物中心，大小跟我成長時在明尼亞波利斯郊外所到過的任何建築一樣大。需要鋼鐵作爲結構，需要銅和鋁製作的電線，需要青銅製作的浴室用品，需要不銹鋼製作的所有洗臉槽和欄杆，這些東西只是起步而已。

接著你會看到：在這座購物中心的另一邊，四面八方有幾十棟正在興建的高樓大廈，你在地下鐵裡和地面上，都看不到這些新大樓，我從房間往外看，可以看出這些新大樓都有二十到三十層樓高，都布滿需要鋁製窗框的窗戶，需要銅鋅合金所製設備的浴室，需要不銹鋼製造的家電用品，如果入住的家庭精通科技，那麼他們還需要附有鋁製背板的iPhone手機和iPad平板電腦。

難怪中國的金屬消耗量領先世界各國，尤其是在消耗鋼鐵、銅、鋁、鉛、不銹鋼、黃金、白銀、鈀金、鋅、白金、稀土元素，和大部分號稱「金屬」的原料方面，更是如此。雖然中國的消耗極爲驚人，卻極度缺少自有的金屬資源。例如二〇一〇年內中國一共生產四百五十萬噸的銅，其中卻有二百四十萬噸，是利用廢銅生產出來的。這些廢銅當中有八十％依賴進口，其中大部分是從美國進口。換句話說，中國的銅供應中略低於一半是以廢金屬的方式進口，這點不是小事，因爲銅在現代生活中比任何金屬都重要，銅是傳輸電力和資訊的媒介。

因此，如果銅的供應遭到切斷，會產生什麼結果？如果歐美國家決定對中國、印度和其他開發中國家，禁運所有回收物資，會出現什麼問題？如果中國不能進口廢紙、廢塑膠和廢金屬，必須到別的地方尋求供應，結果會是什麼樣子？

中國有些工業會換用其他金屬取代無法靠著回收得到的金屬——很多金屬的回收再生，在技術上都可行，但是有若干用途（例如用在敏感電子產品中的銅）根本不可能換用其他金屬，中國就必須依賴採礦（如果是紙張就必須依賴伐木，如果是塑膠就必須依賴石油鑽探）。爲了彌補進口廢金屬的損失，中國的土地表面上必須增加很多坑洞，因爲就算是利用最高等級的銅礦砂蘊藏，要生產一噸的紅銅，都需要高達一百噸的礦砂。所有開採、挖掘會帶來多高的環境成本？會不會超過回收再製先進國家所拋棄廢金屬的環境成本？有沒有什麼更可怕的後果？

二〇一二年十月，我開著車沿著明尼蘇達州的五十三號公路往北開，開到號稱鐵嶺（Iron Range）、過去曾經供應美國鋼鐵工業世界最純淨鐵礦砂的地方。我接近明尼蘇達州維吉尼亞市時，開始看到高高聳起、若隱若現的土牆，泥土是從深達一百三十五公尺、寬達五．六公里的礦坑中挖出來的，從公路上望過去，土牆看來像是彗星撞擊地球後留下來的隕石坑牆壁，牆壁一路往前延伸，形成了綿延很多公里的景色。如果你爬上土牆壁（我爬過）你會看到一大片灰暗無光、毫無生氣、好像月球表面的景色，這是用鐵礦砂煉鋼、不是用廢金屬煉鋼時代留下來的景象。

我繼續往北開了將近一小時，然後在伊利市（Ely）外緣向右轉，開上一條公路。這裡的景色優美，青翠、碧綠的大地向前無限延伸。最初的十六公里車程中，我只看到另外兩部車；我把車停在跨越閃閃發亮、水色湛藍的卡威西瓦河（Kawishiwa River）橋上，也不擔心車子遭到別的車子撞上；我站在水邊，閉上雙眼，四周一片寂靜，只有互相拍打的個別浪潮聲劃破寂靜。

我照著那天早上別人告訴我的方向往前開，看到史普露斯路（Spruce Road）時突然向左急轉，在這條路上的某個交叉口，看到屬於易安・金莫（Ian Kimmer）他保險槓上掛了花彩的小貨車，金莫是邊界水域之友會（Friends of the Boundary Water）的會員，成立這個團體的目的是要保護、維護和恢復美國政府劃定、廣達四千平方公里（一百萬英畝）的邊界水域獨木舟野生保護區（Boundary Waters Canoe Area Wilderness）。

金莫的工作非常棒，從一九七八年這個野生保護區劃定到現在，周遭的社區對於自己所在的地方，有一塊無法開發利用荒野地區的構想，都表達相當濃厚的敵意。到目前爲止，他們在逆轉這種做法方面，沒有達成什麼進步，在破壞這四千平方公里大致受到保護的原始狀態方面，也沒有什麼進展。但是這種情形可能改變，造成改變的唯一因素是廢金屬業者很清楚的原因，就是銅價。

幾十年來，地質學家、礦業公司和礦工都知道，這個野生保護區四周的土地上，蘊藏了銅礦砂，但是這些銅礦砂蘊藏的品質極爲低落，因此誰也想不出能夠靠著開採這些銅礦砂獲利的方法。接著到了二十一世紀初期，中國涉足銅市，原本每磅〇・六美元的東西，偶爾會漲到每磅四美元；原本品質低落開採起來無利可圖的銅礦砂蘊藏，變成礦業經理人心中所想像的重大礦脈。礦業經理人猜想，這個地方可能蘊藏了世界最大、尚未開發、卻可以開採的銅礦蘊藏，價值大約一千億美元。

金莫和我握過手後，坐上我所開的釷星汽車前座，指點我開上史普露斯路上已經壓出輪胎溝紋的泥土路面。他說，左邊是邊界水域獨木舟野生保護區，他手指指的右邊是礦業公司進行試驗性鑽探的地方。

「這是已經不能改變的正式決定嗎？」我問。

「對。」他叫我停車，我們走上山坡，走到接近山坡頂上的地方，看到一塊崩塌的紅灰色岩石露頭，他解釋道，其中含有銅礦砂也含有硫化物。金莫進一步說明，雨雪沖刷這種含硫化物的礦砂時，會產生具有腐蝕性的硫酸。「這就是這塊岩石裂得這麼碎的原因。」他指點我看看這塊岩石的底部，也看看完全沒有植被、好幾英尺長的泥土痕跡。「那裡是硫酸流出來、流下山坡的地方。」這種情形不是明尼蘇達州北部獨有的現象，世界各地都有硫化物礦砂，都有人開採，剩下的石塊廢土已經變成長期的環境問題，汙染、殘害河流、湖泊、植被和依賴乾淨環境的野生動植物。

雙城金屬礦業公司（Twin Metals）控制了史普露斯路這邊的採礦權，根據他們的資料，金莫和我所站的地方下面，蘊藏了六百二十三萬噸（一百三十七億磅）的銅、二百萬噸（四十四億磅）可以用來生產不銹鋼的鎳，也蘊藏了南非以外含量最豐富的若干貴金屬蘊藏。雙城金屬公司還沒有拿到開採許可，但是如果他們拿到許可，要生產一噸的銅，必須處理多達一百噸的礦砂，以一百噸含硫的礦砂乘以我腳下六百二十三萬噸的銅，這個問題的嚴重性就變得很清楚了。銅冶煉出來後，剩下的九十九噸含硫岩石該如何處理？雙城金屬公司宣稱，有些廢土會埋回地下，但是幾億噸的廢土中，不知道有多少比率的廢土必須留在地表，接受雨雪的沖刷。

但是這個採礦計畫不是只造成一種地表衝擊而已。雙城金屬公司承諾要利用「崩落式採礦法」，開挖地下礦場，形成「地下城市」。從表面上來看，崩落式採礦法至少聽起來像是非常好的妥協，礦主得到礦砂，野生動植物不受影響，但是實際作業的情況並非如此。一段時間過後，地表會陷落到開採礦砂之後留下的所有空間，造成跟採礦前大不相同的景觀，河流可能改道，新的湖泊可能形成。但是這點就是問題，是沒有人知道的糊塗帳。不過有一點大家都知道，就是這種天然美景獨一無二的特性會永遠改變。

金莫和我回到車上，他指點我沿著史普露斯路繼續開，來到位在邊界水域獨木舟野生保護區界線旁邊一家正在作業的木材廠。貨車把新砍下來的樹木放在貨車裝貨平板上，只留下一些矮樹叢。但是金莫希望我看遠一點，看看木材廠後面兩支從地上像針一樣伸出、高及胸口、漆成紅色的管子。他告訴我，「那就是進行試驗性鑽探的地方，這個地區有好幾百支這樣的管子，他們正在尋找含量最豐富的地方，準備開採。」

雙城金屬公司的計畫沒有中國企業參與（這家公司是加拿大與智利企業的合資事業），但是中國的需求——中國是世界上需求最大、成長最快的銅消費國——正是使這個礦場幾乎一定會開採的原因。雙城金屬在明尼蘇達州北部探勘之際，中國人已經開挖了今天世界上一些最大、最有爭議性的銅礦。在阿富汗，艾納克（Aynak）礦場對古老的佛像形成了威脅；在緬甸，一座由中國軍方經營的銅礦摧毀了古老的農地，引發了大規模的抗議。不過我要說清楚：即使美國對中國出口的廢銅數量加倍，也無法阻止這種趨勢，卻可能可以略微減少原生銅的需求。

無論如何，中國人開採的所有原生銅出土後，都會碰到競爭、碰到進口廢金屬和本身所生產更大量廢金屬的競爭。但是切斷進口廢銅的來源後，開採銅礦的需求一定會增加，要求准許在史普露斯路之類更多地方採礦的需求，也一定會增加。

過去二十年來，歐美國家所產生、輸出到中國的廢金屬，大都流到楓丹白鷺酒店所在的佛山。但是如果你開車走在縱貫佛山市大部分地區的高架道路上，你一定看不到半個廢金屬堆，更看不到不通風火爐燒電線發出的黑煙。住在佛山市新建高價高樓大廈裡的居民，一定不會容忍這種現象繼續存在，你反而只會看到正在興建的高樓大廈，看到長條形的購物中心，和其中的很多餐廳和出售相關建築材料的小店。

近來你必須開下大路，開進狹窄的市區街道，再轉進南海區更狹窄的巷弄。那裡的建築物都是一、兩層樓高的建築物，每棟建築都藏身在高高的磚牆後面。但是如果你很幸運，更好的是，你受到邀請，那麼那裡的大門會打開，你會看到一大堆像棒球和高爾夫球大小的金屬塊，看到排的整整齊齊，已經打包好的一排又一排的電線；看到機器會接受拳頭大小、經過拆解、又根據大小分類的汽車車體碎塊；工人慢慢的整理這些碎塊，根據金屬類別為碎塊分類。這裡是佛山市比較乾淨、比較富裕的廢料場，過去十年來這裡的員工薪水增加了四倍，很多最早期開業和規模最大的廢料商現在坐擁數以億計的財產。

在佛山市所有的市容改善之外，短期內佛山市有一件事情一定不會改變，就是要回收美國人和其他先進國家消費者丟掉的奢侈品垃圾，一定得依靠中國勞工的雙手。二〇一一年時，我曾經專訪過一處廢料場，廢料場裡的男工忙著拆解鋁製的舊躺椅，這些從喜愛度假的溫暖國度進口來的舊椅子另一邊，是一堆原本懸掛在金屬架上的藍白相間尼龍布條（後來會賣給塑膠回收商），有一位女工整個晚上都在那裡，忙著從椅子上把布條剪下來。在布條堆的另一邊，有不少男工拿著鑿子和鉗子，忙著把鋼製螺絲、緊固件和絞鏈拆下來，以免這些東西「汙染了」比較昂貴的鋁，附近可能有人正在做類似的事情，忙著把固定在鋁門上的鐵網拆下來。這種做法看來可能令人覺得盲目、無情、甚至不人道，但是從企業的觀點來看，這種做法會產生純粹的利潤：受到鋼鐵汙染的鋁完全沒有價值，是混在一起、不能送到任何熔爐中重新熔煉的金屬。但是分開來之後會產生什麼結果呢？看市況而定，鋁的價格可能高達每磅二美元。

回到佛山保利洲際酒店後，美籍台商廢料業者陳作義（Joe Chen，譯音）到酒店來接我，他長的矮小、親切、七十出頭，坐在司機開著的賓士車過來。我受邀和他一起，參加他為幾位墨西哥廢料出口商而設的晚宴，我們開在佛山的馬路上，要去跟他們會合。墨西哥的生活水準和薪資比中國高不到哪裡去，但是中國和墨西哥相比卻占有一項優勢，就是中國正在成長。因此窮到極點的墨西哥把本國的廢料賣到中國的工廠來。

陳作義像任何人一樣，深深了解這一行的脈動。一九七一年起他開始穿梭美國各地，隨機打電話收購廢料，運到親戚在台灣經營的廢料場。他說：「我搭飛機和開車，沒有預約就到廢料場去，經常被人趕出門。今天我們在這裡，明天會在下一個州。」

他專長買賣低級廢料：例如包著絕緣塑膠、必須剝除或燒掉的電線、必須拆解成鋁製與銅製組件的廢汽車水箱，以及一大堆馬達、水錶和其他富含金屬、必須用手工拆解，釋出金屬部分、再加以分類的設備。這種廢料過去是在美國（和我曾祖父的地下室樓梯上）處理，後來工資上漲，使這種做法無以爲繼，環保管制趨於嚴格，迫使採用化學方法處理的廢料冶煉廠關門，等到陳作義開始經營廢料業時，美國的大部分廢料都已經無處可去。

陳作義的生意極爲興隆，以至於到了一九八〇年初期，他有錢可以在台灣的高雄，設立自己的東泰（Tung Tai，譯音）廢料場。但是台灣也在進步，隨著所得提高，民衆和政府越來越不能容忍廢料業的焚燒與傾倒行爲。同時，隨著一九八〇年代台灣經濟的發展，每個月領一百美元工資的勞工變成領五百美元，準備加入中產階級。陳作義告訴我，「你再也找不到勞工了，他們不想做這種事！」

陳作義知道，如果他找不到新市場，他面臨的局面會變成：他在美國各地擁有衆多低級廢料供應來源，但這些廢料卻──再度面臨──在美國無處可去，只能運到垃圾掩埋場去掩埋。因此他開始想到中國，原則上這種做法不是特別重大的轉折，因爲台灣企業在台灣比較昂貴的環境中無法繼續經營，已經開始遷往中國（不過最大規模的投資要到一九九〇年代才出現）。

有兩年的時間裡，陳作義努力尋找中國地方政府作爲合夥人或支持者，卻一直毫無成果。接著到了一九八七年，就在他打算放棄尋找的時候，廣東珠海的一個代表團來到美國，需要找人幫忙，帶著他們到處走走。陳作義住在加州，又極爲樂意幫忙，巧合的是，代表團一位團員正是珠海政府擁有的一家大型廢料場「老闆」，他聽說陳作義在找可以進口和處理廢料的地方，陳作義帶著他們在美國遊歷一星期後，他對陳作義說：「你可以擁有──你可以租我的廢料場，在那裡接收廢料。」陳作義聳聳肩說：「珠海是我的第一處廢料場。」當時是一九八七年，雖然中國容許民間投資中國經濟，卻奉勸外國人尋找能夠協助投資案順利過關的人。陳作義解釋說：「當時你必須跟政府有關係，沒有關係的話，你不能去。」這件事也不只是能不能夠設立廢料場的問題而已，當時中國沒有跟廢五金進口有關的任何環保法規，海關官員也沒有受過評估廢金屬關稅的訓練。在沒有法規的情況下，你需要別人能夠說『我就是法規，我給你批准。』二十年前什麼都沒有，沒有法規、沒有關稅，我把東西運進來，他們決定怎麼課我的稅，東西是金屬、是銅——他們卻不知道怎麼課我的稅。」可想而知，地方政府對就業有興趣，老闆重視「租金」，陳作義希望找到地方處理他所收集到的所有美國廢料。要是這種三方關係中的任何一個環節出問題，那麼所有的廢料只好送進垃圾掩埋場。

經營巔峰期間，東泰向政府租用的廢料場雇用的員工高達三千人，每個月進口五百個貨櫃馬達和銅線纜之類的低級含銅廢料。陳作義告訴我，馬達的購買價格是每磅二美分，所含的銅價值卻是二美分的三十倍。勞工同樣便宜，每天的工資不到一美元。這段期間裡，廢料市場，尤其是廢銅市場一直持續成長。一九八五到一九九〇年間，中國利用廢金屬生產的銅產量倍增，達到每年二十一萬五千噸，占中國所有銅產量的三十八%。如果陳作義真的每個月進口五百個貨櫃，他在一九八〇年代末期，很可能負責供應將近十%的銅。

陳作義對東泰公司的珠海廢料場深感自傲。他認爲這座廢料場徹底解決了兩大問題：一是提供一個地方回收美國人在美國無法回收的物資，二是雇用了好幾千個中國勞工。因此到了一九九〇年他邀請國際媒體來訪問這座廢料場，他告訴先進的《瓊斯夫人雜誌》（*Mother Jones*）著名的調查記者丹．諾伊斯（Dan Noyes），「美國每年產生成千上萬噸的廢料，必須找到一個地方處理。」

諾伊斯沒有不同意陳作義的看法，他在文章中描述「廢電池、廢馬達、廢銅纜線，甚至舊的

IBM電腦散落在陳作義的廢料場中。但是諾伊斯和陳作義不同，認爲陳作義處理廢料的方法毫無可取，他看到的是焚燒中的銅纜線和變壓器，以及東泰公司一條龐大的垃圾溝。他對陳作義從浪費的美國人手中，收走所有這些討厭的東西，沒有表達感謝和欣賞之意，反而對中國人回收方法造成的不利健康、安全與汙染影響，深表不滿。他寫道，「站在工廠管理大樓最上方往下看，看到的景象讓人想起監獄裡鍊在一起的囚犯。」

陳作義也爲汙染問題深感困擾（《瓊斯夫人雜誌》還引述他說的這句話），但是他堅決拒絕把責任歸咎在自己身上，而是指責浪費的美國人，同時可能不智的指責最初讓他在珠海經營廢料場的人。「我目前覺得（中國）政府只愛錢，我認爲他們還不了解這個問題。」

可想而知，相關主管機關很快就認定陳作義是他們的問題，就關閉了東泰公司的珠海廢料場。不用說也知道，這段期間陳作義過得很苦。二〇〇九年我去採訪他時，他告訴我，「我認爲我的話太多了。」我訪問他時，他認爲他應該談談他在媒體上惡名昭彰的那一段期間（後來，他針對這段期間，說出第二次的評估，他說：「噢，天啊，天啊，天啊。」）但是長期而言，這件事情無關緊要，陳作義目前在中國經營好幾家廢料場，也可以拿到他所能處理的最大量美國廢料。陳作義所說的這些「東西」必須有地方去，他認爲中國是最好的去處。

他邀我去訪問他設在廣東省的一處廢料場時，認爲必須讓我看看容易用來反對他的東西——例如員工宿舍。「如果我讓你看最好的地方，那麼我也必須讓你看最差的地方，但是如果我讓你看最差的地方，那麼我也必須讓你看最好的地方。」因此我踏進濕熱的宿舍時，看到分配給員工唯一的私人空間，就是他們鋪位範圍以內的地方。這裡必須指出，在地屬熱帶的廣東省炎炎夏日中，這些鋪位所在的房間並沒有裝冷氣，陳作義知道這一點卻沒有道歉，他說：「我給他們的情況比他們老家好上十倍。他們在湖南省十二個人要睡在一間房間裡，偶爾十二個人要睡在一張床上，他們不會吃每餐有八道菜的飯。」後來他建議我：「你不相信我嗎？你可以坐我的車，我的司機會載你去看實際的狀況！」

我沒有接受他的建議，但是我知道他的意思，中國的農村生活根本說不上有什麼田園詩意，屋子很狹小，缺乏隱私，而且經常沒有給水設備。視情況而定，三餐都很簡單，而且絕對不像東泰公司廚房所提供的那麼豐富多樣（沒錯，我親眼看過每餐八道菜的飲食）。農村居民不是天天做廢料分類，賺取工資，而是天天下田，撿拾農作物維生。某種生活形態會比另一種生活形態好嗎？我從來沒有在這兩種情況中生活過，因此我不打算亂猜。但是有一點我很清楚，就是二十一世紀初期，中國的廢料場並不短缺勞工，剛剛離開各省農村的民工，早上會排著隊，希望找到工作，他們原本可以留在故鄉，原本可以到傳統的工廠去工作，結果他們卻選擇到廢料場工作。

爲什麼？跟錢有關，跟換取未來的機會有關。這些勞工賺到的錢大都寄回家，經常爲留在家裡的子女繳學費。

這種工作安全嗎？有時候安全，有時候不安全。吸焚燒一大堆電線冒出來的黑煙不安全；就這點而言，吸火焰中電腦電路板發出的含鉛煙霧也不安全。但是中國的廢料場現在大都負責拆解和分類，焚燒經過環保人士和記者二十年的揭發後，所占的比率已經很小，而且還在下降（印度和非洲人仍然繼續焚燒）。

二十一世紀初年，我還看過工人頂多穿著T恤、棉褲和拖鞋，在火堆旁工作的景況；我看過其他工人赤手空拳，利用切割機器和乙炔火炬的情況；而且即使到了今天，看到廢料場員工穿著人字拖上工，我也不會覺得訝異。在中國的大多數廢料場裡，安全帽、防護鏡、防毒面具和工作手套像猶太熱狗一樣稀罕，至少傳說中的工傷很常見。不幸的是，中國完全沒有規定雇主必須申報工安事故，因此我們確實不知道工安事故有多普遍。

隨著時間過去，中國的廢料業會變得比較安全嗎？很有可能。但是即使在工作場所安全規範最進步、執法最嚴格的美國，廢料業在工安事故方面，仍然領先其他行業。這種情況不是大家沒有努力改善造成的結果，業界的主要同業公會動用極多的時間、精力和金錢，推動跟安全有關的訓練。但是一些簡單的事實仍然存在，清除別人的垃圾天生就是危險的工作，最好的解決之道——其實是唯一的解決之道——是美國人不再丟棄這麼多的東西。每一段舊水管、每一台舊電腦，只是另一個可能害別人受到傷害的機會。

但是風險雖然這麼高，其中卻仍然有很多商機，我在旅行採訪時，還沒有看過什麼國家或地區減少回收再生。隨著資源越變越少，大家提煉各種資源的需求卻變得越來越大。對於撿垃圾的小人物來說，這一行是創業良機，但是從某個角度來看，對於想出怎麼跟撿垃圾的人做生意的企業家來說，這一行代表更大的機會。地球上沒有一個地方的人比華南的中國人更了解這種機會，也沒有人比他們更能掌握、更能隨時隨地準備利用這種機會。

一九八〇年，中國政府把隔著邊界跟香港對望的深圳小漁村，劃定爲經濟特區，作爲中國推動自由市場改革的試點。深圳距離北京夠遠，可以避免深圳的資產階級意識形態汙染首都，但是深圳離香港夠近，足以吸引具有自由市場經驗的富有華人投資者。

香港還有其他優勢，第一個優勢是擁有自己的港口。當時香港和現在一樣，是世界最忙碌的港口之一，吸引來自世界各國的貨船。對陳作義和早期的其他廢料進口商而言，這點很重要，因為放在洛杉磯碼頭上的廢料只是死錢，但是香港已經是遠洋貨輪經常靠泊的港口，因此陳作義知道，他可以用定期而且用預測的方式，把裝廢金屬的貨櫃直接運到中港邊界。貨櫃一旦運到香港，其中的貨物會卸下來，裝到駁船上，開進中國。海關會評定關稅，不過當時「關稅」的意義跟回扣和賄賂相同，貨櫃會用拖車運到廢料場。關係在事業經營方面很重要，和中國人的關係所意味的所有貪腐問題，對事業經營也很重要；因此早年大部分的廢料進口商像陳作義一樣，其實別無選擇，只能跟擁有良港和海關關係的地方政府結為夥伴。

到了一九八〇年代末期，陳作義積極經營後來關門的珠海東泰廢料場時，深圳布吉區政府擁有的一家工廠來找他，商談合作事宜。他在自己的賓士車後座對我解釋說：「他們生產電線、生產銅纜線，卻不知道怎麼為自己的工廠找到更多的廢料。」接著他改用未來夥伴的聲音說：「你看看能不能運一些銅給我們，我們可以進行一些業務往來。」陳作義非常樂於滿足他們的廢銅需求，二十年後，他們之間還維持這種夥伴關係。

我去採訪這家公司那天，有一些工人在好幾層樓高的電線工廠陰影中，坐在鋪了水泥的大廣場上剝電線、拆解窗框。乾淨的電線會推進工廠裡，其他金屬會打包起來，準備送到深圳附近的小工廠去，這是小型廢料場從工業革命以來一直在做的事情。但是在中國，金屬之類原料的取得，遭到國營獨占事業的嚴格控制，小規模的廢金屬零售業務簡直就是商業革命。

你可以這樣想，一九八〇年時，如果你是中國籍工程師，你想到一種新型的原子筆銅珠，你只有一個選擇，就是把發明交給你的國營事業雇主。但是假設我們只是爲了討論一下，假設你希望開發、生產和行銷你自己的發明，你能夠這樣做嗎？深圳已經開放企業進駐，從技術上來說，你可以在深圳創立公司。

但是即使你能夠籌到資金，購買生產新原子筆珠的簡單機器，你要到哪裡去買銅呢？一九八〇年時，包括金屬在內的原料由中國政府擁有的獨占事業經營，他們主要是跟其他國營事業打交道，不賣少量產品給懷抱夢想的無名小卒工程師，而是以固定的價格，出售巨量產品給沒有效率、大而無當的工廠。他們甚至可能沒有申請電話好讓顧客打來，也可能沒有設立你可以接觸的銷售櫃檯。話說回來，他們爲什麼要這樣做？

這時，廢金屬進口商陳作義就派上了用場。當年陳作義的事業規模比較大，和龐然大物的國營企業相比，他只是小商家，只對一件事情有興趣，就是把廢料賣給出價最高的人；因此，如果你是無名小卒的工程師，走進他的廢料場，尋找幾桶廢銅，好用來生產原子筆珠，只要你有鈔票，他就會把東西賣給你。他也隨時把東西賣給大大小小的買家，每一個買家都以自己的方法，在深圳和珠江三角洲創建事業、生產產品和興建廠房。向進口商購買進口廢金屬的買家，跟中國國營大型金屬公司的顧客不同，都是規模相當小、歷史相當短，卻很有企業精神的買家。他們也具有革命精神，中國的企業家不再拿不到生產產品所需要的原料，廢料正在腐蝕中國中央計畫經濟中的重大阻礙。

看看下面的統計數字：一九八〇年時，中國有二十二％的銅是用廢金屬生產出來的。到一九九〇年，這個比率升到三十八％，到二〇〇〇年，已經升高到七十四％，這樣的成長起源於很多因素，尤其是中國對銅的胃口不斷擴大，滿足這種需求的銅礦砂蘊藏又很有限。但是重要的原因——眞正影響中國和全球經濟的原因——是二〇〇〇年的七十四%大致代表企業家對其他企業家供應原料（今天這個比率降到接近五十二%，比率下降的原因有好幾個，包括和原生銅相比，廢料的價格相當高昂）。

同時，進口廢料的中國五大省分跟經濟規模最大的五大省分完全相同，其中最大的就是廣東。企業精神和廢料在形成這種關聯性方面，不是唯一的原因，但是的確發揮了一定的影響。

到一九九〇年代末期，深圳和附近城市已經變成世界上最重要的生產基地，生產的產品從汽車零件到芭比娃娃，幾乎無所不包。這個地區已經變成大家又怕又愛的世界工廠，變成工廠爲了尋找比較廉價的勞工和比較無力的管制，從先進國家遷移後落腳的地方；變成農民可能升級爲中國工業大亨的地方，變成可能升級中產階級一家之主的地方，在這種地方的工廠工作，待遇至少勝過在田裡種稻維生，今天這個地區是人類史上工業區最集中的地方，是生產所有產品的地方。

但是這種情形只說對了一半。

到一九九〇年代末期，深圳和附近都市已經變成世界上最重要的廢金屬、廢紙和廢塑膠進口地區，已經悄悄的變成世界的廢料場，變成富裕國家把自己不能回收的東西，送去集中的地方，變成原來的農民接受這些東西，再製成新產品，或是轉賣給當初把這些東西出口的中國廠商的地方。

也有人研究過廢料場在促進開發中國家企業精神方面，是否發揮過影響力。但是華南地區農民變身爲廠商的很多百萬富翁，會愉快的說出是誰把第一批廢金屬賣給他們——而且這個人總是同一個人。十年來，我聽過很多這樣的故事，也聽過他們所說的名字，卻還沒有聽過有人提到國營企業業務經理的名字。

中國不是世界上第一個從富國進口最多廢料的國家。實際上，這種現象已經經歷很長一段時間的變化。十九世紀初期，機械化造紙技術傳入美國，市場很大，因爲美國人的教育程度不斷提高，看的報紙越來越多，買的書本越來越多，寫的信也越來越多。因此爲了滿足這種需求，美國的造紙廠商依賴廢布料——主要是亞麻布——生產品質高超、成本低廉的紙漿，然而，讓紙廠難過的是，美國人根本無法省下更多的廢布料，滿足印刷材料的需求。

因此，富有企業精神的美國造紙廠商和廢布料交易商，做出了一個非常符合現代精神的選擇，就是放眼海外到比較浪費的歐洲經濟體去尋找原料。根據美國垃圾歷史學家史特拉瑟搜集的資料，一八五〇年時美國人大約從歐洲進口四千四百五十萬公斤的廢布料。二十年後，進口的數量增加爲五千五百八十萬公斤，大部分是從維多利亞女王時代的英國進口。

這裡必須重複說明的是，廢布料不乾淨，上面沾滿了各式各樣、包括工業、醫療和做家事時產生的汙垢。不過裝在桶裡、從英國運來的舊亞麻布雖然可能很難看，十九世紀或二十世紀初期的美國人，卻沒有指責維多利亞時代的英國人，說他們把「垃圾」倒在經濟還在發展中的舊殖民地上。花精神注意這種貿易的美國人反而認爲，這樣做是必要而且合乎經濟（只是偶爾會讓人討厭）的方法，可以滿足美國不斷成長的印刷材料需求。至於英國人，唯一可能表示反對的是英國本地的造紙廠商，他們發現自己必須付出高昂的代價，跟美國人激烈爭奪廢布料。

廢布料不是十九世紀美國人嚴重短缺的唯一原料。一八八〇年代期間，美國的鋼鐵廠商生意興隆，開始採用能夠以廢鐵作爲原料的平爐煉鋼技術，需求極爲龐大，鐵路和其他基本建設需要大量的鋼鐵。然而，美國還沒有開始拆解老舊的基本建設，因此美國人再度跨海到歐洲，尋找廢料。根據美國廢料交易歷史學家辛靈搜集的資料，美國進口的廢鐵從一八八四年的三萬八千五百八十噸，增加爲一八八七年的三十八萬零七百四十四噸，這段期間廢鐵進口增加十倍，又正好落在興建鐵路狂潮期間，絕對不是巧合。

二十世紀初年，美國進口的廢鋼鐵減少，因爲美國人在鋼鐵廢料的產生方面，大致上已經變得自給自足——實際上，美國人消耗的鋼鐵和丟掉的廢鐵一樣多（這段期間裡，鐵礦砂一直是生產鋼鐵的主要原料）。最後，到了一次世界大戰前，美國人開始出口少量的廢鋼，廢鋼大多輸往歐洲，這種情形不是重大轉變，廢鋼出口貿易一直要到二十年後才變成眞正的大生意，但是這種情形代表鋼鐵工業逐漸成熟，產業情勢也不如過去艱困。事實上，美國出口鋼鐵的同時也進口鋼鐵，顯示聰明的貿易商想出方法，利用全球市場，而不只是利用本國市場而已。擴大貿易表示問題日趨嚴重，包括廠商跟本國貿易夥伴、外國貿易夥伴——尤其是和地位最重要的政府——發生爭執。因此，到了一九一四年，美國廢料業的第一個同業公會全國廢物料交易商協會成立，三年後，就在一次大戰打得如火如荼之際，這個協會設立了出口委員會（後來改名外貿委員會）。這個協會官方出版品的檔案（由直接繼承該協會的華府美國廢料回收產業協會收藏）顯示，這個新興團體面臨三大問題：包括超越前一年的年度宴會規模，促進會員之間的交易，解決會員和海關與稅務機關之間的爭執。

到二十世紀初年，美國廢料業經營的主要業務絕大多數還是本地業務。然而，當時的業者和現在的美國廢料業者一樣，十分清楚美國人丟掉的東西遠超過他們的回收能力。因此，該協會在一九一九年九月二十日的官方出版品中，刊出一則簡訊，指出在外貿部門六月的會議中，「有人進一步建議，應該努力研究是否把會員名錄用某種方式，送到其他國家之間流通，以便爲會員打開市場。」不只是美國廢料同業公會這樣想而已。當年九月二十五日，英國曼徹斯特市的廢鋼鐵、金屬與機械廠商協會，寄了一本自己的會員名錄給全國廢物料交易商協會，詢問該協會是否能夠交換名錄；十月十九日，英國與愛爾蘭毛紡廢布料經銷商聯合會也這樣做，但是不只是歐洲對美國的廢料有興趣而已——而且這個消息的透露，甚至使得白髮蒼蒼的全國廢物料交易商協會領導階層似乎都大吃一驚。在一九一九年九月四日那一期的官方出版品中，刊出了一則全部用大寫字母寫成的標題——「日本公司希望跟本協會做生意」。雖然這則標題最後沒有加驚嘆號，我們卻不難想像：該協會的領導階層看了下面的信文後，心裡一定會在這則標題之後加上驚嘆號：

敬啓者：

我們對於貴市商會提供貴協會的名稱與地址，深表感謝。

本公司大多數董事都是本市商會會員，本公司經營下列項目：庫存羊毛、羊毛廢料、庫存紙張、棉布廢料、廢棉布、橡膠廢料、粗麻布、舊紙袋和舊報紙。

本公司樂於與貴協會所屬可靠的大型公司會員，開創業務關係，貴協會如能惠予介紹這些會員公司，本公司必定極爲感激。

日本中國原料股份有限公司總經理佐佐木敬啓

日本神戸榮町通六丁目

日本人的詢問沒有提到廢鋼鐵，但是，十年內，日本鋼鐵廠已經變成美國廢鋼出口商極爲重要的顧客。以一九三二年爲例，美國一共向全世界出口二十七萬七千噸的廢鋼，其中日本就占了十六萬四千噸。但是這樣的數量無足輕重，因爲在隨後的八年裡，缺乏資源的日本加速進口美國廢鋼，以便滿足日本軍方對鋼鐵的迫切需求，一九三九年日本進口的美國廢鋼高達二百零二萬六千噸，這一年裡美國總共才出口了三百五十七萬七千噸的廢鋼。

雖然這種做法合法，在道德上卻頂多只能說是勉強站得住腳；因爲一九三九年時日本已經強占中國兩年（後來日本爲了這件事，接受戰爭罪審判）——說得客氣一點，美國並非不知道這件事。同樣的，一九三八年內，美國對德國出口二十三萬九百零三噸的廢鋼鐵——這時德國的種族主義政策早已爲人所知。

美國廢料業傾向自由市場精神，可能不會因爲這些聲名狼藉的事件而警醒，但是美國華僑社會並非如此。一九三九和一九四〇年間，華僑在裝運廢金屬到日本的碼頭上發動示威，然而，美國廢料業者無動於衷，並未限制這種貿易（或出面安撫抗議人士），美國業者繼續出口一直到一九四〇年七月，羅斯福總統動用行政權力、禁止美國對日本和德國出口廢料爲止。日本人不爲所動，轉而求助中南美洲，以便滿足軍方帶動的需求。

美國的廢料出口暫時停頓下來，但是也只停頓一陣子而已。二次世界大戰後，廢料出口開始全面恢復，對日本的出口尤其如此，接著，美國對台灣出口數量同樣驚人的廢料。有人擁有廢料，有人需要廢料，形式完全沒有改變。

我在中國居住的十年期間，我老家明尼蘇達州的情形繼續變化。家父經常進進出出治療中心；我兒時的老家已經賣掉；我祖母已經過世。然而，我回首這麼一大段歲月時，最讓我心煩意亂、最能提醒我我已經無家可歸的時刻，是我知道明尼亞波利斯市買下我們家廢料場所在土地的那一天。

從某方面來看，這座廢料場是我長大的地方，是我祖母和我度過最美好時刻的地方，是我們在早上一起吃猶太熱狗、用地磅爲大卡車秤重的地方。廢料場關門後，她又活了幾年，但是廢料場一關門，她和過去再也不完全一樣了，我也是如此。不過，家父後來在明尼亞波利斯北邊又開設了一座小型的金屬倉庫。但是那個地方對她來說太遠，不能開車過去，而且那裡沒有任何點點滴滴的回憶。反正在我心裡，我也認爲那個地方不是什麼認眞經營的事業，反而比較像是後院嗜好之類的事情。我曾經到過那裡六次，有兩次是爲了讓我祖母在過世之前，享受看到廢五金的快樂。至於家父，他仍然有能力每天工作幾小時，賺到足以繼續經營一座小倉庫所需要的錢。

我在中國或美國時，偶爾有人會問我，既然我懂得這麼多，爲什麼自己不踏入廢料業。他們告訴我，「你可以賺到很多錢，你認識這麼多人，不入行實在是太浪費了。」我心想，他們說的話全都非常正確，但是羨慕我認識這麼多人的人他誤解的事情，正是我會認識這麼多人的唯一原因，我會有這麼多廢五金業的朋友，唯一的原因是我沒有從事這一行。

一旦我開始買賣、仲介廢料，所有跟我談話的人、所有廢五金業中的朋友，立刻會變成我在廢五金業中的競爭者。或許將來有一天我會改變主意，但是現在我極爲樂意保有這些朋友，在我看來，失去這些朋友才是一種浪費。

第五章 回程

我知道家父把廢金屬賣到亞洲時，還在念國中。就我記憶所及，當時的我自視甚高、正義凜然。我問家父，你怎麼可以做這種事情來賺錢？

我不記得家父回答了什麼，但是我猜家父會說：「中國人出的錢比較高，閉嘴。」從家族經營廢料事業的角度來看，這樣說通常是討論的結束，卻不是我想找的正確答案。答案要很多年後才出現，要到我逐漸了解：中國人對美國廢料的需求和美國人對低成本中國產品的需求之間，關係多麼緊密之後，答案才出現。還好，全球廢料業看出這一點的時間比我早多了，而且業者在看出和利用這種知識時，創造了一個價值數十、百億美元，可以永續經營、又代表全球化最大量、最環保成就之一的事業模式。諷刺的是，這種成功故事雖然十分簡單，而且過去二十年來，爲企業、消費者和環境帶來很多好處，大致上卻還是沒有人說過的故事。

二〇〇五年某一個濕熱的午後，我踏進電梯，準備上到俯瞰鹽田國際集裝箱碼頭的控制塔最高處，鹽田國際集裝箱碼頭是中國的第二大港口、世界第四大港，也是驚人的成就，想到我去採訪時，鹽田國際集裝箱碼頭興建完成還不到十年，這種成就更是驚人。然而，這種成就不會讓人覺得驚訝，因爲鹽田是深圳的一個區，鹽田國際集裝箱碼頭是這個世界工廠出口大部分產品的地方。

電梯門打開後，我踏進的房間像美國航太中心任務控制室一樣，前面的巨型螢幕照出電子地圖，地圖上穿插著船舶進出港的移動黃色線條。螢幕下面有幾排技術人員坐在電腦前，規劃路線和貨物，但是我的眼睛受到可以觀賞全景的窗戶吸引，有幾萬個、甚至幾十萬個二十尺和四十尺長、漆成紅黃藍灰等顏色的金屬貨櫃，也吸引了我的注意。這些貨櫃從長長的碼頭旁邊開始堆放，一直堆放到遠處熱帶山坡的山腳下，堆放在幾百公頃大的土地上，堆放高度最多可達十八公尺。到處可以看到經過特別改裝的堆高機舉著貨櫃，放在成堆貨櫃形成的凹洞中，水邊的起重機從成堆的貨櫃中抓起貨櫃，輕巧的放在大小媲美紐約帝國大廈的貨櫃船上，準備航向世界各地。

工作人員告訴我，過去一年裡，經過這個港口處理的貨物價值一千四百七十億美元，從二〇〇四年九月開始，這個港口的貨櫃吞吐量超過一千三百萬個。這些數字的確是大得驚人，讓我難以想像。但是工作人員接下來提供的數字就比較容易想像：這些貨櫃中，只有一成裝的是進口貨，另外九成裝的都是出口貨。

九比一的比率是幾十年來，製造業越來越發達的中國和製造業越來越萎縮的歐美國家之間、貿易失衡勢難避免的副產品。我登上鹽田國際集裝箱碼頭控制塔的二〇〇五年內，中國對美國出口了價值二千四百三十億美元的產品，美國出口到中國的產品價值只有四百一十億美元。這種貿易失衡——如果你是美國人，你會說這種貿易赤字——並沒有消失，今天類似的差距存在中國的很多貿易夥伴國之間，包括歐盟和日本。歐盟和日本像美國一樣，裝在貨櫃裡出口到中國的貨物比不上從中國進口的貨物。

貿易赤字的痛苦影響很多人，但是航運公司感受到的痛苦超過任何人。航運公司經營的業務畢竟就是把貨櫃從產品生產國，運到產品消費國。如果貿易平衡，也就是說，如果美國和中國為彼此生產相同數量的產品，那麼裝貨運往美國的貨櫃回程時，會裝滿運到中國的貨物。但是如果美國和歐盟沒有生產中國人想要購買的東西，那麼航運公司就必須想出最便宜的方法，儘快把自己公司的貨櫃運回中國，以便貨櫃可以重新裝運更多的產品運回美國。運送空無一物的貨櫃是選擇之一，卻不是很能夠獲利的方法。

因此，航運公司該怎麼辦？

從航運公司的觀點來看，第一步是推動大廉價，降低運輸費率，吸引原本可能因為想像中或實際上的高昂運輸成本而避免出口的公司。實際出現的情形正好也是這樣，航運公司幾十年來一直在減價推出所謂的「回程費率」。以二〇一二年夏初為例，從洛杉磯裝運一個重一萬八千公斤的貨櫃到鹽田，只要少少的六百美元，然而，從鹽田運到洛杉磯的費率可能要四倍之多。

如果你經營航運公司，第二步是找到一種（一）每年生產數百萬公斤產品；（二）在中國有很多顧客的產業。大豆和小麥之類的農產品符合這兩種要求（隨著中國變得越來越富有，中國人消耗的農產品也越來越多）。但是農產品的種植和集貨的數量極為龐大，因此通常都以散裝的形式，裝在所謂的巨形散裝船寬大的船艙裡。既然有這種運輸方式可以利用，多花成本把黃豆裝在袋子或箱子裡，然後用貨櫃運輸，在經濟上就沒有多少道理。

這一來，實際上只剩下一種大宗產品，就是廢料，可以裝滿所有等待回到中國的空貨櫃。如果你要找能夠裝滿貨櫃的廢料，那麼沒有一種東西勝過打包成乾草包大小的廢紙包。以二〇一一年為例，美國回收業者收回了四千七百八十七萬噸的舊報紙、雜誌、辦公用紙和紙盒，是美國人所製造廢塑膠、廢銅、廢鋁、廢鉛、廢鋅和廢電子產品總量的四倍之多。如果你是貨主，最好的消息是：中國廠商用來包裝輸美產品所用的千百萬公斤紙板，是生產紙箱的中國紙廠迫切需要的東西。換言之，你所購買的中國製電視機所用的包裝紙箱，原料可能就是包裝你下一台筆記型電腦所用的紙箱。

東西就是這樣循環往復。

二〇一一年美國出口將近一千九百萬噸的廢紙和廢紙板，占回收紙品總量的四十四%。所有回收的舊紙品中，大部分裝在原本必須空櫃橫渡太平洋、回到中國的貨櫃裡。除了廢紙外，還有幾百萬噸回收的金屬和塑膠像廢紙一樣，由熱中購買中國產品的美國消費者付錢，以等於中美之間來回船票未使用部分的低價運回中國。不論未使用船票的部分是否使用，船舶都要回到中國，都要用掉回航所需要的油料。因此，凡是搭上船的任何人或任何東西，等於免費坐船回中國（貨櫃的重量無關緊要，輪船反正都需要壓艙平衡海水的力量，裝滿廢紙的貨櫃會非常妥善的盡到這種功能）。周末載運回收物資到本縣回收點的回收業者，一路都要耗用汽油，當然跟上面所說的情形不同。

船舶來回兩段航程之間的運價差距有多少，要看船舶、淡旺季和港口而定。但是爲了簡化起見，我們可以假設從洛杉磯運一個貨櫃到中國，成本通常大約是相反航程運價的二十五%。因此，二〇一二年下半年時，從深圳運貨櫃到洛杉磯可能要花二千三百美元左右，回程運費可能相當少，大約只要六百美元。同時，用鐵路把貨櫃從洛杉磯運到芝加哥，可能要耗費二千四百美元之多。換句話說，美國對中國產品的需求，代表華南的紙廠把堆放在洛杉磯的舊報紙貨櫃運到中國時，成本會遠低於芝加哥地區的紙廠把這種貨櫃從洛杉磯運到芝加哥。

或許有一天，中美之間的貿易失衡會消失，回收業者再也不能享受運貨到中國的成本優惠。但是在這一天來臨前，生性多疑、重視環保的回收業者（就像念國中時代的我一樣）可以覺得安慰的是，知道把裝滿紙張的回收桶從洛杉磯運到中國所產生的汙染，比用電動車把這種貨櫃送到西雅圖還少。企業要是能夠算出燃料方面所節省的金額，利潤可能相當豐厚。

二〇一一年七月某一天的清晨五點四十五分，洛杉磯某家企業的總裁艾倫．艾伯特（Alan Alpert）開著車子，走在洛杉磯的高速公路上，他開的黑色寶馬車看來好像剛剛洗過，而且有意無意之間，搭配他穿的黑色波羅衫和黑色尼龍慢跑短褲。他承認，這個時候到辦公室去實在太早，但是他必須在固定七點半舉行的早晨會議前運動健身。

他的左手扶著方向盤，右手拿著電動刮鬍刀，刮著左邊臉頰。眼睛設法注意路上，同時頭腦在身歷聲系統低沉的共鳴聲中，專心聽跟舊啤酒罐和舊汽水罐（業界術語叫做舊飲料罐）有關的談話。另一個聲音屬於住在美國中央時區的一個人，這個人對於怎麼從舊罐子中擠出更多的利潤，有一些想法。這筆交易相當複雜，但是等艾伯特開到公司兩層樓的總部時，交易已經談成，罐子很快就會送到洛磯山脈另一邊的某一個人手中。

艾伯特關掉寶馬車的引擎時，對我解釋一些有趣的事情。把罐子運過洛磯山脈，送到能夠重新溶解罐子、製成新罐子的成本，大約是每磅〇．七五美元，也就是每一萬八千公斤的運輸成本大約是三千美元。但是根據艾伯特的說法，至少在美國西岸，運用巨型貨輪把罐子運到中國的費用便宜多了，每公斤大約為〇．三三美元。換句話說，同樣的一萬八千公斤，花個六百美元，就可以運到上海，比用貨車運到洛磯山脈的另一邊，要少二千四百美元，如果你像艾伯特一樣，整天思考幾百個裝舊鋁罐的貨櫃，每個貨櫃二千四百美元的差價加在一起，的確是一筆大錢。

然而，其中有一個問題：中國禁止進口舊飲料罐，因為中國擔心進口舊飲料罐時帶來的剩餘飲料，會造成衛生和安全方面的影響。這個禁令有點奇怪，而且似乎是無心之間做出來的禁令，尤其是中國准許進口危險程度大多了的廢料，但是艾伯特或別人無可奈何，中國已經定出規則，要改變規則需要時間。

我們離開車子時，艾伯特問我：「你認為他們可能取消這個禁令嗎？」

「不可能，但是……」近幾年來，我認識的一些中國政府官員一直談到中國應該開放更多種類的廢料進口，包括仍然殘存一些酒液的啤酒罐。原因之一是他們希望把已經發生的現象合法化。我知道。有好幾個中國進口商向泰國的度假島嶼買罐子，再走私進入華南，賺到巨額財富。然而，艾伯特不打算冒這種險，他的公司太大，在業界太受尊敬，不能被人抓到走私舊啤酒罐。

停車場上已經停了幾部車，其中一部屬於艾伯特個人訓練員阿傑，膚色淡黃的阿傑穿著李小龍風的T恤，跟著我們一起走進屋裡，提到他周末花了一些時間，跟謬思樂團的團員一起健身。這時才剛剛過了早上六點，但是好幾間沒有窗戶的辦公室裡已經亮著燈，負責安排每個月公司運到世界各地幾百個貨櫃運務的員工房間更是如此。艾伯特直接走進小小的私人健身房。

一小時後，他結束健身，爬上樓梯，右轉走進大會議室，會議桌上坐了十幾個差不多才三十多歲的年輕人，艾伯特的衣服跟他們一模一樣，他們都穿著卡其色的長褲和燙得平整的長袖鈕扣襯衫（艾伯特穿的是藍色襯衫）。由兩個日光燈泡構成的燈照在桌上，提供正好足以照亮會議、卻不足以讓人覺得會議室在白天開燈的光線。艾伯特在桌子的首席上坐下來，身體向椅背一靠，伸出長長的雙腳，側眼看著一台大監視器，監視器上顯示世界各地的重要金融資訊，包括主要交易所報告的金屬商品價格。一位年輕人按了桌子中間一具電話上的若干按鈕，艾伯特公司（Alpert & Alpert's）巴黎代表處一位職員的聲音上線，對大家道早安，片刻之後，說話的人換成艾伯特公司紐澤西州風險管理部門的人。前一天晚上，艾伯特和我共進晚餐時提醒過我，一貨櫃廢銅價值可能超過十七萬美元，而且在一天之內，波動可能達到幾萬美元時，有很多的風險需要管理。艾伯特公司利用華爾街率先採用的複雜金融工具避險，來應付這個問題。換句話說，這家公司不是像家父所開的那種廢料場。

艾伯特把眼睛轉到桌子上，看著一位比較成熟的臉孔說：「泰瑞，拿走開吧。」

泰瑞負責艾伯特公司的鎳、不銹鋼和高溫（意思是極爲昂貴）的合金業務，他簡短報告了亞洲市場前一天晚上的市況。他說「三個月期貨開盤後，漲幅相當大」，他指的是倫敦金屬交易所三個月鎳期貨的價格。「不銹鋼市場開始小規模傳說某大公司每個月要買二百噸。」我抬起頭來，這種詢價的價值可能超過一年一百萬美元。但是泰瑞不爲所動，只是繼續報告一系列在他的監管下、艾伯特公司今天打算購買的金屬價格。他報告時，年輕的交易員拿出計算機，計算利潤率、運費，再過一陣子，他們會拿起電話，看看在他們認識的美國和世界各地衆多廢料公司中，有沒有人能夠滿足這些訂單。價格會很重要，運輸成本也一樣。

艾伯特喝了一口水後說：「你們有沒有聽到外面的什麼消息？」

大家默不作聲，過了一會兒，有人喝著咖啡，有人趁機伸展一下一大早還沒有放鬆的肩膀。接著，在會議桌的另一端，艾伯特公司的採購主任吉姆．史基普西（Jim Skipsey）清清喉嚨，睜大眼睛說：「今天早上我跟某大公司談過。」他指的是南美某家大型廢料公司。「某個家族（姑隱其名）已經退出，但是他們今天早上打電話的目的，是要找一個貨櫃。」

史基普西不只是購買廢料的專家，還是向中南美洲廢料場購買廢料的專家。因此他的話引起一番簡短的討論，大家談到南美洲很多富裕的廢料處理家族面臨的危險，包括始終揮之不去、遭到綁架的風險。雖然南美洲有很多風險，墨西哥出身、說西班牙語的史基普西對這個地區仍然保持樂觀，他說：「有很多金屬經過瓜達拉哈拉（Guadalajara）流出來。」

艾伯特看看會議桌的另一端，問道「羅森有話要說嗎？」

哈維．羅森（Harvey Rosen）主管艾伯特公司規模相當大的鋁品部門，他眼窩深陷，給人一種不容忽視的感覺。他開口說：「你們會看到过發來的有趣數字，」他指的是艾伯特公司在東京的代表，說著他把一張報價表傳給桌上的每一個人，說：「有人要以一．〇五美元，購買印刷平板。」他的意思是有一些客戶有意以每磅一．〇五美元的價格，購買印刷業所使用的平板印刷機印刷平板。羅森說：「我想我們要採取行動。」他的意思是艾伯特公司要賣這些東西，然後根據這種「有意思」的價格，購買印刷平板。「我們可以到中西部買印刷平板，我們已經有一陣子沒有在日本賣過印刷平板了。」

艾伯特點點頭說：「你有沒有從过那裡，得到一些跟混合曲棍球有關的回音？」

混合曲棍球是經過壓縮、形狀像冰上曲棍球一樣的大塊金屬碎片，這種碎片通常是工廠在鋁片上鑽洞時掉下來的。羅森還來不及回答，史基普西插嘴表示可能有一些去化的地方。「印度的某大公司利用特殊合金生產活塞，因此印度可能是一個去處，墨西哥的人也可能買這些東西。」那天早上他會打幾個電話，看看是不是能夠完成一筆交易。

價格顯然是能不能成交的關鍵，但是航運成本也一樣重要。墨西哥和印度都在相同的全球市場中活動，因此彼此付出的價格可能只有幾美分的差別。但是航運是另一個重點，運貨櫃到墨西哥而不是到印度，成本的差別偶爾可能達到幾千美元。不用說也知道，所有的價格都相同時，這些混合曲棍球會運到運費最便宜的地方。

艾伯特公司是業務錯綜複雜的大型全球企業，但創業時當然不是這樣，而是從傅利茲或早年美國其他廢料業者熟悉的小小規模逐漸壯大。兩位創辦人的辦公室跟這間開晨會的會議室之間，只隔著一條走廊遙遙相望，他們的大辦公室可以俯瞰下面的火車軌道、忙碌的街道和公司占地三公頃、安排得井井有條的廢料場。雷蒙·艾伯特（Raymond Alpert）坐在一張大木桌後面，愛開玩笑、生性熱情的他雖然已經八十三歲，每星期仍然來上班四天（這裡是他的辦公室）。坐在他旁邊的傑克·華博（Jake Farber）身材苗條、長相瀟灑，已經高齡八十五歲的他臉上常帶著苦笑，在寧靜中自有一番魅力。

艾伯特和華博是在一九五〇年進入這家公司，當時艾伯特公司還不特別有名，只是設在市郊的小型廢料場。艾伯特告訴我，平常的日子裡他們大約有三百位顧客，大部分都是廢料小販，很多人賣的廢鐵不會超過幾百磅。艾伯特告訴我，「一九五〇年代時，我們甚至看過馬和馬車運貨進來。」我表示訝異時，他告訴我，他剛入行時洛杉磯的柏油路鋪到這裡爲止，再過去就是泥土路。

二十世紀中期的大部分歲月裡，艾伯特公司只是買賣廢鋼的業者，專營從廢料商人手中買進，再賣給當時在洛杉磯地區經營的三家鋼鐵廠。其他金屬，尤其是黃銅與青銅，都要以相當高的成本運到中西部，因爲西岸沒有需要這些金屬的工廠。但是這種狀況即將改變，不過改變幾乎跟加州或中西部發生的事情無關。

一九五〇年美國政府解除二次大戰期間制定、實施將近十年、禁止對日本出口廢金屬的禁令。對有多餘金屬可以出口的美國廢料業者而言，這是大好商機：日本的戰後重建工作正在加速，迫切需要原料與建公路、大樓、地下鐵、汽車和輸美產品。一九五〇年內，美國對日本只出口一千四百三十三噸的鋼鐵（那一年美國的廢鋼鐵出口總量爲十九萬四千一百十四噸，輸往加拿大的數量占了三十七%）。但是雙方的貿易快速成長，到一九五六年美國出口到日本的廢鋼達到二百四十萬噸，到一九六一年高達六百一十萬噸（就今天美國企業對任何國家輸出的廢鋼而言，這個數字也是罕見的大量）。相形之下，二〇一一年內美國對全世界一共出口了二千二百一十萬噸的廢鋼。

一九六〇年代艾伯特和華博開始對亞洲輸出金屬，對西岸的企業而言，這種做法並不是這麼罕見；即使是當時，要把廢金屬送到洛磯山脈的另一邊都還很昂貴，和利用往返美日兩國之間的很多輪船運到日本相比更是如此。華博告訴我：「我們對南韓、日本和台灣出口，接著我們開始出口到香港……」他稍微停頓了一下才說：「因爲當時對中國銷售任何廢料都違反美國法律，因此我們會把廢料賣到香港，他們怎麼處理這些廢料就不是我想知道的事情了，他們很可能會把廢料運到中國。」同樣可能的是，他們可能對亞洲各國兜售，把東西賣到美國人無法打進的市場。越南市場就是一個例子，越南有意購買美國的廢金屬，但是貿易禁運使大家都無法跟越南交易，只有關係良好的香港和新加坡經紀商能夠做成交易。

到一九八〇年代中期，艾伯特公司的金屬大約有一半出口，這種業績可能使該公司變成美國西岸最大的未上市非鐵廢金屬出口商（交易數量高達幾百萬磅，價值高達數億美元）。艾伯特公司能夠創造這麼崇高的地位，是很多因素造成的結果，但是最重要的因素可以說是美國人對亞洲廉價產品的胃口永遠無法滿足。如果日本、台灣、南韓和中國不能對美國出口產品，艾伯特公司現在仍然能夠以每個貨櫃四百美元、對中國輸出價值幾十萬美元廢金屬的低廉回程航運費率，應該根本就不會存在。比較可能的情形是他們仍然對亞洲出口，但是商機和利潤根本就不可能這麼高。

星期二一早，我在傑克．華博的公子、艾伯特集團總裁霍華．華博（Howard Farber）的對面坐下來，這裡是他的一樓辦公室，對街就是他們公司經營超過半個世紀的三公頃廢料場。霍華．華博像他父親老華博一樣，開始踏入這一行的早年期間，花了很多時間在亞洲各國奔走，尋找艾伯特公司能夠銷售廢料的新市場。他回憶說：「我有一次在台灣停留了五個星期，我從台北開始一路拜訪到高雄，到每一座家族經營的地方停留。」

小華博無來由的回憶起其中一家「家族企業」，這家企業經營的是鑄造廠，工作是把熱金屬倒進模子裡，熱金屬冷卻後，有一位老婦人會舉起鐵錘，把澆模時多出來的金屬敲掉。「她穿著夾腳拖，蹲在地上，把東西敲下來，跟我在一起的老闆說：『來見見我媽媽。』」小華博搖搖頭，說：「我老媽絕對不會做這種事。」

一九八〇和一九九〇年代期間，隨著艾伯特公司的台灣客戶西移中國大陸，小艾伯特的出差目的地也跟著西移。他在中國大陸發現的情形，其實跟他父親在南韓、台灣、日本發現的情形沒有兩樣，只是程度比較輕而已；都是窮國決心快速工業化，進口的廢料比開礦便宜、也比較容易取得，是快速工業化可以永續維持的關鍵要素。

幾年內，中國就變成艾伯特公司所銷售廢金屬的最大市場。但是艾伯特公司不是唯一受惠的公司：到二〇〇〇年，中國變成世界最大的廢金屬和廢紙進口國。在這種轉變中，勞工成本低廉和法規鬆散扮演了重要的角色，卻絕對不是決定性因素。

畢竟當時和現在一樣，都有一些國家的勞工成本比中國低，環保標準甚至更低。事實上，如果勞工成本和環保標準是廢料或垃圾去化的唯一決定因素，蘇丹的勞工成本遠低於每天一美元，應該是世界最大的廢金屬進口國才對。

因此，爲什麼不是這樣？

原因之一是蘇丹沒有很多工廠，不能夠把廢鋁轉變爲新鋁，然後重新熔製成新的汽車水箱。沒有這種終端市場或可能的終端市場，蘇丹人就絕對沒有理由進口價值六萬美元的綜合廢金屬貨櫃。事實上，沒有這種顧客，表示目前蘇丹所產生的少量廢料實際上還是出口到外國，大部分都出口到印度和中國。

但是印度如何？爲什麼世界最主要的廢金屬進口國不是印度、而是中國？在比較高檔的市場方面，印度廢料業勞工每個月可能賺八十美元，相形之下，最便宜的中國廢料業勞工每個月都要賺二百五十美元。同樣重要的是，印度的製造廠商日漸增多，包括汽車製造商在內的這些廠商需要金屬。但是印度雖然有這麼多明顯的優勢，從美國進口的廢金屬卻只有中國的幾分之一，爲什麼？

小華博往椅背一靠，告訴我他開始爲公司到外國出差前，早年是在公司比較具教育性質的運輸部門工作。這個名稱相當有創意的部門，負責動用公司跟廢料有關的第二大支出——當然僅次於廢料本身，從事跟航運有關的工作。小華博告訴我，他就是在運輸部門裡，學到一個非常重要、跟任何廢料用什麼方式、最後流到什麼目的地有關的教訓，不管廢料是廢金屬、廢紙、還是廢塑膠，情形都一樣：

廢料會流到勞動力便宜的地方，一點也沒錯。如果印度的勞工成本眞的很便宜，但是每磅廢料運到印度的成本爲〇．〇七美元，運到中國只要〇．〇二美元，除非賣到印度的價格高多了，否則廢料會流向中國。

我回答說：「賣到印度的價格幾乎從來不會比賣到中國的高吧？」

「難得這樣。」

相反的，因爲中國創造世界最快速的經濟成長，對資源需求迫切，賣到中國的廢料價格通常高於賣到印度的價格。但是即使不是這樣，從洛杉磯運往鹽田港的運費，通常比從美國西岸運到印度主要廢料進口港的運費便宜三、四倍。印度出口到美西的產品根本不多，因此航運公司沒有多少誘因，不願意提供從洛杉磯運到孟買的減價貨櫃運費費率。

然而，印度的確出口大量食品與其他產品到中東所有富國。雖然中東國家比日本和歐美各國富裕，卻缺少可以裝在回程空貨櫃中的大部分產品（畢竟石油是用油輪運輸，不是用貨櫃運輸）。但是這些國家因爲很富有，的確製造了很多垃圾——事實上，以人均計算，這些國家製造的垃圾甚至比美國人多得多了。

難怪杜拜出口到印度的最大宗產品是廢紙和廢金屬。看一年的淡旺季而定，回程的費率可能低到二百美元，運輸時間可能少到只要三天，相形之下，從美國回航印度，所需要的時間可能是七倍之多，需要六星期才能橫渡太平洋與印度洋。其他中東國家，尤其是沙烏地阿拉伯，製造的廢料甚至更多，所有這些廢料加總起來要滿足印度正在成長、卻仍然相當小（和中國相比）的原料需求，還綽綽有餘。

未來五十年內，世界成長最快速的國家，是穩定增加消費和增加廢料出口的開發中國家，這種情形有別於西方國家目前純粹拋棄廢棄物的現象，是比較複雜的情況：表示眞正的全球化舊貨市場會出現。事實上，這種市場已經存在，非洲出口大量廢料到中國；中國出口廢電視機到南美；南美出口廢電線到中國。所有這些全球化的廢料形成極大的數量，根據誰最需要、誰能夠用最低廉的運費運輸，決定運到什麼地方去，這種現象的證據在世界每一個國家都可以看到，但是對我來說，看得最清楚的地方是印度的銅都。

二〇一〇年八月某一天接近傍晚時，黑暗的雷雨雲在印度加姆納格爾上空翻騰，我坐在最新型的吉普車上，車子由過去當地的板球明星、現在變成成功的廢銅進口商桑尼．潘奇馬蒂亞（Sunil Panchmatiya）駕駛，開在泥濘的坑洞和擋路的牛群之間，搖晃的像船一樣，他在噪音中吼著說：「加姆納格爾有十四家生產輪胎氣門的工廠！是世界上最多這種工廠的地方！」

我抓住車門上的把手，點點頭，在印度東北部這個人口八十萬的偏遠城市停留三天後，我一再想到加姆納格爾其實是把全世界緊緊拉在一起的地方。銅皮帶頭、銅筆夾、銅鞋帶夾都是加姆納格爾生產的東西，而且生產的數量超過世界任何地方，還有一點很重要，就是這些產品都用廢金屬製造，這就是我來這裡採訪的原因。事實上，我聽說這個神祕的地方已經很多年了，而且看你問的人是誰而定，這裡是三千到四千家小工廠利用進口廢銅，努力生產日常用品的地方。

歡迎來到銅都。

潘奇馬蒂亞向右轉，把車停在一處狹小的院子裡，四周都是平房建築，建築物外面沾了很多條由煤灰和雨水形成的條紋。一位頭髮半禿、身材微胖、即將步入中年的男性從一道門中跑出來，穿過另一道門，招呼我們跟他一起走。因此我們快快下車，步入雨中。我們衝向門口時，我注意到院子的角落上，放了一小堆混在一起的銅廢料，包括水龍頭、燭台、銅瓶，正是家父在明尼亞波利斯曾經用磅秤購買的東西。在美國廢料回收產業協會的所有規格中，我覺得爲這種材料取名蜂蜜特別適當，你看著雨中溫暖的黃銅時，覺得這些黃銅看來就像骯髒的黃金。

我降低速度，在混凝土蓋的廠房裡停下來，廠房裡點著的昏暗日光燈帶有綠色光芒。五位瘦小的男性坐在類似縫紉機大小設備構成的工作崗位上看著我們，縫紉機沿著廠房四周擺放正在嗒嗒嗒嗒的響，接著他們恢復工作，我在地板上看到很多堆類似子彈大小、剛剛製作完成的銅製品。潘奇馬蒂亞告訴我：「他們每年生產兩百萬個氣門。」

大腹便便的中年男子點了一根香菸，把他的名片拿給我，卻要求我不要報導他的名字，報導公司的名字佳業進出口公司（Jayesh Impex Pvt. Ltd.）卻沒有關係。他說：「我們白天做熔解廢料的工作，因此你只能看到生產的部分。」

「你要用多少廢料？」我問。

「每個月至少十五噸蜂蜜。」

「你從哪裡買這些東西？」

「有時候跟潘奇馬蒂亞買，有時候跟別人買。」

我轉頭看看潘奇馬蒂亞，他告訴我，他的廢料大部分是從中東進口。

看本地和世界經濟的情勢如何而定，加姆納格爾的廢銅進口商每個月大約進口三百到四百個貨櫃的蜂蜜，大部分的蜂蜜都從中東和歐洲進口。大略估算一下，這種數量等於五百四十五萬到七百三十萬公斤的水龍頭、銅瓶、生產過程中產生的下腳料，以及用黃銅生產的所有其他產品，這些廢料會送到廢料場，運往印度東北部靠近巴基斯坦邊界的這個城市。

潘奇馬蒂亞是小型的廢銅進口商，每個月進口不到二十五個貨櫃，主要都是從杜拜進口。相形之下，銅都最大進口商所進口的廢銅，大約占加姆納格爾進口廢料的三十%左右，而且他進口的來源包括整個中東、歐洲，甚至偶爾還從美國進口。無論如何，潘奇馬蒂亞和這位大進口商所做的事情都一樣，就是把貨櫃中的一部分廢料，賣給佳業進出口公司這樣規模比較小、缺乏現金、不能獨力購買整個貨櫃的廠商，和一九八〇年代末期到一九九〇年代初期，陳作義在廣東省所扮演的角色沒有什麼兩樣，不同的只是加姆納格爾的廢銅交易至少從一九六〇年代初期就已經開始。但是看來印度的情勢變化緩慢多了，不過潘奇馬蒂亞還是向我保證：加姆納格爾正在改變。

我繞著小小的廠房走動，看著工人踩著機器，把小小的空心銅管，改造成賣給全亞洲（主要是中國）的自行車輪胎生產廠商，這些輪胎會再賣給全世界的自行車店，這個部分是自行車供應鏈中看不到的地方。

半禿的經理帶我走進隔壁的房間，對我解釋說：「每一個氣門都要用手檢查品質。」房間裡有兩個男工，整天都夾著自行車輪胎氣門的末端，浸在水裡，如果水裡出現泡沫就表示氣門有問題，要送回去重新熔解，如果水裡沒有泡沫出現，這種氣門就是可以出口的優良產品。

潘奇馬蒂亞告訴我，這些工人每個月的薪水介於六十到八十美元之間——中國已經十年沒有見過這麼低的工資了，而且除非中國碰到無法預測的全面經濟崩潰，否則中國再也不會看到這麼低的工資。

半禿的經理解釋說：「這是百分之百的環保事業。」他的意思是：地板上的氣門是用沒有過濾的燒煤火爐回收再生的廢料製造。「整個加姆納格爾的這種產業正在成長，這裡有十五到十七家像我們一樣的氣門廠商。」

潘奇馬蒂亞早上開車載著我，經過擁擠、彎曲、打結到根本解不開的加姆納格爾市中心。我的印度經驗非常少，因此在我看來，市中心的景象相當瘋狂，無數五彩莎麗服裝、頭巾、殖民地建築、廟宇、一九七〇年代方形水泥建築和摩托車混雜在一起。接著我們突然開上筆直的泥濘道路上，這裡是古加拉工業開發公司（Gujarat Industrial Development Corporation）在一九六〇年代興建的工業區。機車、小綿羊和偶爾可見的自行車擺在道路兩旁，也擺在有五十年歷史、一棟比一棟醜的堅固混凝土建築前面。潘奇馬蒂亞把車子停在一座工廠圍牆旁邊，我注意到稀薄卻可以看到的煙霧，籠罩著這個地區的上方。

我們下車時，潘奇馬蒂亞說：「我是從這裡起家的，」他以前是板球球員，這件事一直放在他心上，因此他補充說：「我是指板球生涯結束之後。」他現年四十五、六歲，風流瀟灑，穿著牛仔褲和絲襯衫，還是像電影明星一樣英俊。據我所知，他不是天生的廢料業者，但是他的家族經營銅製品業務，因此到了最後，潘奇馬蒂亞也走上這條路。

我從打開的大門望過去，看到一堆廢料，旁邊有兩個男工拿著手鋸，正在鋸像電冰箱一樣大小的鋅塊，一個人推、一個人拉，碎屑掉在一塊麻布上，晚一點才會撿起來。這種情景令人難以置信，但是跟我以前看過的景象根本不能相比。事實上，四年前我曾經在孟買看到有人用手鋸鋸跟電視機一般大小的銅塊。潘奇馬蒂亞提醒我，「青銅是用銅和鋅製成，但是這些鋅塊太大了，放不進加姆納格爾的爐子，這就是必須鋸開的原因。」

「他們可以靠這種工作過活嗎？」

他告訴我，「他們很可能是從旁遮普省來的勞工，」然後用我不懂的語言說了幾句話，兩位男工點點頭。「他們寄錢回家，這種工作比種田好，我敢說他們不認識字。」

潘奇馬蒂亞告訴我，這個工業區裡有一千五百家銅業公司，我走在泥濘的街道上閃躲搖搖晃晃、載著一大堆舊水龍頭和新生產銅棒的貨車時，發現沒有理由不相信他，或是不相信對我宣傳加姆納格爾如何、如何的別人。每一塊空地、每一個角落，都被麻布袋裡裝了過多黃銅的人占據。

泥濘的馬路上，有一個肚子圓滾滾、穿著白長褲、藍白條紋絲襯衫的人，從一棟建築物裡走出來，他看到我這個在這一帶難得一見的白人臉孔時揮著手招呼我，我習於接受這種邀請，卻不知道潘奇馬蒂亞怎麼想，我回頭看看他，他臉上的笑容很熟悉，就像他跟這個肚子圓滾滾的人是老朋友一樣。

「我開始從事廢料業時，他和我是鄰居，快點過去吧。」

肚子圓滾滾的人叫做丁巴地亞（Pravinbhai Timbadia），他經營的傑伊瓦魯蒂企業公司（Jai Varudi Enterprises）設在一間有煙又有火的擁擠房間裡。我的眼睛適應後，看到有一個穿著人字拖的男工，站在地板上一個燒得白熱的洞口上，他拿著大勺子彎腰伸進洞裡，再提起勺子澆在一排放了很多模子、等待澆注金屬的盒子裡。

丁巴地亞請我在他的辦公桌前坐下來，他的辦公桌上有好幾個簡單的電氣箱，還有一些沾了灰塵、卻仍然色彩鮮豔的印度神祇圖像。我坐下來時，看到幾個骨瘦如柴的男工，在裝了未加熱模子的箱子裡倒砂子，然後在距離地板上白熱洞口只有一、兩步遠的地方，用光腳壓實箱子裡的砂子。房間的另一邊，有一堆等著丟進火爐裡的蜂蜜，空氣很熱，瀰漫了令人窒息的煤灰，我覺得很難呼吸，不能想像一天呼吸這種空氣八小時會怎麼樣，更不用說吸一輩子了。

我在整個採訪期間，都聽到一些規模比較大、地位比較穩固的回收業領袖向我保證，印度環境主管機構對這種汙染不會再容忍多久了。同一條街上的另一位業者指著丁巴地亞的事業和煙霧，對著我說，如果我二〇一五年再來加姆納格爾，「這種汙染一定已經消失。」這位業者跟我保證，加姆納格爾會變成現代銅業廠商的故鄉。

這麼一來，丁巴地亞要怎麼辦？

「加姆納格爾正在成長，他會有別的機會。」

丁巴地亞拿給我一小瓶附了吸管的冰涼讚讚可樂（Thums Up Cola），然後透過潘奇馬蒂亞的翻譯用古加拉第語告訴我，他每天大約把一千二百公斤的廢料熔成銅棒，賣給加姆納格爾一帶的小型廠商，每個月大約淨賺二千美元，在這一帶，這筆錢相當多。

我問他的廢料從哪裡來，潘奇馬蒂亞笑著代爲回答說：「杜拜。」我並不覺得奇怪，卻在很短的時間裡，想到這個房間和杜拜這個現代沙漠大都會空蕩蕩街道上的區別。如果杜拜不是這麼富有，如果杜拜對進口印度芒果和其他產品的胃口不是這麼大，加姆納格爾應該會到別的地方，尋找廢料。

丁巴地亞的工人在他背後冒著的煙霧和蒸汽中忙碌，他對我們的談話興致勃勃，告訴我他的擴張計畫。他下個月要到美國奧勒岡州的波特蘭，跟他堂弟見面，他堂弟在那裡開了一家鄧金甜甜圈（Dunkin' Donuts）連鎖店，他希望在美國創設廢料事業專門經營對印度出口的業務，他告訴我，「我認爲機會很大，加姆納格爾需要更多的廢料。」

後來潘奇馬蒂亞告訴我，他懷疑丁巴地亞的計畫，這一點使我覺得比較舒服，因爲老實說我也覺得懷疑。毫無疑問的，他的主動精神值得稱讚，但是即使他有錢創業（他堂弟開鄧金甜甜圈連鎖店賺來的錢對他當然不會有害），他也很快的就會學到，雖然他希望跟家人一起創業，但是連家人關係都無法克服下面這個簡單的事實：賣廢料到中國，比賣廢料到加姆納格爾的利潤高多了。

我們開車經過加姆納格爾時，潘奇馬蒂亞載著我，經過他們家最近在古加拉工業園區三期計畫中買下的一大塊空地。他告訴我，他有很多重大計畫，包括設立科技先進的現代銅棒廠，跟他的朋友和競爭對手已經建好的工廠競爭。他告訴我，在銅都利用燒煤熔爐的時代已經結束，這個城市已經變得太富有，政府不再想要這些熔爐。

他問他，他要從哪裡拿到這麼多的廢金屬？

他說：「我在杜拜新設了貿易公司，我會在那裡尋找料源。」

潘奇馬蒂亞對自己的中東供應鏈深感自傲，但是我跟他在加姆納格爾一起採訪的五天裡，我發現他期望找到機會，向美國購買和輸入廢料，向廢料業沙烏地阿拉伯的美國購買廢料。有一、兩次，他甚至問我是否能夠介紹他，認識一些可能有意跟他做生意的廢料場。我婉拒了他的要求，還解釋說，我不希望浪費任何人的時間。我告訴他，「即使你們在價格上能夠同意，運輸成本也會造成很大的傷害。」他默默的點頭，但是我可以從他堅決而失望的臉上，看出他已經看到我十分了解的一件事，就是美國廢料場是寶地。

二〇一一年夏季某一天接近中午時分，我來到我最喜歡停留的廢料業沙烏地阿拉伯，在一所廢料場中，快步走過堆了四、五層高、一包又一包的鋁製汽車水箱、電纜和框架。艾伯特公司魁梧的廢料場經理大衛．席蒙斯（David Simmons）催著我快步前進。我們在裝滿不同類別鎂廢料的紙箱中迂迴前進時，他喊著：「乾淨的鎂、含鐵的鎂、發亮的鎂。」接著我們走進放廢鋁的地方，他喊著說：「含鐵的鋁、三五六號的鋁、活塞。」

我點著頭，好像知道他指的是什麼東西。但是老實說，我們行動太快了，以至於我一直處在無法定下心來的狀態，必須在記筆記和看東西之間選擇。何況這裡有很多東西要看，因爲我們正在艾伯特公司三公頃廢料場的中心，這裡是我所見過展示最多種廢金屬的地方，這裡可能不是我所到過的最大廢料場（最大的廢料場在中國，而且比這裡大很多），但是這裡卻是最多元化的廢料場。如果我因爲某些原因，在某天早上醒來，決定要看看一堆鎂製斜坡板的相片（這種斜坡板是一種裝卸板，美國廢料回收產業協會的術語叫做木材），我會打電話給艾伯特公司。同樣的，如果我想知道廢鼓鈸的行情，這裡的人不但知道價格，也會有很多桶貨品準備出貨。

但是這座廢料場沒有很多員工。沒錯，他們一定有足夠的員工，負責接收、處理和發送所有廢料，但是和員工衆多的印度或中國廢料場相比，這裡的員工少之又少。我們走在一排又一排的桶子和包裹之間，沒有看到半個人影，原因相當簡單，就是美國的勞工成本：美國勞工的薪資、保險和其他相關成本顯示，光是艾伯特一處廢料場所需要的薪資，就足夠丁巴地亞發給所有員工三個月的薪水。如果印度的勞工成本提高到洛杉磯平均水準的四分之一，廢料的流向一定會跟著改變。但是印度有十四億人口，就業機會一直不足，而且（至少用美國的標準來比較）印度的生活基本開銷更是低得驚人，這點表示，短期內廢料的流向不可能改變。

席蒙斯帶著我，來到存放昂貴高溫合金的穩固大架子前面，用單調的聲音說：「哈氏合金、鈦、鉬。」同時一個接一個的指著裝滿每一種合金的紙箱。

「席蒙斯？」

席蒙斯轉過身來，面對一位身材苗條、極爲客氣、表情相當嚴肅，年齡大約二十五、六歲的亞洲籍男性，這個人穿著迷彩長褲和看來很昂貴的針織棕色長袖運動襯衫，席蒙斯說道：「是，什麼事？」

席蒙斯直率的問話讓這位身材苗條的年輕人嚇了一跳，但是他的儀態和教養絕佳，因此沒有後退一步、重新考慮。他在這裡顯得人地不宜：他拿著一本眞皮封面的某種小記事本，在人類歷史中，這種記事本根本從來沒有在廢料場中出現過，就席蒙斯所知，他的目的是要問「某種合金」的成分。

席蒙斯彎下腰，看著這本價值不菲的記事本，也看著——從我所站的角度來看——上面正確而漂亮的文字，說道：「好，這個地方寫對了，那個地方寫錯了。」他多花了一點時間，指正這個年輕人所記錄的化學成分，然後帶著我來到放「青銅」的倉庫，同時提到這位年輕人「是亞洲一家貞正大型熔煉業者的小開，他們家派他來這裡學習這一行。」

席蒙斯和我快步前進，我轉回頭，看到這位年輕人坐在一個上下顛倒放的水桶上，翹著腿，在筆記簿上小心寫下席蒙斯的指點。我心想，他是屬於辦公室的人，不屬於這裡。

同時，席蒙斯把雙手插進裝了黃綠色閥門的紙箱裡，說：「大概是雜種鈀合金。」（有人喜歡把鈀金看成是跟白金同出一源的雜種貴金屬）。他拿著磁鐵，在另一隻手上拿著的金屬上揮一揮後說：「的確是。」

「雜種合金？」我不知道他說的是什麼意思，但是他已經從我身邊走過去。

走過一些箱子後，他讓我看一個裝滿破碎鼓鈸的容器，然後又走了幾步路後，指著裝了看來便宜、大小跟啤酒杯相當的銅花瓶，說：「這是印度的製品，我們偶爾會把蜂蜜賣給他們，他們做成花瓶後再賣還給我們，就這樣循環不已。」

第六章
骯髒的新興城市

我年輕時，我們家的廢料場每天經常買進四十到五十輛汽車。我們會把汽車拆解開來，我們大致上會剝下引擎、卸下輪胎，然後把這些東西壓平，變成骯髒的金屬圓餅，便於運到市區另一邊的北極星鋼鐵廠去。我記得這些車子來到我們家廢料場的樣子，有些車子是由車主開來，有些是由拖車拖來，大部分都是放在平板拖車後面載來。我祖母會在辦公室的窗口，接受這些車子的合法文件，根據這些車子內含的鋼鐵重量，付出等於一般行情的價格。

我們並不是把所有的車子都拆解掉。有時候，有的人會基於無法解釋的原因，丟掉還值得繼續開的車，有時候，有的人丟掉的車子上，還有相當完好、可以回收利用的輪胎、輪圈蓋、車門、鍍鉻的保險槓和其他可以回收利用、具有一部分價值的零件。如果是這樣，我們仍然會把車子壓成圓餅——我們經營的畢竟是廢料回收廠，不是舊車回收廠——但是家父會容許員工拆下汽車的零件帶回家（假設他不容許他們這樣做，無論如何他們也會設法這樣做）。下班後，我會看到保險槓、駕駛盤、傳輸系統之類的零件，綁在員工的車子後座和小貨車的貨架上載走，員工會在星期天下午，再度為這些零件創造新生命。

美國廢料回收業經營的主要是回收業務，不是回收再利用業務。但是過去美國的情形並非一直是如此（我聽說我曾祖父總是在尋找他可以打亮和轉賣的東西），美國和非常多廢料去化的開發中國家更不是這樣。在中美兩國和亞洲國家裡，很多進口商打開裝新到廢料的貨櫃時，第一件事是尋找可以修理和轉售的東西，而不是把廢料立刻送去重新熔解。畢竟以鐵錘形式存在的鐵錘，價值超過一大塊鋼鐵。但是在垃圾大致區分爲兩大類的國家裡——一大類是丟進回收桶的東西，另一大類是丟進垃圾桶的東西——這種分別大致上已經消失。

回收再利用的桶子跑到哪裡去了？

在老舊的東西變成困擾，每一種新版的iPhone手機都變成頭版新聞的社會裡，回收再利用的桶子已然消失，變得毫無用處。但是這樣不表示重新利用的桶子並不存在，而是放在開發中國家裡，收集原本屬於美國人、歐洲人和日本人的舊東西，再經過翻新，變成新的日常用品。窮困可能激發這種做法，但是務實主義卻把回收再利用變成了一項產業。

浙江台州是個港口城市，有人口四百六十萬，位在上海南方二百六十五公里外，這裡可能是中國回收再利用產業的心臟。我曾經到過台州的碼頭，目的之一是要看看回收再利用產業的發源地，但是這裡沒有多少東西顯示大家重新利用什麼產品。在停靠碼頭的船舶和碼頭入口水泥大門外的新建豪華高樓大廈之間，夾著一塊面積廣大、大約和足球場一樣寬、長四百公尺的水泥地面，上面堆了很多長三十公尺、高約四．五公尺、由電冰箱門到汽車煞車之類金屬產品構成的金屬堆，整天都有人在這些金屬堆裡進進出出，忙著清掃細小的廢金屬碎片。即使從我帶有偏見的眼光來看，這些金屬堆看起來都像垃圾，實際上卻不是垃圾，而且絕對不會當成垃圾來處理。相反的，每堆金屬堆前面都有一塊半人高的告示牌，上面用手寫了告示，標示著兩項資訊：一是購買這堆金屬堆的人或企業，二是到港日期。附近通常都有一座像附屬建築一樣大小的活動式小棚子，裡面住了人，負責防盜，到大貨車來把金屬堆載去分類爲止。

每個金屬堆重量大約六百到八百公噸，是日本向這個人口六百萬、不斷成長的企業中心輸出的頂級出口產品。我正在欣賞的金屬堆屬於施同曲（Shi Tong Qu，譯音），他長得細瘦、健壯，年近四十，戴著大大的設計師太陽眼鏡，穿著灰色的波羅衫、新的藍色牛仔褲和閃閃發亮的黑色帆布鞋。他必須爲每堆金屬預付大約四十萬美元的現金，還要飛到日本監督金屬裝上駁船的作業。他告訴我，他每個月飛去日本四、五次。但是辛苦卻有代價，因爲金屬堆一運到台州後，他只需要兩個星期就可以賣掉，換成現金，賺到大約十％的利潤。

你每年這樣做三十到四十次，一定會賺到一點錢。

我是受美籍台灣人廢料貿易商喬大衛（David Chiao，譯音）之邀，到這裡做客，喬大衛跟施同曲是合夥人，共同經營一座廢料場，處理喬大衛從世界各地買回來的金屬（只有日本除外，施同曲自己獨力負責日本市場）。喬大衛的年齡大約五十五、六歲，卻有廢料業者難得一見、類似小男孩那樣的好奇心。毫無疑問的，他做這一行是爲了賺錢，但是顯然他對所有這些金屬——不管是從他公司所在地的亞特蘭大，還是從他最喜歡找貨的斯堪地那維亞半島廢料場，或是從浪費的日本人廢料場中買到——他對這些金屬怎麼轉變成閃閃發亮的新產品都深感興趣。

那天稍早，我們從附近的寧波搭火車過來時，他告訴我一些那天早上我一直在思考的事情：

「我有一位客戶告訴我，台州附近的製造中心義烏每個月需要五百噸的銅，生產打火機用的火石。」

「火石？」

「對，你知道打火機裡面幫忙點火的那種小片青銅嗎？」

「眞的嗎？」我問道。

「想一想全世界每個月要用掉多少個打火機。」

我們走路離開碼頭時，我回頭看看，大約看到二十堆類似的金屬堆，金屬堆上方隱約可以看到新建豪華大樓前面的觀景窗，我猜總有一天，屋主會希望看到沒有廢金屬堆的景觀。

施同曲開著他的寶馬X5休旅車，載著我們，開過糾結不清的狹窄道路，路邊都是像小屋一樣的小型建築，喬大衛說，這些小屋是「典型中國式的客廳即工廠」。小屋裡可能有燒煤的小火爐，負責把廢金屬熔製成簡單的新產品。我的眼睛尋找煤煙，卻只看到屋頂上方山丘上原本務農的梯田裡，現在已經長滿半生半死的藤蔓，農民現在全都改行經營企業。

台州市中心還沒有半棟高樓大廈，交通卻很壅塞，這就是爲什麼我知道我們已經來到某個地方市中心的原因。除此之外，在早晨骯髒的陽光照射下，所有四、五層樓高的購物中心、辦公室建築和可能的公寓建築看來都一樣。大部分建築都被看板蓋住，大部分看板似乎都跟製造業或建築業有關，台州正在慢慢的轉變。

現在是上午十點，我們的車子向左轉，路邊的街道突然塞住。喬大衛坐在寶馬車的副駕駛座上對我說：「那就是重新再利用市場。」他點頭比著模模糊糊、一團混亂中貼著看板的一棟建築物，說：「就在那裡。」

如果你問我，我會說這個市場跟所有的東西都混在一起，但是照施同曲的說法，這裡就是市中心。他把喬大衛和我在路邊放下來，自己去找停車位。我們兩個走進嘈雜、打結的交通中，融入髒亂新興城市的熱潮中。喬大衛帶著我過馬路，離開購物中心、走到轉角，我看到兩個穿著油膩拖鞋的十幾歲小孩站在那裡，他們四周全都是動力工具、螺絲起子、一堆纏在一起的銅電線，幾個跟炒菜鍋大小相當、顯然是要來裝耐用產品的鋼製箱子，還有很多種我根本不認識的零件。

兩位十幾歲的小孩在我們的注視下，把這些廢零件，裝進一台電動馬達裡，這台馬達將來可能裝在田裡的灌溉馬達中，或是裝在工廠的鑽床中，或是裝在什麼人家屋後的發電機裡。我在印度和其他開發中國家看過這種事情，這些地方精明、自學成功的技師靠著翻修比較富有人家丟掉的東西賺錢，過著相當好的日子。

然而，這樣做不是副業，也沒有利基。喬大衛告訴我：「台州是靠著重新再利用起家，政府很愛這一行，這一行可以賺大錢。」到底賺到多少錢卻是問題，因爲不管是中國還是任何國家，都沒有人記錄到底有多少廢料，從迫切需要原料的廢料熔爐中拿走，投入這種回收再利用市場。但是如果這個市場能夠當成指標——而且從外面來看，這個市場指標至少占據兩個路口方形區塊，還加上可口可樂之類飲料專賣店和利用後座容器賣冰淇淋的自行車——那麼這種市場確實很重要。

施同曲找到我們，我們衝過馬路，走進看來像是巷子、實際上卻是舊貨市場入口的地方。入口走廊有市區一個街區那麼長，兩邊堆放著整整齊齊、清理乾淨的電動馬達，馬達有的小到像拳頭這麼小，有的大到像水桶那麼大，大部分馬達的最後歸宿，都是送到台州附近的工廠裡去推動機器設備。但是馬達也有其他用途，可以用在地球上所有靠機械運轉的東西裡——遊樂園裡的車子、冷氣機、製造棉花糖的機器、冷凍魚類冰庫外面的發電機——都附有嘈雜的馬達。目前全世界正在使用中的馬達有千百萬具，這個舊貨市場裡的大部分馬達都是在日本發生故障後、遭到丟棄的東西（日本的主人決定買新馬達，而不是把舊馬達送修），但是台州也接收從美國、歐洲和澳洲送來的馬達。凡是能夠在台州修理的馬達，最後都會來到這裡、來到舊貨市場，不能修理的馬達都會拆解成不同的金屬，送去熔解。

我們慢慢走過一個又一個的攤子，停在穿著藍色連身工作服的三位工程師旁邊，他們是從生產車輪的工廠開車過來，那一天稍早他們工廠一台機器裡的馬達燒壞了，他們來這裡希望用很低的價格換一具馬達。施同曲說，舊貨商會賺到一倍的利潤，把馬達丟掉的人——不管是日本人、美國人還是歐洲人——可能賺不到半點利潤。

喬大衛哈哈大笑，告訴我：「這就是美式作風，買新的東西，不買舊貨。」

過去美國人也重視用過的馬達，他們會修理燒壞的馬達，只有不能修理時，才會把馬達丟進廢料堆裡。一直到一九七〇年代初期，美國廢料場還要花錢請工人拆開廢馬達，拉出其中的銅線圈。這些銅會賣給黃銅或青銅買主，裝馬達的鋼製箱子會賣給鋼鐵廠。但是隨著二十世紀下半葉美國的勞工成本（以及生活水準）上升，拆解馬達的成本開始超過其中所含的銅鐵價值；同時，鋼鐵廠拒絕熔解有問題的東西，因為銅是一種會弱化鋼鐵的汙染物，而且銅業廠商無意熔解大部分由鋼鐵構成的東西。因此，到一九七〇年代末期，美國鄉間散布了一堆又一堆的馬達（農田和農業機械是廢馬達的主要來源）。廢料場如果有馬達，不是堆放起來，就是送去掩埋。換句話說，這樣是最糟糕的結果，沒有回收、沒有重新利用。

因此，近在一九八〇年代末期，美國馬達在北美洲毫無價值。中國廢料貿易商經常可以免費拿到這些馬達（把馬達送走的美國廢料場業者會笑他們愚不可及）。接著，中國廢料貿易商會把馬達運到中國，把美國人不能修理的馬達重新翻修、重新利用，而且發給工人五十美元的月薪，拆解不能修理的馬達。再把剩下的銅以當時每磅至少大約一美元的價格賣掉。你可以這樣想：一九八〇年代內，你可以免費得到運到中國時價值可能超過一萬美元的東西，有多少東西在二〇一二年的價值比一九八八年高出五十倍？除了網際網路和科技股之外，我想不出還有什麼東西。但是我跟你保證，華爾街上沒有半個分析師利用技術圖表，去追蹤中國去年的馬達價格，更不用說追蹤二十年了。

喬大衛、施同曲和我繼續往前走，經過很多攤子，有些攤子專精整修小型馬達，有些翻修專家專精修理高大卻狹窄的馬達；有些人專精翻修像餐桌一樣大小的馬達，也有人擅於清理馬達零件。我們轉個彎走進另一條走廊，這條走廊裡也擺滿了馬達，走到一半的時候我看到一個攤子銷售一堆又一堆翻修過的齒輪，有的齒輪小得像茶碟、有的大到像大型的披薩餅，在這些齒輪對面是同一家攤子，裡面擺滿了鏈條，包括大型鏈條、工業用鏈條，以及類似的自行車鏈條——所有這些鏈條都負責把馬達和馬達應該推動的設備連在一起。

我突然發現，在這個市場裡，在銷售馬達、齒輪、鏈條之類推動其他設備的走廊上，銷售人員都是女性，全都是女性。她們坐在凳子上打著毛衣，跟對面的人閒話家常、光著腳板，而且在我看來她們有點煩悶，偶爾還有一點難過。喬大衛告訴我：「她們的先生全都出門推銷去了，你不能只在市場裡經營這種業務，因此男人都出門去了，留下女人看店。」

我說：「那他們都是家族企業喔？」

「完全正確。」

我們轉過另一個彎，突然間來到大約等於兩個街區一樣大的隆起空間。自行車騎士像穿行市區街道一樣，騎過嘈雜、擁擠、兩旁堆滿翻修完成、包括從扳手到電話纜線之類產品的巷道。婦女兩手抱胸站著等待顧客，老人坐在躺椅上看著路過的顧客。陽光從上面透過玻璃屋頂和積滿骯髒雨水的塑膠板照射下來，爲這個地方帶來像水族館一般昏暗的微光。

我慢慢的向前走，經過一些擺了幾百支舊鑽頭的攤子，很多兩、三英尺長的鑽頭立在攤子末端。喬大衛說：「這些鑽頭在日本用了幾次之後，就當成廢料一樣送出去。這裡的業者甚至不需要翻修這些鑽頭，只要轉售就成了。」接著是擺放電氣產品的攤子，攤子上擺了很多翻修完成的保險絲箱、電力纜線和電源板。附近就是擺放翻修完成電鑽的攤子，大部分電鑽都是日本鑽頭，必須配合日本的電壓規定使用，但是沒有關係，因爲賣鑽頭的人只要換一些零件和一條新電線，就可以配合中國的電壓，把這些電鑽改裝好。

攤子一攤連著一攤。喬大衛停下來，向市場裡推著冷飲車走動的小販，買了一罐可口可樂給我。然後，我們經過出售整修完成手推車和雜貨車車輪的攤販，這些車輪五彩繽紛，有紅、有藍、有黃、有綠，全都是從日本人不耐煩重新再利用、不耐煩自行修理的東西中找出來整修的產品。

重新利用舊貨市場早上四點開門。喬大衛提醒我，「這一帶的工廠很早開工，而且有很多工廠根本就是通宵工作，如果你在早上四點需要一台馬達，這裡就是你來對的地方。」

台州的舊貨市場堪稱中國規模最大的舊貨市場，但是在中國的每一個城鎮和鄉村，都有類似的市場。有時候，這種市場的規模像台州舊貨市場一樣大；有時候只是某一個人住家前面擺放的一排整修完成的馬達和電視機。不是每一種東西都靠進口，中國人翻修的產品當中，有越來越多東西是中國人自己生產和浪費掉的東西。但是到處都可以找到舊貨，因爲舊貨再度利用已經跟中國經濟緊密結合，就像年度新車車型、定期更新的iPad平板電腦和最新型的光碟電影，和美國經濟緊密結合一樣。不過這種情形不會永遠持續下去——而且近來的情形和二十年前相比，已經變得越來越不像——但是和中國希望模仿的歐美經濟體相比，中國在放置「廢物利用」舊品回收桶方面，仍然遙遙領先。

盲目崇拜新品和升級產品的國家有一點可能有所不知：就是台州可能熱愛重新利用別人丟棄的舊貨，卻絕對不貧窮。根據施同曲的說法，台州人每人擁有汽車的比率高居中國第一，這種地位跟中國國產汽車廠商吉利公司設在台州關係不小——吉利公司因爲經營極爲成功，甚至在二〇一〇年直接併購瑞典富豪汽車公司。吉利是台州最大的生產廠商，卻絕不是唯一知名的廠商，中國有一些最著名的自行車與機車製造商設在台州，一些生產從洗衣機到冷氣機的著名家電廠商也設在此。

所有這些生產活動——不論是生產汽車，還是生產興建新購物中心所用的鋼筋——都相當依賴進口廢金屬的支援。但是台州和廣東不同，廣東得到的大部分廢金屬，後來都以新產品的形式，再出口到運送廢金屬到中國來的國家，台州進口的廢金屬大致都留在中國。台州生產的汽車會在市內的汽車經銷商據點銷售；電冰箱會在上海的購物商場行銷；自行車會在中國西北灰塵滿天的城市裡發售。如果沒有中國各地都需要的這些進口金屬，台州應該只是另一個經濟停滯、希望擁有自產原料的落後城市而已。如果沒有這些金屬，台州應該不會有吉利汽車廠、汽車零件製造廠，不會有冷氣機生產廠商，只會有很多農地而已。

對廢料需求迫切，代表大家盼望有機會培養出美國式的消費者。利用美國廢料、日本廢料或歐洲廢料達成這個目的，不會產生什麼差異；重點是台州擁有源源不絕、裝在貨櫃裡到貨的廢料，尤其是廢馬達。然而，這種迫切需求已經開始產生非常實際、又令人非常困擾的影響，就是可以從外國進口的電動馬達越來越少。喬大衛在早餐時告訴我：

一九八〇年代初期，我看過很多駁船載著馬達，從芝加哥地區、從五大湖區出發，航行在密西西比河上（駁船後來還會裝上更多貨物）一路向紐奧爾良開過去。船舶會在聖路易繼續裝貨，會在孟菲斯繼續裝貨，一路裝貨到紐奧爾良去。到了紐奧爾良駁船會把貨物卸下來，裝到大約兩萬噸的散裝船上，現在卻再也看不到什麼東西了。

密西西比河上再也看不到這種景象，原因有兩個。第一、一九八〇和九〇年代棄置在美國鄉間的成堆馬達已經出口完畢，現在廢馬達市場限於美國、日本、歐洲加上中國（越來越多）即時拋棄的馬達。

如果你從喬大衛之類美國廢料業者的觀點來看問題，第二個原因就比較嚴重。實際的情形是這樣的：美國的工廠根本沒有一九八〇年代時那麼多，因此美國耗用的工廠馬達也沒有美國製造業繁盛時期那麼多（工廠設備中的馬達是美國馬達庫存的主要來源）。減少耗用的馬達中，有一些是因為效率提高而減少，有一些是因為全球製造業基地逐漸轉移到亞洲。但是如果你是美國人，這種結果應該會讓你想到，過去推動美國工業發展的馬達，現在變成出口到中國，在中國整修後，用來推動中國的工業發展。不能整修的東西就變成生產洗衣機、冷氣機、其他家電產品，和越來越多中國中產階級所羨慕奢侈品所用銅料的主要來源。

施同曲把車開出台州時，談到一飛沖天的不動產價格、供應充沛的豪華名車，以及即將開幕、蓋在離舊貨市場不遠鬧區中的未來派豪華購物中心。同時，馬路變寬之後又變窄，我們突然陷身在載運廢電線電纜、廢金屬片和絕緣塑膠的卡車、機車、自行車和人群當中。這裡是台州的回收工業園區，是政府（從大部分是小型家族企業的一千多家台州回收業者中）指定三十四家規模最大的回收業者集中起來，以便能夠更有效管理的地方（至少在理論上是這樣）。然而，我坐在施同曲的汽車後座上，看到的景象的確是亂得可以，看到這裡的人利用自行車、背部、貨車和機器三輪車，在街上運載各種不同類別、形狀和用途的廢金屬。我們經過一些工廠大開的大門時，我看到裡面有很多男女工人忙著剝電線，爲切碎機留下的殘餘物資分類，把乾淨的金屬裝上卡車。

施同曲的公司設在大馬路上一棟破舊的兩層磚造建築物中，我走進陰暗的大理石大廳時，覺得這種公司不會有多少辦公室工作。兩張破舊的籐椅擺在角落上，植物都已經枯萎、死亡，而且積滿了灰塵，地板看來好像經歷過火箭攻擊。

我們走到外面，經過一扇門，走進大概有三百三十公尺長的通道，通道兩旁擺滿各色各樣難看的廢金屬，金屬堆之間偶爾聚集了一群工人。這種景象跟我們在港口看到的暗沉、雜亂日本金屬堆一樣可怕，但是工人在這裡爲這些東西分類，分成「比較」乾淨的零組件，現在雜亂的景象開始變得多少有點意義了。我右邊的金屬板當中，堆了很多堆的廢水錶；左邊是纏繞在一起的電線，還有很多堆看來像是從房子上拆下來後切碎的鋁製牆板。附近有二十個像鏟子一樣的塑膠盤排成方形，有些盤子裡裝滿了電線，有些盤子裡只放了一些銅片，還有一些盤子裝著我看不出來的電氣零組件碎片。但是對受過訓練、要從碎片中看出其中價值的分類工人來說，這些碎片顯然代表某些東西。

喬大衛對我解釋說，日本廢料場極爲缺少空間，東京的廢料場尤其如此，因此日本人只是把廢料丟到龐大的廢料堆上，再裝進貨櫃裡，運到台州，等待像施同曲這樣的買主。我在這裡看到的景象是他們浪費的結果，是某種神祕的廢金屬福袋。世界上沒有一個先進國家像日本人這樣丟棄廢金屬，但是日本人對這件事情根本不會煩心，主要是因爲他們知道台州會替他們解決問題，不過台州這裡沒有人會抱怨，例如施同曲就是靠著這種日本福袋致富。

這裡應該有五十個分類工人，但是實際數目很難說，因爲我每踏出一步，都會看到不同的工人，他們躲在成堆的廢料後面，戴著手套，爲十分雜亂的金屬碎片分門別類。我彎下腰，希望更清楚的看出其中一組五個工人在做什麼，原來他們在爲最小的碎片分類，這些碎片包括支架、螺絲、連接器、電路板、沒有特別來源的銅環、來源更不清楚的新月型鋁片、鋒利的齒輪、鏈子的碎片、小塊的電線、破損的罐子、罐頭、小塊的汽車水箱和某種東西指甲大小的碎塊。每一個碎片本身都沒有價值，每一個桶子的價值也很少，但是經過日日夜夜的處理後，這麼多沒有價值的東西會變成千百萬美元，變成台州賴以成長的原料。

我們繼續深入這棟建築物，然後停在兩位健壯的女工旁邊，看著她們拿著鐵錘和鑿子，拆解水桶大小、過去曾經在日本工廠裡帶動機器的馬達。拆馬達是一種藝術，最厲害、最有效率的拆解工人，每個月最多可以賺到五百美元，在她們拆解的東西當中，有些甚至是大部分人不知道的東西。馬達外殼必須拆開——這樣做可不容易——然後拆下銅線圈，拆開其他零件。當然，什麼人都可以做這件事，但是拆解馬達需要靈敏的手指、需要有力量、還要有迅速拆解馬達的經驗。

然而，最高的效率具體表現在把馬達從這些破銅爛鐵中拉出來，放在旁邊，準備交運、銷售給能夠修理馬達、重新利用的人。馬達是垃圾堆中的寶物，利潤遠超過回收處理。

這就是回收廢物、重新利用的桶子。

施同曲告訴我，他每個月進口一百多萬美元的馬達（加上所有的日本廢料），要是可能的話，他希望進口更多馬達。大部分馬達都會遭到拆解，但是要是能夠從廢料堆中找到一些可以重新利用的東西，當然更好。我跟他在一起的那一天裡，「台州需要這些金屬」這句話他說了好幾次。我想到，台州的確比把廢料運來這裡的美國人、日本人和歐洲人更需要這些金屬。我的故鄉應該沒有這種回收再利用的廢料堆，只有成堆的垃圾等待擅於看出別人所丟棄垃圾中的確有價值的明眼人。

以你櫃子裡的舊電腦監視器爲例，如果是在美國，舊監視器是一堆等待變成新產品的原料；但是在非洲、亞洲開發中國家和南美洲一部分地區，舊監視器的價值高多了，是上網的低成本工具。只要有人利用貨櫃裝運，有人有技術修理監視器，有人把這種新監視器賣給需要的人，上網的目標就可以實現。

世界各國有很多這樣的企業。

二〇一一年農曆春節前好幾天，我到馬來西亞檳城，在展示櫃上堆著二手監視器的一家小商店裡閒逛。店裡的東西價格很便宜，我可以用五十美元買到很好又很大的監視器。如果我希望連電腦一起買，只要略微多付一點錢，也可以在這家店裡買到電腦。當時這家店裡沒有其他顧客，但是這一點是預料中事，因爲我所站的地方是馬來西亞最好、最大監視器翻修業者網路周邊公司（Net Peripheral）的工廠直營店。如果我想在更漂亮、人潮更多的場地看他們的產品，我只要去他們供貨的商店裡，就可以看到。

這家公司的總經理兼共同創辦人歐陽淑芳身材嬌小，是剛剛進入中年的堅強女性，她帶著我，走出商店的後門，走進公司的倉庫裡。我看到監視器像磚塊一樣，從一邊到另一邊，堆成五層高、三層深的包裝，這些監視器剛剛從美國運到，都用玻璃紙包著，一台堆高機正舉起一堆包好的監視器，放在另外幾個類似的包裝中，就我所知，這裡有好幾千台二手進口監視器，很多監視器都是向美國一家公司買的，過去十年裡這家公司光是運到這座工廠的監視器，就遠遠超過三十萬台。

下面這件事才是重點。歐陽淑芳進口的監視器不會「丟掉」，甚至不會回收再製，而是存放在大家不容易找到的第三個桶子裡，也就是放在舊貨再利用的桶子裡。

誰要舊監視器呢？

就是錢賺得不夠多、買不起新筆記型電腦、桌上型電腦或智慧型手機的人，換句話說，就是大部分的人。例如，直接供應中東二手電腦設備的出口商估計，埃及若干地區賣出的電腦中超過一半是二手電腦。同樣的，歐盟最近針對迦納進口的二手電子產品發表一份報告，認定其中七十%實際上流向舊貨翻新市場（十五%流向數位產品垃圾場）。換句話說，二〇一一年埃及的「推特革命」並不是在新iPhone手機上發生（大部分埃及人都買不起這種手機），而是發生在經過修理、用了五到十年的舊桌上型電腦和監視器上，這些監視器是美國、歐盟、日本和其他先進國家出口到埃及的產品。換句話說，如果二手監視器和電腦沒有從美國人的櫃子裡流出去，那麼在埃及上網很重要的時刻，應該就沒有這麼多埃及人上網。

網路周邊公司之類的業者積極開發埃及這種市場，不是只有這家公司才這樣做，因爲只要是有人買不起新產品的地方，舊貨翻新市場就會出現（先進國家中知道廢物利用合乎道德、又合乎勤儉價値觀的人當中，也有規模比較小、但是大家同樣熱心的這種市場）。一九九〇年代到二十一世紀頭五年裡，中國是舊監視器翻修產業的龐大基地，業者從中賺到極高的利潤。近來印度、墨西哥和非洲也變成了欣欣向榮不斷成長、廢物再利用工業的基地。其中的潛在利潤非常驚人，中國舊貨翻新工業聲勢如日中天時，業者以不到十美元的價格買進美國和歐盟的監視器，在中國整修後，再以一百美元的價格賣出。然而，這一行後來變成本身成功和時代變化的受害者，因爲中國政府爲了保護新監視器廠商（其中很多由政府擁有，或跟政府關係良好），打壓舊貨翻新產業。同時，中國消費者變得富有之後，開始愛上平板監視器。

監視器運到網路周邊公司的廠房後不久，整修的工作就開始了，要是監視器機殼上有磨損工人會開始抛光。但是整修不止是美化而已，附近的桌上放滿插上電源的監視器，網路周邊公司的員工會判斷監視器有沒有模糊不清的問題（這是監視器運到時最常見的問題，但是百分之百可以修復）。再往前走，我看到兩位印尼籍的技師忙著打開監視器機殼，有條不紊的剪裁、戳刺、焊接裡面的電子零件，修理和換掉。不管是什麼原因，在美國故障的電子零件，他們像外科醫生一樣，取下和換上電子零件，有些零件是向台灣工廠訂購的，有些是從無法修復、要送去拆解回收的監視器上取下來的，到修好的監視器內部架構像新監視器一樣運作良好爲止。

然後監視器的內部架構會放在輸送帶上，送到別的技師手中，進行測試，確保監視器能夠播出優質的影像，再放進新的或整修好的機殼裡，經過包裝以便運送到世界各地的顧客手中。這一行利潤豐厚，網路周邊公司雇用了六十位員工，發給他們相當高、相當有競爭力的薪資，負責這種工作。但是到了最後，連歐陽淑芳都必須承認這一行的前途有限。我去採訪時，她和她先生正在積極考慮把工廠從馬來西亞外移出去，因爲馬來西亞的生活水準已經升高，到了大家有意買新監視器的程度，外移的目標是印尼，或另一個二手監視器可能有顧客基礎的開發中國家。

其中的諷刺意味讓人難過，隨著馬來西亞變得更富有，馬來西亞人越來越不可能擁抱開發中階段的節儉做法。後來歐陽淑芳開車載著我，走在連接檳城與馬來半島之間的大橋上，她點頭示意我們所看到的所有新車，馬來西亞擁有蓬勃發展的國產汽車工業，到了尖峰時刻馬路上變得像曼哈頓一樣壅塞。「如果你有能力買新車，那麼你爲什麼要買舊監視器？」

問得好！我們的車經過檳城一些高科技工業的重要大廠，包括戴爾、索尼和英特爾所擁有的工廠。誰不喜歡卸貨平台上卸下來的新穎產品？我低頭看著一棵酢漿草，看到吊車和拖拉機底下，堆了一堆又一堆生銹的廢金屬堆，廢金屬堆向外延伸出去，不知道占了多少畝土地。這種生銹的山坡讓我想到自己的故鄉，想到我成長時經常停留的廢料場。馬來西亞的廢料回收工業正在成長，同樣的，凡是在人民晉升中產階級、放棄節儉之道的國家裡，廢料回收工業也一樣欣欣向榮。但是歐陽淑芳不可能留在檳城，看著情勢惡化，她和先生正在尋找新的據點，尋找廢物利用桶子還派得上用場的地方。

第七章
浪費大國

星期一早上還不到八點，曾強森（Johnson Zeng）開著租來的雪佛蘭車，開進密蘇里州聖路易市凱西鋼鐵金屬公司（Cash's Iron and Metal）前面的空地，他正在採購能夠運到中國的廢金屬，這是他在這兩周半奔波中某一天第一個停留的地方，他這次拜訪老顧客之旅從新墨西哥州的阿布奎基開始，到南卡羅萊納州結束。但是曾強森跟我保證，這樣不算什麼。他回憶說：「我上次跟老鄉一起奔波，二十六天裡一共開了一萬五千多公里。」他說的是廣東省提供他大部分業務的廢料進口商。

結果如何？幾百萬公斤價值千百萬美元的金屬離開了美國，運到中國。

曾強森是貿易商，他開著租來的車在美國各地奔走，尋找廢金屬。但是並非只有他這樣做，他估計，另外至少有一百位中國廢金屬貿易商大致像他一樣，開著車，從一處廢料場到另一處廢料場，尋找美國人不願意或不想回收的東西（還有紙類貿易商，但是這種貿易商的數目少多了）。這一行的歷史很悠久，像東泰公司的陳作義這樣的台灣買主早在一九七〇年代，就開始做這件事情，但是這一行很重要。他和他的競爭對手就是看出美國人拒絕看出價值的人；他們是永續生產的先鋒，是不斷換新時代的高科技拾荒者，是回收具有某種意義時代最環保的回收者。實際上，曾強森負責把你的回收桶、你的本地廢料場和中國串聯在一起。

曾強森今天來到離密西西比河不遠的北百老匯大道，這個地方是沒落的工業區，貨運拖車停在空蕩蕩的停車場上，人行道上空無一人、積滿灰塵。我想到，這些停車場過去一定是倉庫和工廠，現在看到這個地方，你只能說，這裡是你天黑之後不想來的地方。

曾強森按著黑莓機，查看倫敦金屬行情，歎著氣說：「行情正在下跌，但是我們仍然要努力嘗試。」他看來相當年輕，卻已經四十二歲，但是他像現在這樣，心有所思、抿起嘴唇時，兩頰會略微凸起，凸顯眼角的魚尾紋洩露出他的年齡。他的額頭很高，讓他自然而然顯出深思熟慮的樣子，他的聲音柔和，加上客氣的英語，顯示他是很有修養的紳士。「老鄉打電話來。」他輕聲說著，然後按下「回答」鍵，柔和的英文變成了喉音很重、活潑有力的廣東腔，我很快的就發現廣東汕頭出生的曾強森喜歡故鄉打來的電話。

今天像大多數的日子一樣，曾強森和老鄉有興趣購買的東西是銅，而且他們理由十足，因爲二〇一二年內中國耗用了九百多萬噸的銅，比同一年裡美國的消耗量多出一倍以上。爲什麼？原因之一是中國正在快速成長，現代經濟沒有銅就不可能快速成長。但是另一個主要的原因是美國最後一家利用廢金屬煉銅的工廠，已經因爲配合環保規定的成本高昂，在二〇〇〇年關門（其他原因包括對不願意或不遵守法令的業者嚴格執法）。結果是造成一九八〇年時幾乎沒有半家煉銅廠的中國現在擁有世界最大的煉銅工業。不止如此，中國還擁有世界上最好、技術最先進（而且極爲環保）的一些煉銅廠。因此，曾強森上路所購買的廢銅，過去原本可能留在美國，現在卻除了中國之外無處可去。

在廢金屬工業中，這種原料通常叫做「低級」品，低級的意義含糊卻很重要，對不同的人代表的意義不同。但是一般說來，「低級」廢料需要很多加工，包括人工、化學或機械加工，才能像我在印第安納州全方位資源公司所看到的片段銅製電線電纜一樣，變成「高級品」。對於關心回收和保護資源的美國人來說，跟「低級」廢料有關的知識中，必須知道的最重要重點是：如果這些東西沒有出口，最可能的去處是垃圾掩埋場。如果沒有便宜的勞工把銅提煉出來，那麼回收再生作業的成本就實在是太高了。台州人十分重視的馬達就是明顯的例子；但是聖誕燈飾和包在很多絕緣材料中的電纜也是這樣。

就低級廢料買主而言，曾強森頂多只能算是中型廠商，但是中型可也不小：他前一天晚上告訴我，他在本周結束前要設法花掉一百萬美元。

曾強森跟老鄉講完電話，把黑莓機放進襯衫口袋裡。他抓著車門把手，一面告訴我：「他會在電腦前面等待，我會把照片發給他。」我看看手錶，中國現在正是晚上十點前幾分，我問：「他整個晚上不睡覺嗎？」

「當然囉！有些廢料我不知道是什麼東西，只有他知道，因此我打電話給他，他是專家。」曾強森下了車，打開行李箱，裡面有他的手提箱、我的手提箱和一頂安全帽。他打開自己的手提箱，拿出一件公路建設工人穿的那種橘色安全背心，套在剛剛燙好的藍白格子襯衫上。接著他伸手去拿皮夾，拿出一張名片，塞進縫在背心上的透明塑膠袋裡。

曾強森
昇陽金屬回收公司總裁
卑詩省溫哥華

他挺直腰桿——身高大約有一百七十五公分，再撫平安全背心上的皺紋，然後關上行李箱，我們走進凱西鋼鐵金屬公司的大門。大門旁邊有一個窗戶，上面有一個文件和鈔票可以交換的凹槽，裡面搖搖晃晃的椅子上，坐了一位昏昏欲睡、戴著安全帽、穿著帶有油汙的衣服、努力避開我眼光的男性。

「你好？」曾強森透過現金凹槽說話。

一位滿臉微笑、臉上多肉的中年婦女臉孔在窗口上出現，她顯然正在跟別人談話，她開口說：「有什麼我可以效勞的地方？」

曾強森站得更挺，開心的笑著，從凹槽裡塞了一張名片進去。「早安，女士！」他每個音節都用諂媚的腔調慢慢說出來。「我是昇陽公司的曾強森！我跟麥可（假名）有約！」

我看著他，原本冷酷無情的那位廣東商人哪裡去了？這個人不是我飛到聖路易去見的人嘛。

那位女士看看名片說：「他還沒有進來。」

我看到曾強森退縮的樣子。「妳知道他什麼時候會進來嗎？」

「我看看。」說著她從窗口走開。

他的笑容消失了，低聲說道：「總是像這樣子，總是如此。」

我聽到玻璃一邊有一具電話響了起來，街道上有一具柴油引擎發出低沉的吼聲。門略微打開，出現一位三十出頭的高壯男性，他的手還放在門把手上，身體向著他來處傾斜。

「你好，曾先生，我正在發薪水。」他點點頭，比著臥房大小的辦公室中間的一張破爛眞皮沙發，說：「我會儘快回來找你。」

他走開時，曾強森露出牙齒，發出開心的笑容，說：「你慢慢來！沒有問題！」

我們坐了下來，我認真的看著曾強森。我不能想像我對什麼東西，甚至對廢料的需要會這麼迫切，以至於我會因此這麼徹底的改變自己的性格，以便確保有機會得到這種東西。

「我上星期就跟他約好了，」他輕聲說，他平常那種柔和的聲調回來了，只是其中有一點苦澀的味道。「情形總是這樣，總是這樣。」

我低頭看著破舊不平的油毛氈地板，地板上像是黏了幾十年油漬和灰塵造成的汙跡，消除不掉。頭上刺眼的日光燈光線強化了每一個毛細管裂縫、每一個翹起來的角落、每一片很久以前潑灑下來的水漬。

然而，我對這種骯髒的景象並不陌生，因為我們家的廢料場就不比這裡乾淨，而且除了冷淡的接待之外，我反而有真正回到家的感覺，我祖母和我在這樣的地方，度過我們最寶貴的時光。這裡或許有什麼人會有同樣的感覺，但是這裡沒有一樣東西，顯示這裡的任何東西對任何人具有什麼意義，沒有孩子的畫畫、全家福照片、燒了孫子臉孔的咖啡杯。

我抬起頭，接待小姐正在講電話，聊上周末的事情，還略微抓了幾下臀部。她連看都不看曾強森或我一眼，我們可能就像沙發上的墊子一樣，我看看牆上的日曆，時間慢了一個月。

「我們今天要找什麼東西？」

坐在沙發上的曾強森和我抬起頭來，穿著紅色T恤的男人，我就是這樣稱呼他，戴著安全帽，手裡拿著一塊剪貼板，居高臨下的看著我們。

曾強森回答說：「ＩＣＷ，」他說的是國際通用的絕緣銅纜線的簡稱。「還有汽車水箱的末端。」穿紅色T恤的男子交給我一頂安全帽，我們跟著他從辦公室的後門走出去，走進一間狹窄、擁擠的倉庫，倉庫兩旁放了幾十個像洗衣機大小、裝著各種廢金屬的箱子。

倉庫裡的光線很微弱，大部分都是從裝貨平台上方照下來的陽光。穿紅色T恤的男人知道我們在他後面，卻走得很快，好像很趕的樣子。曾強森卻仍然照著自己的步調走，眼睛東張西望的看著各種廢料。他在大家面前可能表現出諂媚的樣子，但是現在進到廢料堆中後，他變得毫不猶豫、表情嚴肅、專心注意四周隨機擺放的各種廢料。穿紅T恤的男人指著一箱用骯髒帆布包著的電纜說：「很多這種東西才剛剛進來。」

曾強森從襯衫口袋拿出黑莓機，放在這個紙箱上面，拍了一張照片。「電梯纜線，」說著他再度檢查手機裡的影像，才按下「發送」的按鍵。「我要發給老鄉。」他走到下一個箱子前面，箱子裡放了各式各樣五彩繽紛的各種電線。有些電線比較粗，有些電線比較細，有些附了小小的金屬連接器，有些電線已經磨損，露出裡面交纏在一起的細銅線。

在美國和歐洲，這種混在一起的電線列爲銅纜線，以單一的價格銷售。但是這種電線一旦到了中國，紅色的電線會跟綠色的電線分開來（不同種類的電線含銅比率不同），粗電線跟細電線會分開來，有連接器的電線和沒有連接器的電線也會分開來。每種電線都有不同的價格，而且經常會有自己的市場。對曾強森來說，這點事關付出每磅一美元的價格，購買內含產品定價爲每磅〇．六、〇．八、一．二和二．二美元的產品。但是就曾強森所知，老鄉比較了解中國當地的市場，也比較清楚他們爲不同種類的電線付出多少錢。一般說來，不是中國人不會知道這麼微小的市場，即使他們知道這種市場，他們也因爲語言和文化的關係打不進這種市場。因此曾強森要照相，要發給老鄉。他問：「你有多少這種東西？」

穿紅T恤的男人看看手上的剪貼板，說：「大約八千磅，果醬怎麼樣？我們很可能有一萬磅的果醬。」他指著一個紙箱，紙箱裡裝著每段切成三十公分長短、流著像凡士林一樣的東西，也顯出幾百條細電線的五公分粗電纜。這些細電線在使用期間，負責在地下傳輸大家說的電話，「果凍」是一種石油化學產品，能夠排除會銹蝕電線的地下濕氣。美國電線回收商不喜歡這種電線，因為果醬會害他們的切割設備的刀具黏在一起，因此他們把這種東西運到中國，由中國勞工用手切開，再放在水槽裡洗乾淨。

的確是低級品。

曾強森拍了一張照片，傳給老鄉，然後注意到別的東西：「啊，是聖誕燈飾。」這些聖誕燈飾散亂的放在紙箱裡，曾強森伸手去抓打結的地方，把聖誕燈飾拉起來，看看底下有沒有放別的東西。他輕聲的對我說：「品質不好，這些東西應該打包起來。」也就是說，這些聖誕燈飾應該經過壓縮，變成方形的東西，這樣就不會有別的東西藏在裝在紙箱裡的聖誕燈飾底下。曾強森看看穿紅T恤的男人說：「或許價格應該低一點。」

穿紅色T恤的男人回答說：「不行，聖誕燈飾就是聖誕燈飾。」

曾強森看著箱子，舌頭發出聲響，他想買下這些東西。

穿紅T恤的男人繼續往前走，「我們的鋁銅汽車水箱（ACR）末端放在這裡。」

曾強森走到一個紙箱前，紙箱裡放的東西，好像是由一束長條銅管編織在一起的很多三十公分長金屬片。金屬片是鋁做的，銅管裡面過去是汽車水箱液體流動的地方，汽車水箱現在在別的地方，可能已經賣給煉鋁廠；這些東西是鋁銅汽車水箱末端，十分適於像中國這樣擁有廉價勞工的市場，由人工負責把環狀的銅管從鋁當中剪下來。

「你有多少？」曾強森一面照相，一面問著。

「大約一萬磅。」

接下來的十分鐘裡，穿紅色T恤的男子叫曾強森看有線電視電纜（曾強森沒有興趣）、有線電視機上盒（曾強森很有興趣）、電力纜線（曾強森非常有興趣），和最後遭到丟棄、但是從來不被大家視爲家庭垃圾的其他基本日常生活用品。曾強森爲每一樣東西照相，還小心的寫下可以供應的數量。

穿紅色T恤的男子問道，「我們的東西夠裝一個貨櫃嗎？」

這個問題很重要，曾強森要運到華南、交給老鄉的四十呎貨櫃可以裝一萬八千公斤。但是其中有個難題，就是把貨櫃從一處廢料場運到另一個廢料場的成本很高，表示貨櫃只能在一個廢料場裡裝滿貨物，也表示曾強森必須在凱西鋼鐵金屬公司，買下一萬八千公斤的廢金屬，不然就是什麼都不買。這點使他們的交易變得很麻煩，因爲即使曾強森覺得汽車水箱末端和銅纜線非常值得買，他也不能買下這些東西，除非這兩樣東西加起來有一萬八千公斤。因此，雖然他可以從他眞正想要的東西上賺到錢，卻可能必須在某些材料上虧損。他一面在筆記本上寫字，一面抿著嘴唇說：「我們仍然需要四千五百公斤，加一些聖誕燈飾如何？你想把那些東西賣掉嗎？」

「我們到辦公室去，我會看看我們已經有多少東西了。」

我們跟著穿紅色T恤的男子回到辦公室，在破舊的沙發上坐下來，但是我們沒有時間放輕鬆，因為曾強森的黑莓機上閃著老鄉的電話號碼。「一定是有了一些新的價格，」說著他回電話，他們的談話不到十秒鐘就結束了，他掛電話時告訴我：「老鄉今天很愼重，行情下跌，但是我們會試一試。」

這時他打開筆記本，拿出一張印著「訂貨單」字樣的紙張，訂貨單的樣子很粗糙，顯然是在家裡用個人電腦印的，上面除了曾強森的名字和公司名稱之外，也包括物料、重量和價格三個重要的欄位。他慢慢的寫下下面這些字：

含銅果醬電線　一萬磅　五五
沾油電線　五千磅　一三五
二號銅纜線　八千磅　一五〇

他要寫第四樣東西時，接到了老鄉打來的另一通電話，又是短短十秒鐘用廣東話像機關槍一樣快速的對話，不管老鄉說了什麼，都足以讓他把第一樣果醬電線的價格劃掉，把價格提高為〇．五六美元。他另外寫下了七樣東西，到他寫完時，他計畫要買接近六萬美元的舊電線和舊五金。他擔心的說：「今天的競爭力可能不足，不過我們還是要看看結果。」

穿紅色T恤的人看看屋角，說：「史都等一下會來看你，曾先生。」

曾強森點點頭，說：「過去我們在這座廢料場裡，一次就可以買到五到八個貨櫃，現在能夠買到一個就算幸運了，競爭變激烈了，有些日子裡會有兩、三組（中國籍）買家來這座廢料場。現在是賣方市場。」

我回答說：「這裡是廢料業的沙烏地阿拉伯嘛。」

「大概吧，」他點點頭說：「大概是吧。」他把雙手放在膝蓋上，深深的吸了一口氣，然後從黑莓機裡，找出倫敦當前的價格。有一陣子裡，辦公室裡靜了下來，只能聽到牆壁另一邊的機器隆隆作響。

我跟曾強森在路上跑了六天，到處收購能夠裝滿一貨櫃的廢金屬（每個貨櫃的價值最高可達十萬美元），我們在華人開的餐廳裡，吃特別的菜色，睡在紅屋頂客棧（Red Roof Inns）裡，有些日子裡，我們開了六小時的車，才發現別人承諾要賣給曾強森的廢料在幾個小時前，已經賣給第一位到處亂跑的中國買家；有些日子裡，曾強森花非常多的錢買廢料。然而，廢料場通常只是我們開車跨州越縣途中、漫長而深入談話的中間休息站。

曾強森告訴我，天天在公路上開車，可能讓你覺得寂寞和洩氣，尤其是你已經這樣做了五年，他太太和兒子住在溫哥華，但是他一年只跟他們在一起半年，其他的時間都開著租來的車子，在美國各地亂跑，購買廢料和思考。他告訴我，「過去幾年我花了太多時間思考生活、工作和家庭，我甚至想要信基督教。」最後讓他的痛苦減輕的東西不是宗教，而是閱讀艾克哈特．托勒（Eckhart Tolle）的大作《當下的力量》（*The Power of Now*），以及看到老鄉在全美公路上和汽車旅館中所顯示的有力範例。曾強森說：「他非常孝順，每次進入旅館房間，他第一件事情就是打電話給他媽媽，我從他身上學到很多，學到不必擔心我無法擔心的事情。」

然而，有一點是他現在每天、偶爾甚至每小時都一直必須擔心的事情，就是到哪裡去吃飯。早年他在路上奔波時，這個問題可以靠著翻電話簿解決，近來他的衛星定位系統裡，滿滿的都是到全美最好中國菜餐廳的方向。我們停下來時，很多餐廳老闆都記得他，更記得老鄉，他們告訴我，老鄉很有魅力。

但是即使經過這麼多年後，曾強森的衛星定位系統中偶爾還會出現空白。

例如有一天晚上，我們開在西維吉尼亞州的鄉間，我們兩個都很餓了，但是曾強森的衛星定位系統中沒有半點資料，我努力尋找速食店的標誌。

「呼特斯（Hooters）餐廳！」曾強森叫了起來。

前面出口匝道的上方有一個明顯的霓虹燈標誌，照亮了阿帕拉契山脈的夜空。

「眞的嗎？」

「當然！」他把車開上出口，同時跟我解釋說，他的美國客戶經常帶他到這家餐廳吃中飯，他眞的很喜歡那裡的辣雞翅。

我們在餐廳裡坐下來後，我刻意告訴他，「噢，現在中國也有呼特斯餐廳了。」

他看看過來招呼我們、穿著緊身背心和跑步熱褲的女服務生，問道「她們也這樣穿嗎？」

「沒錯。」

「嗯。」

這不是曾強森住在廣東汕頭時所想像的前途。他父親是著名的農業科學家，他提到他時，總是覺得驕傲和敬佩；他心愛的媽媽是農民。曾強森是好學生，科學學科的成績特別好，一九九一年他獲得高分子（塑膠）科學學位。當時年輕的大學畢業生不需要找工作，政府會爲他們指派工作，因此，曾強森就到國營石油公司中石化旗下的塑膠膜廠工作。他告訴我，「我一開始當工人，然後升爲督察，再升爲部門副主管，然後升爲副總經理。我從行銷部門調到財務部門，這座工廠有五百個員工。」

到了二〇〇一年他再度升官，而且獲得創設另一座工廠的機會，用今天的標準計算，這座工廠的價值大約爲一千二百萬美元。他自問道，「這麼說來，我爲什麼會移民加拿大呢？我不想離開中國，我喜歡那種成就感，這種感覺對我非常重要，甚至比金錢還重要，我有自己的公寓、汽車，薪水很高。沒有人相信我會離開。大家都說：『你很年輕，很有前途。』然而，也在化學工廠服務的曾太太對那種臭味已經感到厭煩，對她的工作和中國也感到厭煩。同時，她的很多朋友都已經移民加拿大，告訴她在西方國家的生活更好。「因此我說『我們也這樣做吧，我們也改變一下吧。』」

這些地方都不難。

曾強森從努力上進、在中國國營企業保證前途無量的年輕人，變成在溫哥華打雜工的人。一開始，他在溫哥華當房屋裝修包工，然後跑到中國城賣水果，接著在超級市場的乳品部門工作了幾年。到二〇〇六年的某一天早上，他看中文報紙時，看到一個徵求「交易員」的廣告，廣告中既沒有提公司的名字，也沒有提工作性質。他回憶說：「那個工作對我來說似乎很好。交易員，這是我最喜歡的工作！做的是行銷！」幾星期後，他跟溫哥華一家中國廢金屬購料公司的主管面談，他們要找人加入他們的業務團隊，好在北美洲四處搜購廢金屬，他們提議工作三個月，給他一千二百加幣的薪水，如果工作要他到美國出差，外加三百美元的獎金。他自問自答的說：「我在超級市場裡，可以替家人賺更多錢的時候，爲什麼要接受這個工作？因爲我想到幾年前中國回收塑膠的情形，因此我認為，這個工作是個學習和出發的好機會。」

他的新老闆訓練了他一星期，就派他開著租來的車子上路採購。「我應該要採購我連英文名字都不知道的東西！」難怪他第一星期的成績慘不忍睹，什麼東西都沒有買到。但是曾強森很精明、很小心、又勇氣十足，隨後的三個星期裡，他很努力，為新老闆買了三十一個貨櫃的廢料，全部價值超過七十五萬美元。到二〇〇八年，他對這一行已經夠了解，在工作上也很成功，因此可以考慮離開公司、自行創業。就在這個時候，當初雇用他的公司裡有一個跟他同鄉的員工，也在考慮自行創業，他跟曾強森不同，自己在廣東擁有一座廢料場，可以接收曾強森運去的東西。這時我們的車子正開在肯塔基州，他告訴我，「我跟老鄉獨立門戶後，在路上跑了七個月，有一次，我跟老鄉在路上跑了七星期，沒有回家半次。」

「你們買了多少廢料？」

他想了一想後說：「幾百、幾千個貨櫃。」

意思是幾百萬、幾千萬美元。

我們在聖路易凱西鋼鐵金屬公司等了五分鐘，接著又等了五分鐘，但是沒有人來拿曾強森的購貨單，我們等待時，他研究倫敦的價格，接著又看芝加哥的價格。他問我中午吃中國菜好不好，我當然告訴他沒問題呢。

「曾強森嗎？」一個聲音大聲叫著：「快進來！」

曾強森從沙發上站起來，大步走進角落的辦公室，辦公室裡有一張骯髒的大桌子。長得健壯、留著捲髮的凱西公司創辦人史都．布拉克（Stu Block）像廢金屬王國的國王一樣，背部完全向後靠，坐在一張辦公室椅子上。房間裡還有另外三個人，他們都開心的笑著，好像他們剛剛說了一個特別骯髒、他們承諾不告訴別人的黃色笑話，結果曾強森用「你好，長官！你今天好嗎？」這句熱情的招呼，徹底粉碎了這種男性荷爾蒙助長，卻又有點諷刺意味的氣氛。

「很好，強森。」布拉克的眼睛轉向我，問道：「你的朋友是什麼人？」

曾強森介紹我是記者，跟著他跑的目的是要了解中國廢料貿易商的生活。布拉克一聽到他提到「記者」，就大為興奮，告訴我，有一天麥克．羅伊（Mike Rowe）的《幹盡苦差事》（*Dirty Jobs*）的節目曾經到他的工廠來，拍攝工廠的一角。他告訴我，這位節目主持人在自己的工作襯衫上簽名後，他們甚至把這件襯衫裱框起來，掛在辦公室裡。

「我要去看一看。」我告訴他。

「你應該去看的！」他轉頭對曾強森說：「總之，你今天找到了什麼東西？」

曾強森把購貨單交給他，布拉克瞄了一眼，臉上帶著狂傲的笑容，說：「好，我考慮一下，我必須看看市場行情如何，晚一點我會叫人打電話給你。」

我看看曾強森，又看著布拉克，他對曾強森出六萬美元，要買他在美國根本賣不出去的東西，就是這樣反應嗎？他到底能夠把這些聖誕燈飾賣給什麼人？

「謝謝你，長官！」曾強森說：「晚一點我會打電話來。」

「保重，強森。」

我們走出辦公室，一走到人行道，我就忍不住說：「他幾乎沒有看你的價格！老天爺啊，他沒有興趣嗎？」

「大概沒有興趣，有太多其他買主了，我敢說，昨天有別的買主來過這裡，今天他們的廢料沒有平常那麼多。」他打開車門，把安全帽和背心放在後座上。「沒有關係，明天我們會在他們之前，趕到什麼地方去。」

我們坐上車後，他伸手到雜物箱裡拿衛星定位系統，衛星定位系統裡有幾十家廢料場的名字，是曾強森的客戶名單，他輸入我們要去訪問的下一家廢料場。

我告訴他：「看到這麼多聖誕燈飾，我覺得很驚訝。」

他回答說：「美國是浪費大國，他們生產了這些東西，卻沒有辦法回收再製，對大公司來說，聖誕燈飾裡的銅純度不夠……拿來切碎划不來，因此我們才會買這種東西。」

我沒有地圖可看，就不知道我們現在在聖路易市的什麼的地方，我們可能在任何地方，但是曾強森似乎沒有迷失方向，衛星定位系統是他英文版的靈感來源：衛星定位系統說左轉，曾強森低聲的回答，好像是自言自語，「噢，眞的嗎？」他沉默了一會兒，歎著氣，然後看著我說：「你現在可以看出中國廢料貿易商的日子多難過了吧！」

曾強森是好駕駛，毫不質疑的遵照衛星定位系統的指示，轉彎時總是會打方向燈，而且嚴格遵守速率限制。我們接近聖路易鬧區時，我分心去看聖路易紅雀棒球隊的根據地布希體育館，這時聖路易拱門的半圓形大門讓我想到汽車水箱末端的銅管，然而，我轉頭看曾強森時，他的眼睛卻看著馬路。「你曾經到過那裡嗎？」我指著拱門問他。

「沒有，我來這裡二、三十次了，卻從來沒有去過那裡。」

「你休息時都做些什麼？」

「如果我跟老鄉在一起，我們會在中國餐廳吃晚飯，然後回旅館，之後他會把所有的空閒時間用來和他家人在線上聊天，還看中文電視節目，就好像人在中國一樣。他太太為他做了地瓜乾，讓他在路上吃。有一次我們到麥當勞吃東西，後來他卻病了三天，因此現在我們只吃中國菜，不過薯條也沒問題。」

「眞的嗎？」

「以前他比較常跟我一起出去，但是我用黑莓機後，他可以留在家裡陪家人，只要等相片就好了。」

說曹操曹操到，曾強森的電話響了，還顯示是老鄉打來的。「或許他要告訴我一些新的價格，我要接一下。」但是他回答時電話卻斷了，曾強森因此想到別的事情。「我們一起走了非常遠的路，每次旅程結束後，我都會親親車子。」他拍拍駕駛盤，說：「謝謝你讓我們一路平安。」

老鄉又打電話來，這次電話接通了，曾強森的聲音變得低沉了，他恢復用廣東話說話。照曾強森的說法，老鄉早上都和買廢金屬的客戶喝茶，閒聊朋友、家人和經濟狀況，因此到了吃中飯的時候，老鄉已經知道他希望曾強森買什麼金屬，知道他願意付多少價錢。老鄉的故鄉沒有華麗的交易大廳，只有工廠和喝茶的場合，這一切都非常簡單，在決定美國舊電話纜線、聖誕燈飾和丟進櫥櫃與垃圾堆裡的其他東西的市場行情上，具有非常重要的地位，而且每天都要決定。

星期二早上六點半，曾強森和我離開路易斯維爾，前往印第安納波里斯。這段車程要開兩個小時，為了節省時間，曾強森下了高速公路，開進溫蒂漢堡的得來速車道買早餐。這件事讓他覺得難過；他喜歡在超級八號（Super 8）、紅屋頂客棧和其他平價連鎖汽車旅館裡吃免費的早餐，但是我們已經晚了，而且坦白說，我很高興不必再吃一頓廉價、不熟的香蕉，以及汽車旅館油膩的「藍莓」瑪芬。

我們一面開車一面吃三明治早餐，曾強森告訴我，他偶爾會想到要設立自己的倉庫，以便包裝和重新包裝他在路上奔波時買到的東西，倉庫很可能會設在北卡和南卡兩州。但是我們討論這件事時，他認定倉庫一定會變成處理廠，他不希望跟美國的廢料場競爭。目前這些廢料場是他的客戶。

「你呢？」他突然問道：「你是否想過要踏入這一行？」

連這個問題都讓我想起老家，我祖母幾個月前過世了，我第一次想到，即使我踏入這一行，也不會有人端著裝在罐裡的猶太麵包丸子湯給我當早餐了。這件事我不能告訴曾強森，因為這樣表示我必須向他解釋家父的情形。因此我告訴他，這件事其實要看我未婚妻克麗斯汀而定，她對廢料所知還不多，因此我們還要觀望一下。

我們開到印第安納波里斯南邊時，他把車開下高速公路，開進高速公路旁邊一棟好幾層樓高的嶄新倉庫建築。我從招牌中可以看出來，這座倉庫屬於索羅特金（J. Solotkin）。我們走進大廳時，我覺得好像進入了保險公司的辦公室而不是進入廢料場。布萊恩．納奇利斯（Brian Nachlis）招呼我們。納奇利斯精力充沛，四十多歲，是擁有這家企業的家族成員，他熱情的招呼曾強森，還告訴我，「我們喜歡曾強森和老鄉，我們一起做生意多久了？大概五、六年了吧？」

曾強森在納奇利斯面前很自在，沒有昨天那種卑躬屈膝、搖尾乞憐的腔調，這種樣子正是我所知道信心滿滿、準備交易的曾強森。

納奇利斯帶我們走出辦公室，走到公司新蓋三層樓高、占地兩個街口那麼長的倉庫。倉庫四周有條不紊的排滿裝各種金屬的桶子、箱子和籃子，穿插了處理金屬的機器和工人。

這座倉庫管理良好，我們走過去時，納奇利斯彎腰撿起一個裝奇多食品（Cheetos）的塑膠袋，把它放在垃圾桶裡，然後他停在一桶主要裝水龍頭的浴室用品廢料桶旁。這些東西是銅做的，但是也受到鋼鐵和鋅做的零件汙染，沒有一家美國銅業廠商會在這種「不乾淨」的狀況下，接受和熔解這些東西；因此這些東西不是送到勞工很便宜、能夠拆解和分類這些受到汙染金屬的地方去，就是要送到垃圾掩埋場去。納奇利斯告訴我，「這就是我要賣給曾強森的東西……」曾強森拿著黑莓機拍了一張照片。

接著，我們停在好幾個像裝洗衣機紙箱一樣大小、裝著水錶的箱子旁邊，這種廢料跟銅電纜之類比較有價值的廢料一樣，是公用事業公司丟掉的東西。但是如果索羅特金公司希望接收高級廢料，也必須接受低級的廢料。水錶列為低級廢料，因爲水錶中雖然包含一些很好的銅，但是水錶箱裡卻也包含一些必須拆掉、才能得到銅的東西。曾強森拍了一張照片，納奇利斯拿起一個水錶，用兩隻手捧著給我們看，告訴我說：「曾強森教我們之前，我們通常都把這些東西丟在垃圾堆裡。」然後他笑著對曾強森說：「但是也請你記住，過去一磅銅的價格只要六十美分。」

曾強森大笑著說：「今天的價格超過三美元，因此大家當然比較注意銅廢料！」

我心想，銅價會上漲，主要是因爲中國的龐大需求造成，因爲像老鄉這樣的人想到努力花功夫下去，可以從美國人不想要的東西中創造出價值來，如果沒有他們的努力，這些水錶應該會送到垃圾場去。

後來我們回到車上後，我問曾強森，他和老鄉是不是真的教索羅特金公司跟水錶有關的事情。

他點點頭說：「當然是真的！美國很多廢料場把品質良好、我們可以買來運到中國的廢料丟掉，這個工作中有一部分是要教導他們什麼東西是好東西。然後你在處理這些材料時，會變成夥伴。」他心情很好，納奇利斯賣給他一貨櫃價值五萬美元的廢料，他已經打電話，把這個消息告訴老鄉。

同時，衛星定位系統指引曾強森，開三十分鐘的車子，到下一個約會地點。結束那裡的行程後，我們到市區北邊，到曾強森喜歡的一家中菜自助餐廳吃中餐，然後回頭南下，準備開三小時的車到肯塔基州的雷克辛頓。

曾強森說：「今天晚上我們要住在辛辛那提，明天早上我們在那裡有個約會。」

我看看他，這就是他每年要做半年的工作，這種工作給人無休無止的感覺，而且實際上也是這樣：任何時候，總是會有一家廢料場有更多的廢料要賣，任何時候，中國總是會有一家工廠需要一些東西熔解，以便製成新的產品。如果曾強森不能填補這種缺口，別人也會這樣做。我看著他，想到他說過，他不是今天唯一奔波在路上、收購廢金屬的中國買主；路上至少還有另外一百位買主在奔波。

我們從辛辛那提出發時，曾強森告訴我，我們要開幾個小時到俄亥俄州的廣東（Canton）去，然後向南直奔幾百英里到北卡和南卡州去。「我也想去克利夫蘭卻沒有時間，不過話說回來，我跟老鄉一起去那裡比較好，他了解那種東西。」

第八章
厲害老鄉

我和曾強森在路上一星期的奔波結束後一個月，計畫前往廣東爲我寫的這本書採訪一些廢料場。我希望在這次廣東行中，跟曾強森的買家老鄉見面，曾強森說，在我們上次的奔波中，我是他的「幸運符」，因此很高興的替我安排這次會晤。結果我發現，我跟老鄉幾年前曾經見過一次面，但是因爲我們都處在一群人中，因此沒有機會談話。

這次會面安排在某一個星期六接近中午的時候，見面地點是我住的旅館。老鄉的兒子賴文在旅館大廳裡等我。他才二十出頭，身材微胖、和藹可親，會說英文，是他父親事業中重要的一員。我們握手時，老鄉從旋轉門中出現，雙手放在黑色風衣口袋裡。老鄉的眞名叫做賴火明，他爲人謙虛、身材中等、顴骨很高、嘴唇豐厚，滿頭的頭髮整理的層次非常分明。二十年前，他開始在廢金屬業致富前，原本是個理髮師。今天他像大部分的時間一樣，看起來仍然像是剛剛結束一天的工作，離開理髮店一樣。老鄉不會讓人激動，反而會讓大家覺得安然自在，他開心的笑著告訴我，「你比上次胖了一點。」

我聳聳肩，這種話中國人說起來沒有惡意。

老鄉今天像平常一樣，表現出鎮定自若的樣子，就只利用自有資金操作巨額交易的商品交易商而言，這種態度不是壞事。這點老鄉與衆不同，這麼多年來我所見過的大部分中國獨立廢料交易商都顯得十分焦慮，菸一支接一支的抽，等不及要吃晚飯，用烈酒撫平廢金屬價格劇烈波動造成的壓力。但是在其他方面，老鄉大致上是典型的中國廢料交易商，是白手起家、不斷奮發向上的人。如果沒有他和跟他一樣的其他人，美國的垃圾掩埋場裡丟棄的印表機電纜、USB電纜和電話纜線應該會多多了；如果沒有他，中國的公司應該會開挖更多的礦場，而且中國如果沒有便宜的原料，應該會比現在還貧窮。

「我們可以走了嗎？」賴文問。我們走出旅館，坐上老鄉裝著淺色玻璃卻又髒兮兮的黑色本田車。擁有老鄉這種身價（甚至身價比他少多了）的大部分中國廢料業者，都請有司機，但是幾年前老鄉在廣東到處跑，向富有的台灣進口商收購廢鐵時，還是騎著自行車，後來才改騎機車。他像許多白手起家的人一樣，不能安於讓別人控制自己的速度。

賴文坐在前座，從背包裡拿出一台iPad平板電腦，大笑著說：「這是我們的衛星定位系統。」接著他拉出一幅地圖，我們的位置顯現在上面，接著他對父親說起廣東話，指引他父親向公路開去。

二〇〇九年時，我跟老鄉見過一面，不久之前的二〇〇八年全球金融海嘯爆發時，曾經造成廢金屬市場有史以來最快速、最嚴重的跌勢（當時美國和中國消費者都不再購買新產品，原料價格因此崩盤），某些級別的廢料在幾星期內，跌價高達九成。我不知道當時老鄉是否冷汗直流，但是當時他和現在一樣鎮定。後來有人告訴我，他在這次崩盤中，把自己可觀的個人財富虧掉將近一半，但是並沒有虧掉全部的財產。有人肯定的告訴我，他在一年半內，就把所有的虧損都賺了回來，這點顯示他是高明的廢料交易商，也是魅力十足的業務員，更重要的是，這點顯示中國對金屬的需求難以滿足。

今天如果市況正常，他和曾強森每個月可以輕鬆的買賣五十個貨櫃以上的廢金屬。有些貨櫃的價值高達十萬美元，有些貨櫃的價值低到大約一萬美元。貨櫃從美國運到中國經常要花六星期之久，老鄉卻有財力、也有不斷購買的勇氣，無視於市況激烈波動，可能使一貨櫃廢料從聖路易運到廣東清遠市期間，價值可能下跌四十%。

他就是這麼厲害。

我們的右邊是廣州市，我可以看到俗稱「小蠻腰」的廣州塔，廣州塔高六百一十公尺，是中國最高的建築物。我們前進時，看著一長串青色的倉庫飛過去，我的眼睛變得很愛睏，每座倉庫都容納了一座工廠、一種產品和中國經濟引擎的一部分。

「你看到那邊了沒？」賴文問。

我轉頭看著薄薄細細的水泥平台，將來高速火車要在這種平台上，花四小時的時間，從廣州開到北邊一千公里外的武漢。我們的車子往北開時，水泥平台的柱子還在灌漿，沿線甚至還有很多地方連水泥平台都還沒有鋪好，但是將來一定會鋪好。從二〇〇七年起，中國已經開通超過三千二百公里的高速鐵路路線。老鄉或賴文都沒有忘掉，每一條高鐵路線都需要鋼鐵以便生產軌道，需要銅和鋁以便生產無數公里的電線，中國對曾強森所採購所有美國廢料的需求，在窗外清晰可見。

開了一小時後，老鄉把車子開向通往清遠的高速公路出口，我們在高速公路上時，可以看到對面正在興建的住宅區計畫、傾卸車和載運鋼結構的平板拖車。我從窗戶望出去，可以看到農民背著收成，也可以看到小小的一人座皮卡車後面載的收成。老鄉開著本田車輕鬆的超越他們，卻又碰到一輛載了重貨、車身壓得很低的卡車，車上載著的銅製電線在陽光下閃閃發光。貨車的隔壁車道上是另一輛超載的小型農業用貨車，後面載著彎彎曲曲、已經切開、剝掉銅電纜的塑膠絕緣材料，我們超車過去時，這些貨物在微風中起伏，卻被綁貨的繩索壓住。

老鄉告訴我，一九八〇年代中期，台灣廢料業者把回收業引進清遠，當時台灣的工資上升，法規管理壓力提高，再也不可能焚燒廢料業者從美國進口的電線和馬達，他們必須推動機械化或外移，因此他們遷移到華南，改在清遠回收這些廢料。清遠有很多勞工，他們在考慮所有的問題後，願意為超過務農為生水準的低落工資工作。更好的是，清遠夠偏遠，可以避開北京和廣州環保主管機關的稽查，卻仍然可以靠著河流和鐵路，跟廢料的卸貨港保持相當密切的關係，同樣的這種關係把廢料處理業者跟把廢金屬製成電線、電纜和基礎結構的生產廠商結合在一起，合力推動中國經濟成長二十五年。急於爭取外國投資和廉價原料的廣東省政府鼓勵這一行，汙染是事後才會想到的事情。

老鄉開了一家廢料場，但是近來這家廢料場大致上只限於接收和展示他從美國進口的廢金屬。每天早上，清遠附近較小廢料場和工廠的採購人員會來這裡採購。到了接近中午時分他就可以坐下來，跟朋友、家人和客戶（這三種人的界限經常很模糊）坐下來喝茶，了解經濟的變化，一天的工作大致就結束了。這種日子很好過，壓力遠比出錢雇用員工處理廢料小多了。這種事情讓別人做就好。

路的右邊有一些破舊的度假旅館還在大打廣告，宣傳可以到清遠著名的溫泉泡湯，我們一開過這些旅館，就可以看到一個龐大的公寓建案，工地後面樹了一塊英文看板，說明這個建案叫做巴登溫泉。四百公尺長的圍籬上，有很多高一．八公尺的歐洲式泳池邊歡樂景象的相片。圍籬後面可以看到綿延的山丘和遠處的高山。山丘上種滿了樹木，再開過去，卻又是沒有樹木遮蓋的地方，到處可以看到別人在上面挖掘的坑洞，他們挖開紅土、採集砂子，作爲建築材料。我們經過很多批發電線電纜的商店，他們的交易對象都是這個地區蓬勃發展的住宅營建業者，我望著商店後面比較遙遠的山丘時，想到這個地區過去的景色一定十分秀麗。

我問老鄉，當初他怎麼會放棄理髮，踏進廢料業，他聳聳肩說：「我只是跟著別人的腳步，進入這一行。」家人借給他大約五千美元的資金讓他創業，他跑到附近的東莞和深圳，向台灣貿易商購買他最初進貨的一些貨品。今天這兩個城市是中國製造業心臟地區的左右心室，推動整個廣東省和中國的成長。但是當時這兩個地方只是剛剛冒出頭的新興城市，聰明又有野心、能夠忍受風險的理髮師可以在這個地方開始發家。老鄉告訴我，「當時廢料比較容易買到，也比較便宜。」當時銅價是每磅〇．六美元，價格可能有〇．一美元的起伏，大約花個一千二百美元，就可以買到一卡車從美國進口的舊馬達和電冰箱壓縮機。老鄉就是在這麼早年的時候，直接學到不同電纜電線之間含銅比率的差異，例如用綠色塑膠包覆的四分之三英寸電纜和用黑色塑膠包覆、內含單線的相同規格電纜之間含銅比率的差別。這就是爲什麼曾強森半夜從美國廢料場發送相片，老鄉只需要看一眼就可以打出價格，然後上床睡覺的原因。這就是他經手剝電線電纜學到和賺到的專業知識。

老鄉把本田車停在清遠金田公司大門外，清遠金田是中國最大的廢銅回收廠商之一，也是老鄉最大的客戶之一。

一位骨瘦如柴的警衛走了出來，彎腰看看擋風玻璃，看到老鄉的臉孔，就揮手讓我們通過。

清遠金田每年處理的含銅廢料超過四千五百萬公斤，也就是每天大約處理六個貨櫃。當然，並非所有含銅廢料都相同，像聖誕燈飾之類的廢料含銅比率爲二十八％，有些廢料含銅比率比較高。但是目標總是相同：就是要把聖誕燈飾之類每磅成本〇．五五美元的東西變成每磅三．一二美元的東西——這個價格正是我拜訪清遠金田公司那一小時內，每磅純銅在倫敦的報價。主導清遠金田公司經營的價格和原則，跟主導全中國和開發中國家廢料場的價格和原則相同，唯一的差別是清遠金田的規模大多了。但是有一件事情我已經很肯定，就是不管我在這裡會看到什麼，規模都會比以前我在別的地方看到的大。

老鄉把車停好，我們下車時，一位身材矮胖、長著一張普通娃娃臉、留著一頭自己剪得不平整披頭（老鄉有沒有注意到呢？）的年輕人，從玻璃門後走出來。他穿著一件下端向後張開的廉價黑色皮衣，帶著別人替他安排好人生前途的那種趾高氣揚、目空一切的表情，事實上，他的確是這種人，他是這家公司董事長的侄兒。我從他背後的玻璃門看進去，可以看出他的祕書是個弱不禁風、穿著迷你裙和黑色高跟鞋的美女。我敢說，她在這裡人地不宜，但是我已經看過夠多像這位董事長侄兒的人，知道從他的角度來看，她在這裡人地十分相宜。

老鄉和董事長的侄兒用廣東話熱切的交談，我隨意看看這間空蕩蕩的大辦公室，這個地方就像沒有人在裡面一樣，給人荒廢的感覺。唯一有生氣的跡象是有幾位穿著制服的男人，在停在倉庫旁邊的一部卡車上，認眞努力的檢修卡車引擎。除了老鄉的聲音外，你幾乎聽不到別的聲音，只有遠處一台機器磨碎東西的聲音偶爾會傳過來。

一位剛剛滿二十歲、穿著灰色制服的年輕人開來一輛高爾夫球車，車上有三排座位，我坐在最後一排，旁邊坐的是賴文，前面坐的是老鄉和董事長的侄兒，我們迅速繞過辦公室前的車道，經過一輛載來國外貨櫃的貨車，開上一條寬闊的道路。我們的左邊有一座倉庫，我們快速通過時，我看到燦爛輝煌、壓成一大包的銅發出溫暖的反光，這些東西很可能要送到清遠其他地方某家公司的熔爐熔解，然後賣給某家製造廠商熔製成新產品。我們的右邊是另一座倉庫，這座倉庫顯得比較陰暗，有一些人坐在成堆的電線中，我們的車子開過去，把他們拋在後面。

前面有一堆幾百塊美國交通標誌堆起來的東西，標誌有綠有白、有名詞也有動詞，包括「轉彎」、「街道」、「停留區」、「併入道路」、「高速公路」和「堪薩斯」。我希望能夠停下來看清楚一點，好知道這些標誌從何而來，但是我想我們知道的已經夠多，知道這些標誌來自鋁銅合金需求沒有中國這麼迫切的美國。

突然間，我聞到廢料場的味道，金屬集中在一起產生的那種嗆鼻味道讓我想到我祖母，她就算不睜開眼睛也會知道我們身在什麼地方，如果這種味道不能告訴她，鐵鎚敲在金屬上的乒乒乓乓聲音，也會告訴她我們是在什麼地方。

我們快速通過一個裝貨門，開進有幾百英尺長的寬大倉庫，我們左邊有很多堆由馬達堆起來的一大堆黑色的東西，馬達後面有六個男人坐在矮塑膠板凳上，拿著鐵鎚，敲開馬達，我在這種地方看過男人和馬達的景象大概有二十次了。我們的高爾夫球車車速暫時慢了下來，我看到他們用鉗子、夾子和螺絲起子，拉出馬達裡面的細銅線，堆在旁邊，看來就像理髮店地板上看到的紅色頭髮一樣。

接著，董事長侄兒的高爾夫球車就這樣轉過一個髮夾彎，衝出這座倉庫，開過空地，停在另一座倉庫的裝貨門前。這次董事長的侄兒建議我們下車走路，我很高興這樣做，因為我看到我前面幾百英尺的地方，有很多堆分散的電線電纜，有些電線堆像腰部一樣高，有些電線堆像下巴一樣高，呈現出一堆又一堆類似經歷高科技大災難後形成的很多山丘，兩座電線堆中間的凹處有成群的中年男女工人。女工把一條、一條的電線電纜，放進像餐桌一樣大小的機器裡，讓機器從頭到尾、沿著絕緣塑膠切開來。電線從另一端出來時，男工抓起電線，沿著切開的地方，把絕緣塑膠扯下來，把純電線丟成一堆，把絕緣塑膠丟在另一堆上。

我在四大洲，在各個窮國和富國，都看過這種機器，看過像這裡一樣的剝皮作業。我來拜訪老鄉前幾個星期，曾經和曾強森一起，到聖路易市看過一座這樣的工廠；幾個月前，我曾經在印度拜訪過好幾家這種工廠。這種過程很簡單，既不屬於高科技，也不是低科技的東西，只是普通科技而已，卻是成本最低、能夠把電線從絕緣塑膠中抽出來的科技（只要電線夠粗，能夠放進剝皮機裡）。

有趣的是，如果你走進這座倉庫，問其中一位女工她妹妹在哪裡，她會指著她對面的女性；如果你問她先生在哪裡，她會指著正在把她放進剝線機裡的電線拉開來的人。如果你問她父母在哪裡，她會告訴你另一個城鎮的小鄉村名字，那個地方最好的經濟機會還是把種子種在田裡，賺取比維持基本生活高一點的工資。她在清遠金田公司裡，每個月大約可以賺到四百美元，有時候會賺得更多，如果她把薪水跟親戚的薪水合在一起，她們很快就會有足夠的現金，在老家蓋一棟房子，繳交小孩子的學費。

老鄉沒有想這些事情，卻看著一堆又一堆像吐司麵包一樣大小、已經切開、剝離絕緣塑膠、露出裡面同樣豐富內容、已經捲成圓形的閃亮銅線。這種銅線很漂亮，是藏在堅硬黑色塑膠殼裡的閃亮骨肉，只需要有人把這種東西挖出來而已。

董事長的侄兒告訴我們，他正在等待德國一家大型廢料公司的客人，因此我們的行程必須略微加快一點。我往旁邊看，看到一扇約高三公尺多的牆壁，堆著由印表機電纜帶狀排線、滑鼠、USB扁線和資訊時代其他碎屑壓在一起，變成像休閒椅大小的方塊。你會覺得，自己好像站在充滿貝殼化石的懸崖峭壁前，只是這裡的化石只有五年的歷史，而且形成蛇狀。我看到自己曾經在百思買（Best Buy，一家美國的消費電子零售商），用二九．九九美元買到的微軟滑鼠，也看到我在同一家店裡用高達三九．九九美元買到的舊印表機電纜。

五年前，這些電纜都會由人整理、測試，準備在全亞洲的二手貨電子產品市場轉賣出去。但是中國消費者現在變得比較富有了，他們像美國人一樣，越來越喜歡新產品、越來越不喜歡二手貨，原本可以在中國再度利用的東西現在會切成碎片重新熔解。

「來這裡。」賴文指點我繞過這座懸崖峭壁，來到另一套四條輸送帶旁邊，這四條輸送帶把小到無法剝皮的電線，例如滑鼠電纜、USB扁線和薄薄的帶狀排線，送進好像翻覆的福斯金龜車一樣大小的切碎機裡。銅線和絕緣塑膠碰到切刀時會發出低沉的吼聲，然後這些電線會從另一端，變成色彩繽紛的碎塑膠粒和碎銅片一起跑出來，落在搖動的大水床上——這種水床就像李瑞蒙用來回收進口美國聖誕燈飾的水床一樣。水把塑膠和橡膠沖向一個方向，比較沉重的銅塊慢慢的向相反方向移動，就像流動的河水中比較沉重的石頭一樣。這種水床無法用來處理李瑞蒙的聖誕燈飾，卻經過完美的調整，可以分離美國人丟棄個人電腦時拋棄的舊電線電纜。

然而，結果卻和李瑞蒙的機器大致相同，會產生隨時可以出售的乾淨銅片。賴文碰碰我，再指著裝碎銅塊的大袋子，每個袋子裝了一千八百十八公斤的碎銅塊，就像我在印第安納州韋恩堡全方位資源公司所看到、裝四千磅銅片的大袋子一樣，準備賣給銅製品廠商。和全方位資源公司裡像雷龍一樣大的切碎生產線相比，這種機器沒有那麼精密、也沒有那麼大，卻根據相同的原則運作，就是把電線切成最小片的碎塊，然後利用現有的科技，把銅和絕緣材料分開來。差別只在於清遠金田公司所選擇的科技，正是全中國幾百家廢料場所運用的科技，也就是會搖動的水床。

這件事引發了一個問題：清遠金田公司的確非常富有，有錢可以購買全方位資源公司所採用的科技，爲什麼清遠金田公司不採用呢？答案很簡單，就是清遠金田公司可能很快就會採用，因爲二〇一一年時，中國政府資助浙江省，興建一條像雷龍那麼長的切碎生產線。比較複雜的答案是清遠金田公司的切碎生產線上還雇用很多員工，因此，即使該公司採用機械化的方法，切碎和分離電線電纜，卻還是必須雇用員工，把滑鼠電線上的滑鼠剪下來（老舊的滑鼠另有一個不同的市場），還是要雇用員工，把印表機電纜上的鋼鐵接頭剪下來（這種東西也有另一個不同的市場）；還要把USB扁線末端的USB鋼鐵製連接埠剪下來（這種東西也有不同的市場，每磅的價格大約爲〇．〇二美元）。每剪下一種東西，例如剪下滑鼠和USB連接埠之類的東西，就表示清遠金田公司賣給客戶的銅受到汙染的程度（尤其是受到鋼鐵汙染的程度）可能比較低。如果不利用人工，清遠金田公司就必須利用磁鐵，磁鐵卻無法保證能夠像拿著剪刀的工人做得那麼好。

「這些塑膠會送到什麼地方去？」我問賴文。

賴文靠向董事長的侄兒，用吼叫的方式，把我的問題送進他的耳朵裡。董事長的侄兒揚揚眉頭，比比打開的裝卸貨大門和一座長長的長方形水池，這座水池大約有倉庫的一半長，裡面的水是公司循環用在水床上的水，還有很多噸的橡膠與塑膠絕緣材料。

「他們把絕緣材料放在池裡，到運到想買這些東西的公司時爲止。」賴文說。

「絕緣材料有價值嗎？」

「每噸大約值二百到三百元人民幣。」用我去拜訪那天的匯率計算，這樣就是每噸三十一到四十七美元，大約跟一九八〇年代末期廢馬達的價格相當。

「你餓了嗎？」賴文問，「我覺得該吃中飯了。」

我看看老鄉和董事長的侄兒，他們正忙著用廣東話聊天，因此我利用時間走回建築物裡，算算裡面有多少人。裡面大概有二十個人，大部分都是女性——因爲大家都穿著寬鬆的衣服、戴著口罩，你很難分辨他們是男是女——而且他們井然有序的移動、慢慢的侵蝕由印表機、USB連接埠和帶狀排線構成的懸崖峭壁，把所有高價電腦零件拉出來，變成像胡椒子一樣大小、可以用來製造高價零件的碎片。隨著中國變得越來越富有、越來越多的這些廢料不再回到美國，而是以新產品的形式留在中國，在上海和其他富裕大城市裡不斷擴張的購物中心銷售。

「你有什麼想法？」賴文問我。

「我想中國眞的想出了怎麼利用美國賺錢的方法。」

「是嗎？」說著，他哈哈大笑。

「是啊，在美國他們把這種情形叫做倒垃圾。」

「倒垃圾？我不懂其中的意思。」

我想告訴他，這句話的意思是「把你的垃圾倒在窮人家裡，這樣就不必出錢請人處理垃圾」。但是我不知道目前這句話有多少意義。

「沒關係啦。」

賴老鄉在小小的農村長大，今天卻住在俯瞰清遠市區北江沿岸的一棟豪宅大樓接近頂樓的樓上。他的房子很大，有四間臥房，裝潢卻實用而低調。牆壁大致都沒有裝飾，家具很大、很舒服，卻絕不昂貴。最明顯的東西可能是大廳的平板電視機。此外，我在這個地方眞正注意到是他的家人：老鄉年邁卻活力十足的媽媽有自己的房間，他兒子賴文和懷孕的媳婦住這棟公寓另一邊的房間，老鄉健壯的太太從另一個房間走出來。樓下的另一個單位住著他妹妹，她把老鄉的家當成自己的家一樣進進出出。曾強森告訴我，老鄉喜歡家人住得很近。

接下來値得一提的是窗戶。

從這棟公寓的前面看出去，可以看到北江和江邊的高樓大廈，也可以看到這座城市不斷成長，一直延伸到專門把廢料再製成銅的幾個鄉鎭。但是從這棟公寓背後看出去的景色才讓我覺得驚異。這座城市像洛杉磯一樣，延伸到遙遠的山區，即使到了今天，企業還在大家看不到、主管機關想不到、室內居民不想管的山凹裡，回收再製他們所進口的最差勁廢料。他們大致用焚燒的方式，對付鍍銀電線之類的高科技廢料（鍍銀電線是很多高科技設備中的重要組件）。很多年前，美國有不少冶煉廠，能夠把銅跟銀分開，但是環保問題迫使他們關門。現在鍍銀電線最後會來到這些山丘上，避開主管機關的耳目，用有毒的酸液處理。白天白銀和銅會從山上送下來，用在製造輸往全世界各地的新產品中。

但是從老鄉的陽台上根本看不到這些東西，從陽台上望出去，可以看出清遠的大部分建築都不超過十層樓，而且這些樓房都沿著大馬路興建，到了十字路口的地方，才有很多三十層樓高的高樓。過去我總是以為清遠是個小鎮，位在某個城市的旁邊；結果我現在看到的卻是大都會，誰知道會這樣呢？我瞭望時，老鄉提醒我，說這些建築所用的電線，大都是利用進口廢金屬在本地加工製造的。

「感謝你，美國。」我心裡想著。

老鄉請我在大理石咖啡桌兩旁兩張大皮椅中的一張坐下來，自己坐在我旁邊的棕色皮製質情人桌上，旁邊是由好幾個小茶杯構成的一套茶具，杯裡放著他在我們前面泡出來的茶水。賴文坐在我對面的椅子上，他懷孕很多個月的妻子坐在扶手上。老鄉拿起一支遙控器，開始播放光碟。他說：「這是我兒子婚禮的錄影。」最初的一些影像照出由三十多輛汽車組成的車隊，正載著賴文去迎娶。車隊停下來後，有幾十個人下車，我立刻看出其中有一個人是曾強森。

我問老鄉，他自己結婚時，有沒有請三十五輛轎車組成的車隊，他哈哈大笑，告訴我：「我騎著機車，我們到婚姻登記處去登記。」

賴文的婚禮延續了三天，辦了好多次宴席，宴請幾百位賓客。老鄉暗自得意的看著錄影帶；賴文愉快的笑著。

「你餓了嗎？」賴文問我。

我餓了，但是首先我想看一些東西。「老鄉，我可以看看你半夜看曾強森發來相片的電腦嗎？」

他對賴文笑著說：「他想看那些東西啊？」

或許我不應該提出這種要求？

「來。」說著，他站了起來，招呼我到公寓的後面去。

我們走過走廊，我驚訝而且有點尷尬的發現，自己進了老鄉的臥室。早知道我就不應該提出這種請求。我只是想像他會有一間書房，一間普普通通、一點也不突兀、在小村的家裡不會格格不入的地方（這點可能才是重點）。大尺寸的床前有一塊簡單的床頭板，床上放著藤床墊。除此之外，屋裡只有一支立扇、一張雙人折疊床，還有一張釘死在陽台門旁邊訂做的桌子。老鄉的聯想牌手提電腦放在桌上，我猜旁邊的化妝鏡是他太太的東西，兩樣東西之間放了一顆檸檬。

「這就是你工作的地方嗎？」我問。

他打開行動電腦，再開啓電子郵件收件匣。我站在他背後看著，他拉出很多我看著曾強森用黑莓機拍的照片。我突然再度看到凱西鋼鐵金屬公司裡的聖誕燈飾、索羅特金公司裡的水錶。他按了幾十張相片後，才放慢速度，叫出我們在南卡羅萊納州看到的一團電線，然後他戴上眼鏡，仔細的看著相片，敲著電腦螢幕說：「這種綠色電線回收比率可能是六十％，紅色的電線回收比率比較低，大概是四十％。」

我看看他，再看看窗外，窗外某個地方一塊被太陽曬乾的空地上，就是他利用自己的雙手，學習不同顏色的電線中，可以找到多少銅，要花多少成本，才能把銅抽離出來。和這種日子相比、甚至和理髮的工作相比，這種生活的確是好上加好。如果我能過這種生活，我一定毫不遲疑。「你不在乎半夜起來，看曾強森傳給你的照片嗎？」

「爲什麼會在乎，這樣不會吵醒內人，看完後我又可以回去睡覺。」

他家人圍在電腦旁，討論他翻閱的照片，每個人都對這份家族事業略有所知，每個人都可以評論一批電線是否值得。我向後退，拍了一張廢料業者的全家福。

後來我看照片時，注意到桌旁落地拉門中間外面新建的高樓大廈。不久之後，這些高樓大廈會跟紐約和上海的高樓大廈一樣，興味盎然的消費各種產品。他們會不會像紐約和上海一樣浪費，是沒有人能夠回答的問題。但是有一件事我毫不懷疑，就是老鄉、尤其是圍在他身邊的子女，很快的就會比較擔心這些高樓大廈所產生的廢料，比較不擔心半夜在太平洋彼岸所拍的廢料照片。

第九章
塑膠國度

人口兩千萬的城市會產生很多垃圾，有些垃圾會送到垃圾掩埋場，有些垃圾最後會送去回收再製。人口至少有兩千萬的北京是正在發展中的城市，回收再製的東西比大部分城市都多，主要原因是北京是幾百萬外來民工的根據地，其中幾十萬民工的維生之道是向力爭上游的鄰居，購買他們丟棄的東西，再找出其中的價值。

民工小販存在的事實不容忽視，他們騎著經過改裝、後面附有拖車的三輪車，拖車裡放著大部分北京人認為是垃圾的報紙、塑膠瓶、電線、紙箱和電視機之類的舊家電。他們偶爾會停在罐子構成的垃圾堆前，挖掘別人可能丟棄的東西；但是他們比較常做的事情是應大樓警衛的召喚，到府收取大樓住戶裝高畫質新電視機的紙箱，收買住戶想要出售的一些啤酒罐。

多年來，不少中國學者試圖計算北京每年製造和回收的垃圾數量，卻徹底失敗。這一行規模極為龐大，卻又極為缺乏組織（從業人員大都是不繳稅、希望保持默默無聞身分的外來民工），因此根本不可能好好統計，但是大家卻有可能想出大部分的垃圾流向何方。

我朋友、南加大（University of Southern California）中國現代史教授約許．高德斯坦（Josh Goldstein）現在該上場了。

十年前，他坐在北京一座圖書館裡，惡補跟平劇有關的知識，他注意到廢料小販背著各式各樣的垃圾和回收物資經過他的窗前。他告訴我，「因此某天下午，我就這樣決定站起來跟蹤他們，最後找到這個龐大的回收市場，我從這個地方開始研究這個主題。」他一直持續探索北京的回收歷史，也設法找出肯德基炸雞連鎖店在北京製造的所有塑膠杯，到底是由哪家工廠負責回收再製。

高德斯坦聰明伶俐、能言善道，喜歡冒險。二〇一〇年六月中，他的一位朋友告訴他，有機會去看看大家所說「北京塑膠最後去處」的地方。他立刻答應，而且馬上打電話給我。「想去嗎？不知道我們會看到什麼東西，但是我認爲値得去一趟，我有一些朋友會帶我們到處看看。」

這個地方叫做文安縣。

我毫不遲疑的就答應了。

我們一早就在北京市的南邊搭上小巴，開上一條避開收費道路的兩線道。兩小時後，我們在鄉下一座加油站下車，加油站就在一條灰塵漫天的十字路口旁邊，交錯通過路口的貨車聲音震耳欲聾，排出的廢氣令人窒息。有些貨車拖著空拖車，有些載運營建工程所需要的乾燥牆壁，但是大部分貨車都裝載著塑膠廢料，包括汽車保險槓、塑膠箱和由混合塑膠打包起來又大、又醜的廢料包，其中的內容從購物袋到清潔劑塑膠瓶、從福爵牌（Folger）咖啡罐到食物包裝袋。美國沒有幾家回收公司會接受最後這種廢塑膠（至少二〇一〇年時不會接受），但是美國很多回收業者把這種塑膠裝在回收桶裡，有些回收業者比較喜歡把這種廢塑膠賣掉，不願意花錢去掩埋這些廢塑膠，因此他們會把廢塑膠賣給擁有中國客戶的廢料經紀商。

然而，這一切家庭回收活動仍然讓我覺得有點驚訝；高德斯坦跟我提過，文安縣從外國進口廢塑膠，也向北京購買廢塑膠，但是我沒有想到，我會看到大致上跟家母開車到市區收垃圾一樣的景象。然而，事後回想，這種想法只是我以廢金屬爲中心的短視心態打敗了我。要是我的全球回收業之旅讓我學到什麼東西，我學到的就是開發中國家裡，通常總是有人能夠從美國人無法回收獲利的東西中，找到用途。

根據中國塑料加工工業協會的說法，二〇〇六年時，中國大約有六萬家小型家族企業，從事塑料回收（不論這種統計的品質好壞，這是我在政府中消息人士給我的最新統計資料）。這六萬家企業當中，有兩萬家集中在文安縣這裡。換句話說，文安縣不只是中國北部塑膠廢料工業中心，也是中國塑膠廢料工業中心，因爲中國是世界最大的廢塑膠進口國和加工國，我認爲我們可以公允的說，文安縣是全球廢塑膠業中心。

我看看高德斯坦，他長得高高瘦瘦，留了一口黑色的鬍子，背著背包，看來像是利用《孤獨星球》（*Lonely Planet*）的資料，來到這裡的旅客。他到過中國很多地方，會說中文，知道自己喜歡什麼東西，他不喜歡這座加油站。還好，接我們的小巴已經來了，我們也踏上征途。

小巴開出去之後不久，單線道的馬路就布滿了灰塵和垃圾，貨車堵塞了交通，車上載滿像電冰箱一樣大小包裝的進口舊塑膠包；馬路兩旁有很多只有一大間廠房的平房工廠，全都籠罩在飛揚的灰塵中。我注意到，很多工廠的外面都貼了色彩鮮豔的英文字母縮寫標誌，例如「PP、PE、ABS、PVC」之類的標誌，宣揚文安縣買賣和處理聚丙烯、聚乙烯、丙烯腈-丁二烯-苯乙烯共聚物、聚氯乙烯之類的舊塑膠。這些字母看起來都非常奇怪、非常陌生、非常具有工業意味。實際情形並非如此，這些東西正是製造我的電話機殼、咖啡杯、洗衣精瓶子的塑膠原料，是我朋友和家人會丟在回收桶裡的東西。

我從窗戶望出去時，覺得文安縣似乎沒有一家企業美化自家的門面。有一些企業在倉庫裡沒有空間時，可能把一大堆舊車尾燈和保險槓，堆在外面，但是大部分企業都利用門口，曬乾一堆、一堆濕漉漉的切碎塑膠。主要的街道上顯得忙亂、擁擠、髒得難以想像，偶爾你可以看到流浪狗過馬路、故障的貨車偶爾會擋住一部分路面，你還經常可以看到地上黑色的斑點——後來有人告訴我，無法回收的塑膠會在晚上燒掉。塑膠袋被風吹起，在我頭上飛揚。但是我發現文安縣最讓我感到驚訝的是沒有半點綠意，好像是死亡地帶。

小巴開過去時，我從工廠打開的大門看進去，看到沒有穿襯衫的工人把紅色的汽車尾燈塞進機器裡，切成像指甲大小般的碎片。我看進其他公司的大門時，還看到熱騰騰的空氣中夾雜著閃閃發亮的東西。高德斯坦凝望著窗外，歎了一口氣說：「實際情形眞的是這樣，眞是他媽的鬼地方。」

小巴最先停的地方是我們要住的旅館，旅館套房像停車場一樣大，床像拖拉機一樣大，地毯像美國人家的草坪一樣厚。我不了解文安，但是我對中國的了解足以讓我看出：這裡是官員只要能夠擺脫太太幾小時，就會來的地方。這家旅館大門外雖然到處是泥土和垃圾，這間房間卻清楚的提醒我，在這個地區的某個地方，有人正在賺錢。然而，從我房間的窗戶看出去，卻可以看到一位女性正在鋪著紅磚的小院子裡，撿垃圾堆裡的塑膠袋。她後面是一排蓋著紅色屋頂的倉庫，再望過去，最後可以看到正在興建中的一棟二十層大樓，大樓高高聳立，看來就像插在餿掉的生日蛋糕上唯一的蠟燭。

過去這裡不是這樣。

二十五年前，文安以農爲生，是個農業區，以河流、桃樹和簡單、起伏的風景聞名，知道當時情況的人回想到芳香的泥土、抓魚和溫和的夏夜時，都忍不住要歎氣。你跟本地人談話時，幾分鐘之內，你就會聽到他們說，你以前應該來這裡，以前文安的企業還沒有創設回收汽車保險槓、塑膠袋和漂白水容器的事業，以前青蛙和蟋蟀的叫聲非常大聲，甚至會蓋過人類的談話聲，以前塑膠回收業還沒有發展，還沒有把二十幾歲的男人肺部變成塑膠化，以前多國公司還沒有在文安經營，不會說他們的產品是「用回收塑膠做的。」

然後中國開始發展，新建築、汽車、冰箱和大家買的所有東西都要用到塑膠，塑膠的需求十分熱絡、不斷成長。大部分塑膠都是用石油生產的原生塑膠。但是這種情形爲時不久，大家買的東西變成大家丟掉的東西，很快的，中國就有夠多的廢塑膠，足以促成塑膠回收事業的興起（進而跟原生塑膠廠商競爭）。

近在十五年前，文安的廢塑膠工業幾乎完全忙著回收中國所產生的塑膠，但是國內外塑膠需求快速成長，到二〇〇〇年，中國的塑膠貿易商開始尋找額外的廢塑膠供應來源，結果在外國找到這種供應。

當時和現在一樣，沒有幾家美國、歐洲或日本廢塑膠出口商，知道他們出口的廢塑膠由誰負責回收再製。他們只是把廢塑膠賣給經紀商和其他中間商，中間商再轉賣給經常設在港口附近的中國進口商，進口商再轉賣給小貿易商，再由他們把塑膠運到文安之類的地方，塑膠一到文安後，會立刻轉賣出去，等到實際分離和回收廢塑膠的家庭，買下一堆美國洗衣精塑膠瓶時，你根本已經不可能追溯這批塑膠廢料的來源，不可能追溯到丟棄這些包裝袋、塑膠袋和塑膠瓶的美國家庭。

這種交易是影子貿易，塑膠和價值數十億美元的回收金屬貿易不同，每筆交易數量很小，幾乎無法追查。事實上，文安一千零二十八平方公里的轄區內，以及（截至二〇〇八年為止）四十五萬居民所從事的所有商業行為，幾乎都不為附近地區和產業界所知。地方政府可想而知，還有北京的環境主管機構，一定希望這種情況繼續維持下去。

雖然有這麼多不確定的地方，卻有一件事情絕對可以肯定，就是外國人除非是來這裡談生意，否則不會受到歡迎。高德斯坦和我絕對不是來文安談生意，如果不是因為一位地位崇高的聯絡人（我們越不談他越好），我們根本不會來這個地方。

高德斯坦和我在旅館餐廳裡的小房間再度見面時，時間已經接近中午，我們跟要當我們司機的一個本地人會合，也見到了本地一家回收公司的代表。高德斯坦跟他們聊天，根本沒有提到我是記者。要是他們知道這一點，我不敢說他們是否還會歡迎我們留下來。

我們的女服務員——她的名牌上說她是二百號服務員——相當漂亮，卻很拘謹，穿著紅裙和大兩號的同色外套。因為沒有其他採訪對象，我們問她是否對本地的塑膠工業有所了解。她立刻回答說：「聚丙烯、聚乙烯、丙烯-丁二烯-苯乙烯共聚合物，」就像說出當天午餐的特餐菜色一樣，「我們家經營這種事業。」高德斯坦覺得好奇，就問她這個縣的總人口數中，實際上從事這一行的比率有多高。她回答說：「你去找這裡的家庭數字，就會知道從事這一行的人有多少。如果你錢不夠，不能自己創業，你就替別人工作。」

我們吃中飯時發現，要踏入回收業，只需要三百美元的資金，這筆錢足夠你買一台二手貨切碎機，切碎從汽車尾燈到WD40防鏽潤滑劑的塑膠罐，再買一個裝腐蝕性清潔劑、以便清洗塑膠的水槽，以及一卡車要回收再製的塑膠。環保和安全設備既不需要，在本地設備和化學品經銷商那裡也買不到（我們查證過）。

我們的司機原本忙著吃一盤沒有剝殼的蝦子，突然抬起頭來說：「我也做過這一行，現在我女兒嫁給一個做這一行的人，他們處理丙烯-丁二烯-苯乙烯共聚合物、聚丙烯、聚氯乙烯。」

女服務員點點頭說：「我有兩位弟弟做這一行，做這一行比我當女服務員好賺多了。」

高德斯坦皺著眉頭問：「這麼說來，你們現在爲什麼不做這一行？」

她聳聳肩解釋說：「這一行不穩定，而且對健康有不好的影響，過去這裡不是這樣的。」她像我們後來碰到的人一樣，說這裡原本是（像別人告訴她一樣的）樂土，桃子甜到可以當糖果賣。

文安怎麼變成全球塑料回收之都的實際情況，已經淹沒在歷史中。然而，我們跟本地人聊天時，很快就知道這件事是出於意外，而不是出於宏大的計畫。一位在這一行裡工作很多年的知情人士解釋說：「有人開始這樣做，賺到了錢，因此更多人投入，而政府認爲這一行是很好的稅收來源，鼓勵這一行的發展，一切都是偶然形成的。」

另一位成功的企業主告訴我們，他從一九八〇代中期開始經營這一行，買下沒有人要的塑膠瓶蓋，抱著到想出處理方法，把塑膠瓶蓋變成可以重新利用的塑膠爲止（我有一張完全是變造出來的相片，清楚顯示他太太凝視著用全家終生儲蓄買來、裝著沒有用瓶蓋的塑膠袋）。最後，他想出辦法，到一九八八年，他和這個地區的其他企業家紛紛開設小型處理廠。文安縣領導階層想到財源滾滾，也想到流進私人口袋裡的鈔票不斷增加，就不理會文安縣變成別人倒垃圾的地方——即使這些垃圾具有價值——所可能產生的明顯不利影響。

事實上，文安縣是設立廢塑膠行業的好地方，因為文安和擁有很多消費者、又有很多工廠需要廉價原物料的北京和天津兩大都會，距離相當近，卻又不夠接近。更好的是，文安的傳統農業逐漸消失，因為這個地區原本充沛的河流和水井逐漸乾涸，因為這個地區不受控制、不受管理的石油工業的影響，變成無法利用。因此文安的土地很多，更好的是，龍安有很多勞工急需賺取工資、取代農田乾枯後所喪失的務農收入。我聽到這些故事時，忍不住想到：文安回收的塑膠中，有多少是利用從文安土地所抽取的石油製造的？飛落在文安街頭上的所有舊塑膠袋，是不是過去文安土地下所藏石油製造出來的幽靈？

吃過中飯後，高德史坦和我坐車離開文安市中心，要去看一家塑膠回收廠，陪伴我們的是中國某家最大處理廠的兩位代表。市區的灰塵、汙垢和洶湧的垃圾消失，換成緩緩起伏的農田，以及文安過去賴以成名的果園，但是這種景色很快就消失，左邊出現一塊用籬笆圍起來的空地，空地褐色的泥土上堆滿了像餐桌一般大小的廢塑料包。塑膠袋在夏天的熱風中旋轉前進，乘風飛行，落在田地上，纏在已經枯死的乾草上。籬笆後面有兩個工人，蹲在已經打開的一包塑膠汽車保險槓，從保險槓緊緊的凹槽中，把垃圾挑出來，另一個人把保險槓送進切碎機。黏在保險槓上和裝在包包裡的其他垃圾也是塑膠，也會分離開來，送去回收。美國沒有一家回收公司請得起工人做這種事，或是投資某種科技，以便取代人工，因為塑膠的價值太便宜。但是即使回收塑膠有利可圖，還有另一個問題存在，就是利用回收包裝材料和其他廉價塑膠製造的塑膠製品，不符合美國、歐洲或日本製造廠商的品質標準，只有廢塑膠最後去處的中國廠商會利用這種材料。

我們在顚簸的路上前進時，某大回收公司的代表之一告訴我們，文安的塑膠業大都座落在縣裡四十到五十個村子裡，散布在交通不便的農村地區。這家回收公司的一位代表告訴我們，我們後面那家小廢料場屬於某一個村子，傳說這個村子的工廠，利用包括工業用塑膠在內的各種骯髒廢塑膠，生產出塑膠袋，還冒充可以用在食品包裝上的安全塑膠袋。這兩位代表嘲笑這件事實，高德斯坦看著我，然後難過的跟他們一起笑起來。

我們從橋上開過一條水面上滿布藻類的河流，進入類似文安市區，但是路面比較狹窄、也比較骯髒的街道。然而，這些街道和文安鬧區的街道不同，路邊到處是一群又一群光著半個身子，大致上都沒有穿鞋子的小孩，在堆放了塑膠箱浪板、舊塑膠桶的貨車之間追逐、玩耍，也在滴落工廠地板上，別人鏟起來，裝進貨櫃裡，出口到中國的巨大乾燥塑膠堆之間嬉戲玩耍，這些塑膠堆看起來好像是變成化石的牛屎堆。

這個村子裡沒有市場、餐廳、甚至沒有設備經銷商，全都是臨時性的倉庫和用樹皮蓋著的籬笆柱子，空地上堆滿了一包又一包由汽車保險槓包成的大包包、一堆又一堆的塑膠桶，一層又一層的塑膠棧板。我們的司機在路口一間寫滿塗鴉式電話號碼的倉庫前轉彎，開到一棟小小的辦公室建築前面，停在一輛閃閃發亮的黑色寶馬汽車旁邊。雖然我們一路上看到廢塑膠業的種種活動，這個村子卻相當安靜，幾乎像荒野一樣寂靜無聲，遠處機器傳來的嗡嗡聲，頂多像是鳥叫一樣突兀。

我們下車時，一位我稱之爲胡先生的人來迎接我們，他是五十多歲的人，是我們來拜訪的這家塑膠公司老闆，他帶著一支大型的勞力士表，穿著灰色的連身工作服；我注意到，他工廠裡的員工都穿著短褲，偶爾有人還穿著襯衫。他長得英俊瀟灑、紅光滿面；工人卻長得骨瘦如柴、兩眼突出。他的員工在泥土路對面的工廠裡，剛剛開動了一台小型的塑膠切碎機，把胡先生從泰國進口的塑膠果籃切成碎片，以便回收再製。

胡先生告訴我們，他從事廢料業已經有二十年，但是這座工廠只有七年的歷史，他擁有這座工廠九十％的股權，「投資人」——經常是指地方政府的委婉說法——擁有剩下的十％股權。他帶著我們，走進空曠的院子，院子裡有五位員工——其中三位是沒有穿著上衣的十幾歲小男孩，正從一堆無法辨認、已經部分切碎的美國進口塑膠碎片中，把垃圾撿出來。我問這些碎片原來是什麼東西，胡先生聳聳肩說：「可能是箱子，也可能是汽車上的什麼東西。」

我們看著工人把切碎的塑膠，倒進裝滿腐蝕性清潔液的金屬盆子裡，轉動金屬濾網，清洗盆子裡的東西，然後把塑膠攤開來，放在防水布上。工作完成後，工人會把多餘的垃圾和清潔液收集起來，不是轉賣出去，就是倒在村鎮邊緣的廢料坑裡。除非我看錯了什麼東西，或是來訪的日子不對，我沒有看到任何安全設備、沒有防毒面具、安全頭盔或鋼頭靴子；事實上，包括胡先生在內，大部分工人都穿著拖鞋。

我看看高德斯坦，他看看我，眼神中充滿了這種情況很糟糕的意思。

胡先生告訴我們：「我們今天只有一台押出機開工，就在這裡。」

我們走進一間比較明亮、長度大約十二公尺、寬度大約是長度一半的房間裡，房間裡散發出現代化的化學品味道，房間中間是一個長度大約有房間長度一半的長型設備，其中一端有一個工人正把一箱、一箱切碎的塑膠片，倒進跟餐桌大小一樣的漏斗裡，塑膠在漏斗裡慢慢熔解。我可以看到熱氣和熔解後的塑膠煙霧衝上他的臉龐。同時，這些塑膠滴進三公尺長的管子裡，最後變成長四．

五公尺、像鉛筆一樣粗細的灰色塑膠條。其中的原則跟乾麵廠所應用的原則沒有很大的差異，唯一的差異是塑膠條要切成〇．六公分長的塑膠粒，經過包裝，再賣給生產廠商。

胡先生宣稱，他工廠裡的情形其實比文安大部分的工廠都好。沒錯，一點也沒錯，有一個工人站在機器上，呼吸清楚可見、令人窒息、瀰漫整個房間的化學氣體。但是胡先生說，他們公司已經採取一些實際措施，改善這種情形。「我們過去要發給成型機操作工人比較高的工資，不過這是我們改善通風狀況以前的事情。」他比著開放式的隔間門和廠房上方開著的窗戶。現在這個工人的薪水跟不戴手套、用化學品清洗塑膠碎片的可憐虫一樣多。

胡先生邀我們回他的辦公室，請我們在一張木製大工作檯前坐下來，他太太在我們後面忙著工作，他兒子正在玩個人電腦上的電腦遊戲。胡先生替我們倒茶時告訴我們，向他購買再生塑膠的顧客中，有兩家列名財星全球五百大企業名單的公司，其中一家也列名財星全球最受讚賞企業名單。另一家公司發給胡先生的公司一張電子電氣設備有害物質限制評估認證（RoHS evaluation），這張認證是一種工業標準，目的在於確保下游供應商符合健康、安全和環保規定。爲了證明這件事，胡先生拿出文件，證明他的說辭。巧合的是，我口袋裡的手機是由這張文件中提到的一家廠商生產，我把手機高高舉起來，問道：「或許這隻手機上用的塑膠是這裡生產的吧？」

「可能！很可能！」

胡先生也記得文安開始處理廢塑膠前的情形。他在北京長大，但是因爲媽媽是文安人，他小時候經常跟著媽媽回娘家。他說：「我喜歡來這裡，這裡的土地非常芳香，你可以直接喝河裡的水，河裡有很多魚。」他搖搖頭，臉上顯出傷心、惋惜的笑容。

「覆水難收嘛。」高德斯坦輕聲的對我說。

「塑膠回收對健康有什麼影響？」我問道。

胡先生搖搖頭說：「你不能精確說明廢塑膠對健康有什麼影響，但是如果你找一位在健康環境中長大的小孩，再找一位在垃圾滿地環境中成長的小孩來比較，後面這個小孩會有很多問題。」我看看他兒子，胡先生補充說，這個地區高血壓和其他「血液疾病」很常見。但是最大的問題是跟住在「骯髒、惡臭、吵鬧環境中」有關的壓力。「這樣對身心都有害。」他伸手拿我的數位相機，放在自己的手掌上。「你不要這樣的東西時，有什麼地方可以處理嗎？我們的確有法律，但是如果你問別人要在什麼地方處理——答案是沒有一個地方。」

我不知道他眞正的意思是什麼。他是不是要暗示我們，我們周遭十分明顯的汙染其實不是他的錯嗎？毫無疑問的，文安縣回收再生工業不受控制、又不安全的擴張中，政府管制不力要負一部分的責任。但是決定製造汙染，決定忽視勞工安全的責任，最後還是要落在像胡先生這樣的人肩膀上。我看看他手上的勞力士手錶，再看他兒子正在玩視頻遊戲的個人電腦，他只要用購買其中任何一樣東西所花的錢，就可以購買防毒面具，保障員工安全，避免員工吸入目前正在呼吸的塑膠煙霧。如果他把自己的車從寶馬汽車換成別克汽車，差價就可以購買工作靴和像他身上穿的衣服一樣的連身衣，保障整個村裡的勞工，免於受到銳利物品、火焰和下墜物品的傷害。

高德斯坦撅著嘴唇說：「有什麼企業主因爲在文安縣的企業活動出問題嗎？」

胡先生搖搖頭，解釋說，如果業者誤報產品，可能會出問題。但是在他的記憶中，唯一違反健康或安全規定，引發政府調查的案例，是低級塑膠誤當成符合食品安全規範的產品行銷。「否則的話，這一行是良好的稅收來源，他們就是這樣看待這一行。」

過去二十年來，文安變得略微比較富裕——至少較高所得階層是這樣。文安的道路上，寶馬和路華汽車比比皆是，但是就高德斯坦和我所知，這些財富絲毫沒有改善像胡先生之類工廠中服務的勞工生活。文安的中小學極爲窮困，因此像胡先生這樣念得起比較好學校的家庭，一有機會，就把子女送出文安。沒有人想住在文安，連胡先生自己都不想，他的家在北京，他太太和他們的兒子大部分時間都住在那裡。

談話開始接近尾聲時，胡先生提出一個意外的建議，問我們想不想看他和村裡其他塑膠業者倒垃圾的地方。或許那裡的情形不像我們在周遭所看的一切那麼差吧？否則我想像不出他爲什麼要提出這個建議，但是高德斯坦和我欣然同意。

我們和某大公司的兩位代表坐上一輛休旅車，開上滿地都是泥濘的馬路，偶爾路上會出現深到讓人認爲是遭到炸彈轟炸留下來的深洞，四百公尺的距離，我們開了十分鐘，到處顯得乾燥、荒涼。接著我們前面可以看到一排、一排高及腰部的墳墓，墳墓有好幾百座，是在中國大地上常常可以看到的景象，是過去在這裡務農的人最後安眠的地方。我心裡想到，我們開過的地方是墓地，不是農田。

我們右轉，開上墳墓旁邊堅硬、平整的土地上，看到前面的黑色泥土中，有很多條由塑膠構成的彩色條紋，塑料倒在大坑裡的景象浮現在我們面前：這個大坑至少有一百八十公尺長、九十公尺寬，至少六、七公尺深。四周的泥土牆上蓋滿了垃圾，地上充滿綠色和褐色的水，彩色塑膠袋在裡面打轉。別人告訴我們，村裡大部分塑膠清洗液和沒有用的垃圾再也沒有其他用途時，就倒在這個地方，胡先生的工廠也是這樣做。

我看看右邊的很多墳墓，注意到其中一座墳墓已經切成兩半，墳墓裡的骨頭和其他一切東西慢慢的崩落到大坑裡。挖掘這座大坑的人好像若無其事般地挖穿這座墳墓，就像這座墳墓只是泥土而已。這種景象令人震驚，因為在中國文化中尊敬先人是最慎重的大事，這座垃圾坑實際上已經切入墓地中，是對中國文化最嚴重的侵害。

我們望著垃圾和化學品構成的峽谷時，胡先生的員工一語不發，我不知道他們在想什麼，但是他們看來並不高興。

高德斯坦望著他們，裝出熱心的樣子，複述中國共產黨對質疑中國環保決心的制式反應，用中文說：「這裡的經濟狀況進步很多，這是進步的代價。」

「對！」有一個人一面回答，一面踢著腳下非常可能掩埋他祖先的泥土。

每一星期七天的每天早上天亮前好幾小時，貨車會開到文安鬧區最重要的大馬路旁，開進旁邊一條長度大約四百公尺的寬大街道上。即使從文安十分雜亂、骯髒的大馬路上看過去，這種景象都是令人注目的轉變，從這裡望過去，拖板車和皮卡車堆滿了各式各樣的廢塑膠，準備賣給擺在有火燒痕跡的破損石子路上的臨時性桌子和攤位。很多參與交易的人說，每天運到這裡的廢料中，大約七十％是半夜從港口運過來的進口貨。和比較不節儉的美國人和歐洲人丟掉的東西相比，另外三成的廢料通常是品質最差的東西，是從北京之類附近城市運來的廢料。

這座市場十分雜亂無章，像撞球檯一樣大小的桌子旁邊，擺滿了裝著色彩鮮豔塑膠粒的袋子；攤商在每批價值幾千、幾萬美元的塑膠袋上玩牌；小孩在卡車、塑膠堆和垃圾堆之間玩耍，男人坐在裝著最近回收再生塑膠的帆布袋上，準備把東西賣給今天已經從廢塑膠中賺到一些錢的顧客。大約清晨五點時，交易活動會升到最高潮，這時半夜開來的貨車也忙著卸貨，到了早上七點，交易逐漸接近尾聲，成交的大都是規模比較小的交易商擁有的最低等級廢料。

我們到的比較晚——大約六點才到——但是這條街的前半段仍然停滿狹長又超載的平板車，上面堆了三公尺多高、包裝結實的貨物，貨物內容包括汽車保險槓、清潔劑瓶子、洗衣機塑膠零件、水管材料、有缺陷的工廠零件、電視機殼和裝滿遠地塑膠工廠廢料的厚塑膠袋。工人爬到貨物上，用手把貨物搬下來，丟在地上，由兩位拿著筆記本的壯漢檢查和秤重。我們一面看，我們的司機一面告訴高德斯坦，這輛拖車上載了一百二十公噸的塑膠（誇大其詞），這位司機每個月要從一千公里以外的哈爾濱開來這裡三次。

我們沿著這條街走下去，經過幾十位交易商，經過縣裡經營的地磅，操作地磅的人告訴我們，這座地磅每天要秤一百批塑膠。太陽照在路上的小石子上，路上有很多垃圾、熔解的塑膠和燒過的痕跡，留下無法回收、不能轉賣的廢料半夜在這裡處理的證據。偶爾可以看到小規模的買主開著車，載著還在滴東西的清潔劑舊塑膠容器；塑膠熔解後刺鼻的味道從一扇打開的大門中飄出來。走到這條街的盡頭，可以看到一條原本可能是小河的排水溝，溝裡塞滿了垃圾、一顆塑膠膜特兒的頭部，以及一個殘破的綠色塑膠箱子，上面印了三支箭頭環繞的標誌，也印了英文的「回收再製」的字眼。

文安是我到過汙染最嚴重的地方，我無法用資料量化汙染程度，因爲沒有人做過這種資料。但是汙染範圍涵蓋文安縣九百八十平方公里面積的大部分地區，範圍之大是世界上任何其他國家的任何地方所無法比擬。

這麼說來，應該怎麼辦？

高德斯坦和我拜訪文安將近兩年後，我收到他的電子郵件，得知一個讓人多少有些驚訝的消息：新任的文安縣共黨書記下令關閉縣內所有塑膠處理工業。後來的新聞報導宣稱，十萬人立刻失業，成千上萬小型家庭事業實際上陷入破產狀態（兩個數字都可信）。我最初的回應是歡呼叫好：要是有什麼東西需要關閉，頭號目標一定是文安縣。

我其實早就應該知道這件事。

幾星期後，我飛到北京，發現文安縣的塑膠業關閉後，北京市的廢塑膠價格下跌一半，整天忙於收集廢塑膠的小販工作熱情突然大減，很多倉庫過去專門收購廢塑膠、再轉運送到文安，現在庫存開始泛濫；過去大家會把廢塑膠從垃圾和家裡撿出來，現在會把廢塑膠丟在垃圾裡原封不動。

但是比較嚴重的是長期問題。中國需要廢塑膠，生產從行動電話到咖啡杯之類的所有產品，關閉文安的塑膠產業不會使這種需求消失（就像堵住油井不會讓大家不需要汽油一樣）。文安的廠商像任何人一樣，很了解這一點，他們遭到文安掃地出門後，散布到整個華北，尋找比較願意配合的地方政府，重建自己不安全、不乾淨的作業。原本普及一個縣的災難，現在變成普及華北的災難。

這該怪誰？

中國的主管機關當然應該負一部分責任。雖然外國人普遍覺得，中國中央政府集中大權、擁有統一管理地方的力量，實際上，中國政府對地方政府幾乎沒有什麼影響力。然而，即使中國政府像很多先進國家人民所想像的那麼有組織、那麼有力量，卻也沒有能力立刻把世界上最大的塑膠回收產業，變成世界上最乾淨的塑膠回收產業。這樣做需要想出方法，解決歐美日各國解決不了的問題，也就是設法以有利可圖的方式、處理所有難看的混合塑膠廢料。

但是就像高德斯坦在電子郵件中告訴我的一樣，不見得要推展大規模的工業改革，才能解決文安的問題。「過去從來沒有人認眞努力，跟文安成千上萬小型的家庭處理廠合作，解決（環保和安全）問題過。」小小的措施，包括提供工作靴、防毒面具和公營廢水處理系統在內的作法，應該會使情況大不相同。

最後該怪的是消費者和（中美兩國）熱心回收的居民，他們購買塑膠製品，然後不斷的把越來越多的廢塑膠丟進回收桶裡。沒錯，他們從事回收時，根本不可能決定回收桶裡的東西到底最後會流向何方，卻可以從一開始就不要讓回收桶裡裝滿廢棄物。你不喜歡文安縣的情況嗎？對你的垃圾會運到什麼地方少擔點心，對垃圾車裡裝滿了你製造的垃圾多擔點心吧！

或許，到了某一個時間點，會有民間公司想出方法，回收所有的廉價塑膠。或許某個國家政府會率先這樣做（中國已經投資千百萬美元，從事回收研究；美國政府卻幾乎沒有什麼作爲）。這麼做應該不是科技和廢料業的初次結合，以便把消費者從垃圾中拯救出來，但是在解救消費者的美夢實現之前，全世界可能必須學著接受文安及其居民的現實狀況。

我回想二〇〇九年的文安之行時，和其他的事情比起來，有一件事情是最讓我覺得困擾。當第二天我們準備離開文安前，我們希望跟醫師或其他醫療專業人員見面，討論文安居民的健康問題。因此，到了第二天下午接近傍晚的時候，我們走在文安僅存的少數幾條鄉下風格的巷子裡，尋找診所。實際上，我們的運氣不是這麼差，因爲中國的大部分鄉村裡，都有一位護士或鄉村醫師，可以處理日常生活中所發生的小小緊急醫療事故。

我們很快就發現一扇貼了彩色瓷磚的大門，大門後面是一個看來讓人愉快的院子。我們走進裡面，看到院子的末端有一扇門開著，走進一間小小的醫務所後，看見一位身材矮胖、健壯、有些上了年紀的男士，坐在辦公桌後面，他穿著法蘭絨短褲、灰色的波羅衫，穿著拖鞋的雙腳還穿了黑色的襪子。光線從大門透進來，也從檯燈中發散出來，但是整個室內相當幽暗。醫務所後面的牆壁旁放著兩張床，上面鋪了老舊、骯髒的墊子，離我們比較遠的那張床上，不知道一個老先生或者是老婦人（很難分辨）躺在上面。

醫生驚訝的抬起頭看我們：畢竟外國臉孔在這種巷子裡並不常見，在他的診所裡更是少見。我們必須快速說明，高德斯坦爲了安醫生的心，說明自己是美國學者、教授、是個有名望的人。醫生聽到這些話後，顯然認爲自己是博學多聞的人，就打起精神告訴我們，說他已經六十歲，從一九六八年起，就在這個村子裡服務。他解釋說，當他開始行醫時，他和同事都受過處理日常生活中簡單疾病的訓練；大家從來不希望他們能進行先進的診斷，更不預期他們會從事先進的治療，他說：「六〇、七〇和八〇年代初期，這裡的大部分疾病都跟胃的毛病和瀉肚子有關，都是些日常飲食相關的疾病。」

文安縣有錢挖掘更深、更好、不受人類和動物排泄物汙染的水井後，跟貧窮有關的疾病消失了。但是進步也有代價：他提醒我們，這些水井是由街上那些廢塑膠業者出錢挖的。他解釋說：「從八〇年代開始，高血壓問題出現爆炸性的成長，過去沒有人會有高血壓，現在這個村子裡的成人中，有四十%的人患了高血壓。八〇年代時，你只會在四十多歲的人身上看到高血壓的疾病，到了九〇年代，我們開始在超過三十歲的居民身上發現高血壓，現在我們則在二十八歲以上的居民身上發現高血壓的疾病。而且高血壓會伴隨著限制居民行動的肺部毛病，三十幾歲的居民症狀就極為嚴重，以至於再也不能行動，而陷入了癱瘓狀態。」

這次診所之行幾個星期後，我打電話給一位醫生朋友，他告訴我，這種病徵和當地環境問題顯示，年輕村民產生了肺間質纖維化和癱瘓性中風的疾病。

這位鄉村醫生補充說：「七〇和八〇年代時，你不會因為高血壓而死亡，現在你會因為高血壓而去世。我六十歲了，當我還是小孩子的時候，我記得在這個村裡可能只有一個人會因為高血壓的疾病而病得極為嚴重，以至於不能起床。後來別人告訴我，這種情形可能是中風。但現在卻有幾百個人出現這種類似的狀況。」

「原因是什麼？」我問道。

他聳聳肩說：「汙染，百分之百的汙染。」

「這樣值得嗎？」我問說：「為了文安的發展，值得付出這種環境成本和居民的健康嗎？」

他搖搖頭說：「過去的健康狀況比較好，你知道什麼東西不對，但是現在這種病一定會害死你。」他微笑著對我們說：「連我都覺得不舒服，你們離開後，我也打算到醫院去。」

第十章
再生部門

廢料場的味道很嗆鼻，即使你坐在有冷氣的皮卡車裡開過去，仍然如此。我坐在戴夫．史太吉（Dave Stage）旁邊的座位上，史太吉和藹可親，是全方位資源公司設在印第安納州維恩堡巨大廢料場的經理，他載著我和坐在活動摺椅上、即將成為我太太的克麗斯汀，要花少許時間，巡視一下整個廢料場。這是我第一次這樣做，因為我從事採訪之旅時，通常不會帶別人一起去。但是如果我要和克麗斯汀結婚，那麼她必須知道我為什麼這麼喜歡廢料。

史太吉放慢車速，經過很多堆廢舊可口可樂和百事可樂販賣機，我們看到的廢舊販賣機至少有好幾百台。史太吉說：「大部分廢舊販賣機還附有螢光燈泡和冰箱壓縮機，我們必須把這些東西拆下來。」這兩樣東西都含有有害物質，必須在別的地方回收。「拆下來後，我們會把這些販賣機切碎。」

我回頭看看克麗斯汀，說：「是在汽車切碎機裡切碎。」

她惱怒的看了我一眼，表示她知道這件事。但是我知道她並不知道，因為除非你看過汽車切碎機，否則你不可能知道這種事情。

我們經過一大堆顏色鮮豔、閃閃發亮的鋼板，照史太吉的說法，這些鋼板是一家汽車離合器製造商沖壓製程剩下的廢料。史太吉說：「看看那邊。」他指著遠處一位戴著焊接面罩、拿著乙炔噴槍、切割一包金屬的人影說：「他八十歲了，只有一條腿，來這裡工作很多年了。」我再次細看，發現他真的是只有一條腿。我回頭看看克麗斯汀，她從太陽眼鏡後面發出微微一笑，我想她已經融入這種情境了。

史太吉把皮卡車停在辦公室前面，我們下車、沐浴在像黃銅一樣閃閃發亮的熾熱陽光下。機器隆隆作響和東西碎裂的聲音聲籠罩著我們，顯示很多廢料處理設備正在把正常的物品變成原料。「你們會需要這些東西。」說著，史太吉把安全帽、安全眼鏡和橘色背心交給我們。

我們前面有兩堆廢鋼，高度大約都有兩層樓高。左邊的一堆呈現鐵鏽的顏色，主要是由無法辨認的鋼材構成，這些鋼材已經切短，便於鋼鐵廠管理和熔解，用業界的術語來說，這些東西是「已處理鋼材」。

右邊的一堆色彩繽紛，是由各種鋼鐵製品擠壓而成的東西，其中包括圍籬、舊工具機、鷹架、鋼管、幾輛自行車、至少一組秋千，還有很多棚架。這些東西叫做「未處理鋼材」，需要切短、再清除不是鋼鐵的任何其他雜物後，才能送到鋼鐵廠去。其中一部分工作要靠手工和機器完成，一部分工作要靠大得像恐龍一樣的起重機，利用像鳥嘴一樣、切起厚鋼管像切麵條一樣輕鬆的巨型鉗子來完成，在我成長的廢料場裡我們就是這樣做，這種做法也是我們所能負擔得起的方法。

但是現在有第三種方法，這種機器設備的高度比廢料場高出三層樓，因此會留下長長的陰影。我們從現在站立的地方，看不到多少這種機器的模樣，只看到像汽車一樣寬的輸送帶，把一塊壓扁的汽車車體往高處送。但是從旁邊看來，這部機器看來像是包覆式的電動遊樂設備，會往上爬，然後又會往下降。設備的頂端會冒出蒸汽，還會發出人間所沒有的那種尖叫和吼聲——這是汽車遭到切割、變成像記者記事本一樣大小的碎片時發出來的聲音。從我們所站的地方，我們看不出機器設備怎麼切割車體。

史太吉帶著我們，走在廢料堆旁邊，我們看到兩台起重機來回擺動，利用像手指一樣的抓臂，爲兩輛剛剛開到廢料場、後面載著床框的貨車卸貨。兩部貨車的貨物卸下來後，其中一台起重機抓起揉成一團的網狀圍籬，摩擦兩部貨車後面空蕩蕩的的裝貨尾板，好像用鋼絲絨墊一樣徹底清理貨車尾板，史太吉說：「這樣會把每一塊金屬都清出來。」

克麗斯汀打開手提包，拍了一張照片。

我們走在一大片由汽車堆疊起來的牆壁旁邊，這片牆堆了六輛汽車那麼高，長度大概有五十輛汽車那麼長，這種景象令人難過和洩氣，汽車裡都沒有引擎、水箱、傳輸系統、駕駛盤、輪胎和任何值得用手拆下來的東西。照史太吉的說法，每天有幾十輛汽車送到這裡，到達目的地後，由起重機一輛、一輛吊起來，送進飢餓的切碎機輸送帶裡。這時我們越走越接近這台機器，聲音已經大到會妨礙我的思考，史太吉提高聲音，對著我的耳朵吼道：「這台切碎機每小時可以處理一百三十噸的東西。」

我吼著問：「這樣等於多少輛車？」

「等於每個月七千到九千輛車，數量要看月份和市場狀況而定。」

全方位資源公司的切碎機真的很大，但是這台機器最不尋常的地方，可能是看來一點都沒有什麼不尋常。北美洲有三百多台這樣的金屬切碎機（並非所有切碎機都用來切碎汽車），另外至少有五百台這種切碎機，分布在南非、巴西、中國、瑞典和另外幾十個國家裡。這種切碎機的確是絕無僅有、有史以來人類發展出來的最重要、最好的回收設備，也是解決今天世界上最大消費者垃圾來源——美國人每年丟棄的大約一千四百萬輛汽車——問題唯一的方法。

史太吉說：「注意走路！」這時我們來到通往切碎機上方控制室的金屬樓梯。我們爬樓梯時，我回頭看克麗斯汀，注意到她緊閉雙唇，大概是要防止灰塵飛進嘴裡，但是我注意到四周只有噪音而已。我們越爬越高，越接近機器進行切碎的部位，這時我可以感覺到金屬遭到壓扁和徹底摧毀時，所發出的不同尖叫和慘叫聲。

走到樓梯頂端後，史太吉打開一扇門，我們三個人走進一間房間，該意外的是房間裡有冷氣，門關好後，周遭變得相當安靜。史太吉說：「歡迎來到控制室。」控制室像浴室一樣大小，由英俊瀟灑、鬍子刮了一半，（我猜）應該有二十五、六歲的員工羅伯操縱。他站在控制室的另一端，那裡有一扇窗戶，可以俯瞰切碎機的開口，還有一台監視器，顯示切碎機所產生熱度的紅外線圖像（看來就像電視機上播出的天氣雷達回波圖），另外還有一台附有搖桿的控制板，羅伯可以利用搖桿，操縱廢料進入這個系統的速度，他告訴我們：「汽車經過時你會知道，那種感覺像地震一樣。」

「只有那時才這樣嗎？」我問。

我看著電腦螢幕和上面跳動的彩色光影，看到螢幕裡像學步小孩一樣大小、每支重達幾百磅的鐵鎚，繫在像情人座一樣大小、高速轉動的轉子邊緣，把一部汽車敲成碎片。如果鐵鎚敲到的東西太硬，第一次敲擊無法敲碎，鐵鎚會完全偏移，重新再度敲擊。

我轉過身子，透過後窗，看著遠遠延伸出去的廢料場遠處樹梢後面，看到韋恩堡一些建築物構成的樸素天際線。突然間，整個房間震動起來，好像遭到坦克車撞擊一樣，空氣裡充滿了像男中音一樣的低沉呻吟。我看看羅伯，他歎口氣說：「是汽車。」絲毫不受影響，手放在搖桿上，眼睛看著紅外線螢幕上的一個紅色影子。在玻璃的另一邊，蒸汽從切碎機的開口中升起，傳來原本是新車味道走味後的最後一陣氣味。

這部汽車的前半部遭到摧毀時，碎片從柵欄中噴出去，飛到磁鐵上，磁鐵把構成汽車八十%的鋼鐵，跟其他東西分開來。

汽車裡的鋼鐵就這樣回收起來。

一九六九年內，紐約市的車主把七萬輛轎車和貨車，棄置在街上，其中有些車子會漏汽油和機油，有些車子變成老鼠窩和蚊子窩，大部分車子都很難看，這件事不是二十世紀中葉紐約這個大都市特有的問題。

一九七〇年，當時美國最大的廢料業同業公會廢鋼鐵協會，針對美國的廢棄汽車問題，舉行研討會，通用汽車公司資深工程師菲特烈．烏立格（Frederick Uhlig）是發表主題演講的來賓之一，輪到他上台時，他說明美國廢棄汽車問題的規模，指出從一九五五年起，美國人在農地、開放水域和都市街頭上，拋棄了九百萬輛到四千萬輛汽車。這個「估計」很荒謬，反映了美國汽車工業（汽車業的顧客更是不在話下）把汽車送上馬路後，根本沒有爲汽車使用壽命結束後的問題負起多少責任。這項估計也不完全離譜，同一場研討會上的其他專家估計，廢棄汽車的數量介於一千七百萬到三千萬輛之間。

廢棄汽車不是新問題。一九二〇年代時，美國汽車時代才開始二十年，美國人每年就讓高達一百萬輛的汽車退休，而且要退休的汽車很多：一九〇五到一九二七年間，福特汽車公司生產了一千五百萬輛T型車（沒有為顧客提供任何回收之道）。第二次世界大戰減緩了汽車買氣的成長，迫使美國人修理原本應該汰舊換新的東西，但是到了一九五〇年代初期，美國人恢復了買車和拋棄舊車的故態。一九五一年，美國全境大約設有二萬五千座廢舊汽車場，每座新設的廢舊汽車場都確有必要，因為光是這一年裡，美國人賣給廢料場的汽車就達到三百七十萬輛、小貨車達到六十萬輛。

一般說來，廢料場能夠回收這些車子，大部分回收工作都由工人完成，工人經常成群結隊，利用斧頭和其他手工具，把銅、鋁、纖維和木頭剝下來。鋼鐵是剩下來的主要物品，很容易賣給推動二十世紀中期美國經濟成長、迫切需要原料的鋼鐵廠。二次大戰後，有些廢料公司開發出巨型剪刀，負責切削工作，配合不斷送到廢舊汽車場的舊車成長浪潮（然而，這些巨型切割工具在切割汽車上各種非鋼鐵的零組件時，效率不像成群結隊的工人那麼好）。湯姆．麥卡錫（Tom McCarthy）在《汽車瘋潮》（*Auto Mania*）這本汽車對美國環境衝擊的長期歷史大作中，摘要說明了這種供應鏈的衝擊：「一九六〇年代以前，在降低跟汽車生命循環有關的環境衝擊方面，拾荒的人和廢料商人是其中最重要的一環，他們的努力卻很少有人肯定……」

這就是美國拾荒者的定數！

一九五〇年代中期發生了兩件事情，造成非常重大的打擊，改變了美國廢舊汽車業的面貌。首先，美國的勞工成本上升，使得美國廢料場越來越難以找到工人，把汽車拆解成各種零組件，大型切割機器卻繼續運作。同時，美國鋼鐵廠開始提升煉鋼科技，到一九五〇年代初期，很多鋼鐵廠不再有興趣向廢料場購買舊車體來熔煉。問題出在銅：即使是小量的銅，例如一％左右的銅，在煉鋼爐裡熔解時，都會削弱鋼鐵的屬性。廢料場工人可能擅於把汽車裡的各種金屬拆卸下來，但是要拆解最後一點點銅卻很困難、而且很昂貴。到一九五〇年代中期，美國很多鋼鐵廠不再有興趣向廢料場購買汽車，廢料場就不再向美國人購買舊車，隨之而來的洪流可以預見：美國人開始拋棄千百萬輛的汽車。

到一九六〇年，廢棄汽車問題變成了大規模的環境危機。全美溪流和田野遭到汽車和漏出來的機油、汽油與其他液體汙染；堆滿舊車的廢車場摧毀了美國原本純淨的鄉間景色。原本大力推動的回收再製不再可行，迫使政府和企業紛紛尋找替代方法。事後回想，這些替代方法似乎很荒謬：一九六四年，大地震侵襲阿拉斯加州的安克拉治，摧毀成千上萬的汽車，居民把遭到摧毀的汽車推下一百零五公尺高的懸崖峭壁；佛羅里達州的地方政府在不堪廢車困擾之餘，開始把廢車丟進海裡，錯誤的希望廢車可能形成（人工）岩礁。到一九六〇年代中期，美國第三十六任總統詹森的夫人，對於超大廢車場對美國鄉間造成的不利衝擊極為震驚，因此推動高速公路「美化」立法，訂出多項要求，其中一個要求是：規定位在聯邦州際高速公路範圍三百公尺內的廢車場，都必須用籬笆遮掩起來，或是在一九七〇年前遷移。

這一招沒有用，汽車實在太多了，一定要有地方可去；最好是送到高速公路旁邊的廢車場，而不是丟在我家前院。

一九七〇年二月十日，尼克森總統告訴國會：「美國難看的景物當中，很少有像千百萬輛廢舊汽車那麼難看……」尼克森可能不知道，這個問題的解決之道已經開始成形，美國要花幾十年的時間，解決掉積壓的廢舊車輛，但是這個問題大致已經獲得解決。

到了二〇一三年，美國人比較擔心怎麼處理自己不要的行動電話，比較不擔心怎麼處理廢舊汽車問題。從重量來說，廢車的重量比全世界每年產生的電子廢料，多出好幾千萬公噸，對任何人來說，認定回收汽車最好的方法是把廢車徹底拆解這絕對不是件小事。但是徹底拆解不只是徹底摧毀廢車而已，也跟節約資源和回收再製有關。二〇一〇年內，美國廢料業處理了七千萬噸的鋼鐵，其中大約一半是用切碎法處理，這三千五百萬噸切碎的廢金屬經過重新冶煉，大約占美國新生產鋼鐵的三十%。

切碎機控制間再度震動，空氣中再度傳來呻吟的聲音，我往前傾，看向窗外，卻只看到蒸汽。我回頭一看，看到克麗斯汀踮著腳尖往外瞧，目光超越我和羅伯，想看清汽車實際遭到摧毀的景象，但是她不可能看到，因爲汽車實際上是在包了裝甲的箱子裡進行。

「看夠了嗎？」史太吉問。

我想說其實還沒有看夠，但是這裡是史太吉的切碎機，這趟行程是史太吉主導的參訪，因此我們跟著他走下樓梯，走到切碎機的後方，看到閃閃發亮、壓成像紙張一樣的鋼鐵碎片，在輸送帶上快速通過，但是你不希望靠得太近，因爲鋼鐵碎片很尖銳，摸起來熱得讓人覺得難過。我們走到切碎機生產線末端，停在一套由人孔大小般的九個鋼盤組成的東西旁邊，這些鋼盤像小孩的硬質糖果手鐲一樣，綁在一個轉子上，掛在兩個更厚的鋼盤之間。史太吉說：「那就是我們要換掉的轉子。」比較小的鋼盤表面有很多大型的鋼針（我們從旁邊看不到鋼針），鋼針上面吊著超級強硬、重達幾百磅、厚度大約有男人大腿一樣厚的三角形大鋼錘，轉子旋轉時，鋼錘從鋼盤之間的空間跑出來，敲擊碰到的一切東西。

我有點想告訴克麗斯汀，我前幾天碰到的某一個人告訴我，像這樣的轉子，一個可能要價五十萬美元，但是我忍了下來，到後來才告訴她。

我們現在來到切碎機後面，這裡實際上反而相當安靜。我們頭上有一條薄薄的輸送帶，把壓扁的鋼片像流水一樣，向上推升六・七公尺，然後落在一堆三公尺多高的碎片堆上，這些碎片像微風中的風鈴一樣叮噹作響，碎片在碎片堆裡停留不久，一台正在搬運切碎的鋼鐵碎片，這台起重機裝了像餐桌大小的磁鐵，正在利用磁傾角，把鋼鐵碎片倒在一輛拖車上，準備送到鋼鐵廠去。

對於不希望花大錢、從破壞環境的鐵礦砂場取得製鋼原料的人來說，這些東西是意外的收穫。保守估計，裝在拖車上的每噸金屬碎片，等於不必從明尼蘇達州北部開採一千一百多公斤的鐵礦砂，加上不必從肯塔基州挖出六百四十公斤煉鋼爐用的燃料煤炭。沒錯，汽車切碎機需要極為大量的電力，但是跟鐵礦砂場營運所需要的電力相比，根本就是小巫見大巫。北美最大鋼鐵廠之一的鋼鐵動力公司（Steel Dynamics）在二〇〇七年，出資十一億美元，併購家族企業全方位資源公司，原因就在這裡。

克麗斯汀從手提袋裡拿出照相機，跨步走到我們前面，對著緩緩落在廢料堆中的鋼鐵碎片，拍了一張照片，然後不受影響，繼續跟著前進。

但是後來我們獨處時，她告訴我：「那是我所見過最性感、最具陽剛氣概的機器，只有男人才想得出這樣的東西，眞好，只有男人才想得出來。」

四個月後，切碎機公司（Shredder Company）執行長史考特．紐維爾（Scott Newell）在一月某一個寒冷清晨的六點鐘，來德州艾爾巴索（El Paso）市外我住的汽車旅館接我。他臉上粗硬的鬍碴至少有三、四天沒刮了，但是臉上緊實的皮膚讓他看來生氣勃勃，他可能有七十一歲了，但是如果我不知道這一點，我會說他才五十五歲。他開著凱迪拉克凱雷德車（Escalade）離開時，問我：「你對我送你的書有什麼看法？」

我昨天在他的辦公室短暫停留時，看到他桌上有一本《凱因斯、海耶克傳》（*Keynes Hayek*），他已經看完這本描述兩位偉大經濟學家的知性傳記，堅持我一定要把書帶走。

我說：「很深奧。」不願意承認我經過一整天的艾爾巴索廢料場之旅後，和衣倒頭就睡著了。

紐維爾身材中等、腳步很快——這兩種特質加在一起，讓我聯想到大學時所認識健步如飛的學者，和我從小認識健步如飛的廢料交易商。我認識紐維爾，帶克麗斯汀到全方位資源公司前，不敢說我曾經想像過什麼樣的人，會設計出把整台車吞下去的機器，但是現在我想到，這種機器一定是像紐維爾這樣的人發明的。而且事實上也是如此：紐維爾的父親歐頓．紐維爾（Alton Newell）並沒有發明這種切碎機，卻的的確確把這種機器改善到盡善盡美。全世界目前還存在的大約八百台切碎機中，超過一半是根據或是（像史考特．紐維爾所說的一樣）「借用」他父親老紐維爾的設計理念。從一開始，小紐維爾就跟在父親旁邊，生產這種機器，修改機器的設計，然後，値得注意的是——把這種機器用在他們家設在德州的廢料場中。

第一台紐維爾切碎機是在一九五九年，爲他們家族企業的聖安東尼（San Antonio）旗艦廢料場所生產，第二台切碎機也設在這個地方，今天這台切碎機上貼了一塊金屬銘牌，說明這台機器是全國工程地標性機器（美國機械工程師協會這樣說）。到這個十年結束時，紐維爾家族已經爲全美和全世界的企業，生產類似的切碎機，或是授權其他廠商生產（紐維爾對訪問自家公司設在里約熱內盧的分公司，留下非常美好的回憶）。剛開始，他們跟生產切碎機規模超大、能夠把汽車像彈珠台彈珠一樣呑進去的公司競爭，但是比較大的切碎機雖然受到最大廢料公司和鋼鐵廠的歡迎（因爲他們買得起），紐維爾家族的切碎機卻是比較小型廢料公司也買得起的機器。

就像紐維爾在車裡跟我解釋的一樣，他父親的「眼光」使這種變化成爲可能。紐維爾式切碎機問世前的切碎機是岩石粉碎機，汽車丟進這種機器後，由不斷旋轉的鐵鎚把汽車撕扯到粉身碎骨，在我的想像中，這種過程跟我把玩具車丟進攪拌機攪拌的結果類似。這種系統很好用，的確可以把汽車切成碎片，卻要耗費驚人的電力成本和維修。老紐維爾的看法是用比較小的機器，也可以獲得同樣的結果——把汽車切成碎片，所需要的電力和投資卻比較少，也就是你只要利用兩個滾輪，降低汽車送進機器裡的速度，讓汽車一寸、一寸的推進到不斷旋轉的鐵鎚下方，讓鐵鎚一點一滴的切碎汽車。沒錯，他們一路上還做了其他的改善，但是利用滾輪從旁邊輸送汽車的這種「看法」，卻使比較小的廢料場也買得起切碎機，進而清除汙染美國鄉間、亂成一團的衆多廢舊汽車。

我們開車經過卡魯帝羅（Canutillo）小鎭時，開始有著即將破曉的感覺，我們經過一大堆正在興建的風力發電塔，風力發電機像極多巨大的吸管一樣，放在發電塔兩旁。「這種接受補貼的事業」，小紐維爾告訴我時，帶著從來不知道什麼叫補貼的企業家那種輕蔑口氣，「不能獨立經營。」我們開上一條平緩的下坡路，他在停車標示牌前煞住車子時，我可以看到切碎機公司點了整個晚上的電燈，像鬼火一樣灑在七．三公頃的土地上。

我們開上車道，經過一排平板半拖車，半拖車上裝了一具大約跟老樹幹一樣大小的切碎機轉子。「這是要出口到中國的東西。」我們開車過去時，他這樣告訴我，然後改口說：「不對，是要出口到厄瓜多，是要運到厄瓜多的東西。」他把休旅車停在一棟旁邊有幾棟大倉庫的小型平房建築旁，我們下車時，他解釋說：「我們有一個舊員工現在在厄瓜多當傳教士，他協助安排了這筆交易，我們還有其他產品要運到中國。」

站在那裡讓我有種極爲安靜、極爲偏遠的感覺，我看著通往墨西哥的狹長深谷，卻什麼東西都看不到，只看到偶爾閃動一下的亮光。接著我注意到機器的隆隆聲開始瀰漫清晨的空氣，聲音並不低沉，比較像是男中音，而且聽起來很忙碌的樣子，紐維爾輕聲解釋說：「那是熔爐的聲音。」

我們穿過卸貨區，走進像運動場一般大小的廠區，廠區首先閃現片刻的橘黃色，然後恢復鋼鐵般的棕灰色。我們頭頂高處的燈光發出三角形的光暈，照在戴著安全帽的員工身上，因爲地方很大，在砂堆和手提箱大小金屬框旁邊忙著工作的員工變得很渺小。我停在一個金屬框旁邊，這個金屬框支撐著翻砂製作三個中型切碎機鐵錘的模子，對面還有更多的模子，但是那些模子都蓋了黑色的砂子，還冒著蒸汽，我走近一點，想看清楚一些，但是紐維爾警告我一定要小心，因爲這些模子剛剛倒了鐵水，十分熾熱。

我們走進鑄造間時，我看到一個大型的金屬鍋子，鍋子旁邊是一個長形的鋼鐵製箱子，大小大約跟餵食牛群的飼料槽相當，裡面裝了很多大塊的圓形廢金屬。紐維爾告訴我：「這些東西是退回來的鐵錘。」

「用過的鐵錘。」

「對，我們回收很多用過的鐵錘，把鐵錘熔製成新品，我們也接受碎岩機的零件。」

這些銳利的鐘型金屬塊已經熔成圓形的鐵塊，看來只給人很重的感覺，卻不再讓人覺得危險，這些東西已經磨損。照紐維爾的說法，切碎機每切碎一噸的鋼鐵，本身的鑄鋼會磨損一公斤，耗損的主要是鐵錘上的鑄鋼，但是其他零件也會磨損。有一個比較簡單的方法，可以想像這種情況：每一噸的福斯金龜車會啃掉一公斤的切碎機——你也可以說，這部汽車分解時，會留下最後一公斤的骨肉。最後鐵錘磨損得太厲害，必須換新。

我走過裝磨損鐵錘的箱子，看到幾個像飼料槽一樣大小的箱子，裡面裝的東西一看就知道，是幾個月前克麗斯汀和我在全方位資源公司所看到、從輸送帶中倒下來的那種切碎鋼鐵碎片。這些東西切得很碎，摸起來有生鏽的感覺，而且離開切碎機後，就不是什麼特別的東西，只是上面沾了白色斑點的金屬，紐維爾告訴我，白色斑點是石灰石（在熔爐裡，石灰石會跟金屬裡的雜質結合，再把雜質排除出去），那天早上再過一段時間後，這個箱子會吊到熔爐上方，經過熔解，再倒進新的鑄模裡，大概是倒進鐵錘的鑄模裡。紐維爾告訴我：「你在裡面看到的鋼鐵，來自我們在市內另一個地方自家工廠裡的切碎機。」那台機器是最早的切碎機，事實上，時間可以回溯到一九六〇年代，紐維爾對於能夠維持那台切碎機的運轉深感自豪，他開玩笑說：「這就像家裡的斧頭一樣，你換了斧柄，你換了斧刃，卻仍然是家裡同一把舊斧頭。」

我看看這間大房間，看著房間裡延續不斷的灰色和棕色景象，想到從某一個角度來看，這裡是綠色天堂，把回收設備回收再製，變成新的回收設備，切碎的汽車變成將來切碎其他汽車的工具。這種方法可以解決大部分美國人甚至不知道是問題的大問題：怎麼以儘量重新利用一部舊車的方式，拋棄自己的汽車。

老紐維爾於一九一三年，出生在窮苦的流動農工移民家庭裡，這家人在加州和奧克拉荷馬州之間遷徙，過著艱苦的日子，從很多方面來說，他們的日子像《憤怒的葡萄》（*The Grapes of Wrath*）中的喬德一家人。有一陣子裡，他們在三輛汽車組成的車隊中到處搬遷，一面在果園裡工作，一面分享飲食和營地。汽車故障時，他們用自己所能找到的任何零件修理汽車——當時要找到這些零件的地方就是廢料場。這種事情大概自然而然的，促使老紐維爾長到十多歲時，就到加州聖安娜一座專門「拆解」汽車的廢料場工作。

一九二〇年代末期是踏入汽車回收業的大好時機，美國人才剛剛開始了解自己可能碰到了一個問題，就是怎麼處理已經跑不動的第一代汽車。全美大都市外圍，出現成千上萬家汽車拆解業者，他們大都免費接受舊車，或是車主付出一點點費用，把車交給拆解業者，拆解業者只有在非常罕見的情況下，才可能要付錢買下舊車。這種錢很好賺，因爲大部分汽車至少還有一些可用零件可以拆下來、重新翻修、再轉賣出去。早年的汽車拆解業者很快就發現，不容易賺錢的部分是當時汽車中占了八十%的鋼鐵。

理論上，鋼鐵至少應該是可以回收的東西，但是汽車裡的鋼鐵並非總是這樣。從鋼鐵廠的角度來看，汽車不只是鋼鐵而已，而是由內部裝飾、橡膠、玻璃、鋁、鋅和銅等非鐵金屬和鋼鐵構成的複雜物品。其中很多物質——尤其是銅——在熔爐裡跟鋼鐵一起熔解時，會改變鋼鐵的屬性，使鋼鐵變成沒有用的東西。拆解業者當然可以用人工的方式，把鋼鐵裡的大部分汙染物質拆下來，但是這樣做要花很多時間，也需要很好的理由，大部分能夠安居樂業的人都沒有這樣做的理由。

目前由老紐維爾女兒經營的亞特蘭大紐維爾回收公司（Newell Recycling）在網站上宣稱，有一段時間裡，老紐維爾自己一個人，只要花十小時，就可以用斧頭拆解整部汽車。很多汽車拆解業者——包括一九三八年自行創業的老紐維爾——都發現，他們的問題中，至少有一些問題可以用一盒火柴和一些汽油解決。車內裝飾、車地板和地毯顯然是可燃物，一旦燒掉，留下的車殼中沒有燒掉或熔解的東西要拆下來，就容易多了。但是這樣做絕對不是很好的方法，主要的原因是沒有人希望住在焚燒汽車的下風（你只要試試看就知道），另一個原因是鋼鐵廠正好也不喜歡燒焦的廢料。

同時，底特律的亨利．福特也看出廢棄汽車中的商機，但是福特沒有設立大規模的焚燒場，而是設法複製自己在生產線上的成就，設立一座大規模的拆解廠，背後的構想是規模經濟會解決利潤問題。因此，以福特T型車的座位填充物為例，一部T型車的填充物可能毫無價值、令人困擾的東西，但是幾百輛T型車的填充物，可能變成可以賣掉或重新用在新T型車上的東西。一九三四年出版的福特傳作者羅伯．葛瑞夫斯（Robert Graves）把這座廠，稱為「再生部門」，這座廠存在的短短期間裡顯然極為壯觀：每天有幾百個工人把幾百輛汽車拆解，變成零組件。其中只有一個問題，就是再生部門虧損嚴重，規模經濟確實存在，但是支付幾百個工人的薪水、以便達成規模經濟的成本也確實存在。因此，再生部門在一九三〇年代裡，一個部門又一個部門，一條線又一條線的慢慢停止運作，廢料場重新奪回這項業務。

汽車回收業當時正在等待創新科技，以便以最低的成本，消除鋼鐵中的雜質。可歎的是，最流行的創新方法是把汽車的焚燒，移進四周經過封阻的「焚化坑」，這種坑基本上是燃燒汽油的汽車焚化場，焚化坑挖在地上，四周用混凝土包起來，工人利用軌道，把很多輛汽車推到焚化坑裡，點起火來，然後把燒過的車子拉出來，燒過的車子什麼東西都不見了，只剩下不會熔解的金屬。只要沒有人注意到焚化造成的汙染，否則這樣做是解決廢棄車輛的好方法。但是燒出來的煙是黑色的，到了一九六〇年代中期，全國空氣汙染控制局收集和公布的資料顯示，美國所有的空氣汙染中，有五%是焚燒汽車造成的，原本擔心廢棄汽車問題的地方政府現在把注意力，轉移到關閉這些解決廢棄汽車問題的工廠。

誰能夠指責他們呢？十年來，我到過亞洲若干條件最惡劣的廢金屬處理區，看過企業家所能發明出來的一些最惡劣回收做法，但是我必須承認，我很少看過比（大致）沒有經過過濾、每天焚燒幾十輛汽車的專用焚化爐還糟糕的東西。那樣燒出來的味道一定非常可怕，對環境造成的傷害一定無法形容。

但是關閉這種焚化爐無法解決廢棄汽車的問題。一九六五年，美國人拋棄了九百六十萬輛汽車，其中大約只有一百萬輛實際上經過回收。結果很糟糕：根據廢鋼鐵協會報告的資料，一九七〇年時，至少有二千萬輛廢棄汽車散布在美國各地，沒有人有興趣買這種車，我想，在這種情況下，唯一有道理的做法是把你的舊車丟在小河裡。

小紐維爾載我到切碎機公司附近一家小小的墨西哥餐廳，吃玉米粉蒸肉，一位服務生叫他的名字，跟他打招呼，他只看了菜單一眼，就點好了餐。然後我們坐下來，他對我說：「你問我爲什麼要把汽車切碎，因爲汽車有內裝、椅子、橡膠、銅……我們必須用露天的方式，把這些東西燒掉。」

一九五五年，德州休士頓卜羅樂鋼鐵公司（Proler Steel）的山米·卜羅樂（Sammy Proler）也這樣想，卜羅樂有一個大問題，他擁有四萬噸的廢棄汽車，他不能焚燒這些汽車，也沒有錢請工人用手工方式，拆解這些汽車，但是他絕對必須處理掉這些廢汽車。有一天下午，他搭飛機從鹽湖城飛到奧馬哈，坐了幾小時飛機、喝完四杯螺絲起子酒後，他想到了解決之道，就是把廢棄汽車切碎，然後把碎片放在磁鐵上，把鋼鐵回收利用。

這不是什麼革命性的構想，也不像現在聽起來那麼瘋狂。廢料公司從一九二八年起，就一直在切碎馬口鐵罐（鐵罐切成片狀後，用化學方法清除上面的鍍鋅，比消除整個圓柱形罐子上的鍍鋅容易），同樣的切碎機經過逐步改進，變成可以切碎越來越大的東西，包括切碎車門之類的薄片狀汽車零件。一九五八年，卜羅樂推出正式名稱叫做「卜羅樂機器」的切碎機，這台機器長度將近三百二十公尺，利用從美國海軍戰艦拆下來的馬達推動，因此極爲有力，以至於你只需要把汽車丟到這台機器不斷旋轉的鐵錘上，片刻之間，你就可以得到近乎碎片的東西。機器不會冒出黑煙，而且成本雖然高昂，但是和用人工方式完成同樣的任務相比，卻相當低廉。

這時，老紐維爾已經變成聖安東尼最大廢料公司的老闆，他像卜羅樂家族一樣，從事拆解汽車的業務，但是他跟他們不同的是，他沒有四萬噸的廢棄汽車等待處理，卻也有過切碎馬口鐵罐頭的經驗，而且他像卜羅樂一樣，看出切碎越來越大廢料的商機。

我們吃中飯時，紐維爾告訴我，他父親在卜羅樂機器推出前，已經開始思考切碎汽車的問題，事實上，紐維爾家族已經開始切碎汽車零件，而且堅決相信整部汽車也可以切碎。然後卜羅樂機器問世的消息傳來，老紐維爾有了放手一試的理由，「我們一看到汽車可以切碎的消息……家父就生產了一台比較大、寬度足以容納整部汽車的機器。」這時是一九五九年，小紐維爾坦然承認，卜羅樂家族是第一個從事切碎汽車的業者，但是他用不太婉轉的方式說，他們家族切碎汽車的技術更好。

後來他載我回切碎機公司，帶我到會議室去，會議室的角落上，擺了一個依據比例尺大小製造的木製切碎機模型，這個模型大小跟大台的微波爐相當，只是這個微波爐大小的模型上，有一條通往爐子後面的輸送帶。

他抓著一個把手，把模型切碎機的整個左側打開，顯現出他父親的巧思，也就是把汽車慢慢送到鐵錘下方（而不是從上拋下去）的側面進料滾輪。但是他讓我看的不是這樣東西，他掀開一個比較小、裝了轉子和鐵錘的箱子，說：「機殼是用這種方式打開的。」負責切碎的轉子完全展現在我眼前，形狀和印第安納州切碎廠所用的機器完全相同，只是輕了好幾千倍，轉子上面附了一隻把手，紐維爾忍不住開始轉動像玩具擀麵棍一樣的把手，他轉動時，旋轉的力量把小鐵錘從圓盤中的空格裡推出來。

實際運作時，轉子是以逆時針的方式旋轉，打在進入切碎間的汽車引擎蓋上，然後切碎的東西繞著切碎間旋轉，一旦這些材料縮小到足以穿過柵欄時，機器就把這些碎片向上推，穿過柵欄。這種設計和第一台紐維爾切碎機的設計大致相同，不同的地方是新機器比較精密，是「經過五十年的錯誤，學習和發展的成果」，紐維爾承認：「我犯了很多錯誤。」

紐維爾重組這個模型時，突然轉變話題。「我帶這台機器到中國參展時，碰到了一個問題，我們所有的潛在顧客都到了那裡——」他模擬爲模型拍照的動作，然後哈哈大笑說：「都在製作藍圖，都在用他們的照相機製作藍圖。」

但是小紐維爾比誰都清楚，這種切碎機已經不是祕密，是用了五十年、用來解決大部分開發中國家到了某一個時候都會面臨的問題，也就是車子太多、很少人願意接受低廉工資，用人工方式拆解汽車，以便回收再製的工作。

二〇〇八年初夏，全球經濟現金充斥，但是崩盤即將來臨。我在《廢料雜誌》（*Scrap*）的指示下，前往曼谷，設法了解爲什麼像泰國這樣的小國，在很短的時間內，變成美國切碎廢金屬片的主要進口國。從某個角度來看，我從上海搭機起飛前，我們已經知道答案：東南亞國家在中國的庇佑下，掀起營建熱潮，需要更多的鋼鐵，興建更多的大樓，生產更多的汽車。多年來，美國人購買、拋棄和切碎的汽車一直比泰國人多，因此美國（澳洲和歐洲）的金屬碎片自然是泰國需要進口的東西。

隨後的幾天裡，我採訪曼谷地區好幾家大鋼鐵廠，每家鋼鐵廠都擁有極多大致上是進口來的廢料。曼谷大鋼鐵廠ＧＪ鋼鐵公司的經理告訴我，他們公司放在地上的鋼鐵，就有十二萬噸。片刻之後，他問我：「這樣算多嗎？」

我跟他保證，這樣的確很多，等於一艘超級油輪的重量，大概是那一年美國對泰國出口廢鋼總量的十五%。我們在煉鋼廠裡，看著切成像小溪一樣寬的進口碎鋼板像流水一樣，流進亞洲最大的煉鋼爐中。這座煉鋼爐看起來像是科幻小說中的噩夢：像覆蓋著灰塵、噴濺著火花的飛碟。那裡熱得讓人無法忍受，我們不能靠得太近，因此經理帶我到控制室去，裡面有一群技術人員正盯著一台監視器，監視器上顯示幾分鐘後即將出爐的鋼鐵精確配方。

二十噸——生鐵（用來製鋼的鐵礦砂產品）

三十噸——混合廢鋼（廢鋼鐵）

二十噸——一號成捆鋼板（綁成成捆的鋼板）

六十噸——邊角純廢鋼（沒有雜物的乾淨廢鋼）

六十噸——進口切碎鋼片（進口的廢鋼）

爲什麼要進口呢？因爲歐美人民使用汽車之類金屬製品的時間不夠久，丟棄時東西還不會生銹，通常可以產生品質比較高的廢金屬，切碎的廢金屬就是這樣，和本地的廢料相比，這種廢金屬熔製出來的鋼鐵品質比較好。但是即使泰國的切碎廢鋼品質跟美國的切碎廢鋼相同，市場上根本沒有足夠的廢鋼，無法充分供應急於因應景氣熱潮的所有煉鋼廠。

我離開控制室，繞過一座篷架，走到軋鋼機送出新鋼板的地方，這些銀白色的乾淨鋼板會捲成閃閃發亮的巨型鋼捲，放在旁邊冷卻，等著將來出貨給生產汽車和洗衣機的廠商、出貨給製造提高生活享受產品、賣給泰國中產階級的廠商手中。看著這種回收再製的鋼鐵送出工廠大門，進入大家的生活中，但是大家大概永遠不會知道，曾經有一個美國人載著太太在汽車裡約會，想到這一點，我不免覺得感歎。我還是小孩時，只會認爲我們賣給本地切碎工廠的舊車，最後會回到我們的廢料場，我想這種循環已經過時了。

這種情形讓我困擾。

那天晚上剛剛過了九點，我坐在曼谷一輛計程車的後座上，旁邊的人是蘭迪．古德曼（Randy Goodman），古德曼當時是全方位資源公司行銷代表（現在是肯塔基州一家比較小家族企業的資深經理），我們來曼谷都是爲了參加研討會，而且我們剛剛吃完晚飯，要回旅館去，我告訴他，在曼谷周遭地區看到這麼多進口廢鋼碎片，的確是怪異之至。

他說：「他們在國內買不到這種東西，因此到美國來尋找，不然你以爲我來這裡幹什麼？」古德曼長得人高馬大，雖然他穿著夏威夷衫，卻還是滿頭冒汗，受不了悶熱的塞車，他的黑莓機響了起來，「我是古德曼。」

是總公司打來的電話。我轉頭望著窗外又悶又熱的曼谷市區，看到一個骨瘦如柴的男人推著手推車，走在人行道上，車裡放的東西似乎是從建築工地回收的細長竹節鐵。廢鋼價格就像當時的景氣狀況一樣火紅，我猜路邊那位小販會賺到幾美元。那天早上，我在研討會上，跟幾位貿易商談話，他們坦白告訴我，他們認爲，價格會突破難以想像的每公噸一千美元大關，而且再也不會回頭。這種情形讓我難以置信：我十多歲時，我們偶爾還會向送廢鋼來的人收錢，因爲廢鋼太沒有價值了，不過這是中國崛起之前的事情、是亞洲需要廢鋼之前的事情。事後證明現在是全球經濟擴張的最後時刻，只要是鋼鐵製品，現在都值得出售，而且這時在中國的某些地方，街道上的人孔蓋半夜都會失蹤。

「這些東西像滾輪，對吧？」古德曼用低沉的聲音問道：「上面有橡膠吧？好，我看看我能夠做什麼，送一些相片給我。」他說完再見，掛上電話。「他們在問包著橡膠的巨型鋼鐵滾輪是什麼價格。」

「這些東西原來是什麼用途？」

「用在布廠裡」，他說。

「誰要買這些東西？」

「你是說在這種市況中嗎？任何人都想買鋼鐵，價格很高，足以讓他們想出辦法，把橡膠剔除掉，但是在另一種市況中，很可能沒有人要買。」

一般說來，除非買方處在絕望的狀況下，否則包在厚橡膠裡的鋼鐵不是他們想要的東西，二〇〇八年夏季廢鋼價格升到空前新高，買方恐慌之餘，買下自己所能找到的任何類別廢鋼，擔心明天價格會漲到更高——事實上，價格通常都會上漲。

我忘掉這次搭計程車的事情，一直到三年後的二〇一一年夏季，我和克麗斯汀坐在全方位資源公司韋恩堡廢料場經理史太吉的辦公室時，才想起這回事。我們剛剛看完切碎機，正在閒聊二〇〇八年秋季一切崩盤前廢料市場多麼火紅的情況，我把那天晚上跟古德曼在一起的情形告訴史太吉。

他點點頭說：「我知道這種滾輪是什麼東西，我看過這種滾輪，二〇〇八年時，市場陷入瘋狂狀態。」

「真的嗎？」

他哈哈大笑說：「當然如此，二〇〇八年夏季時，我們的工廠裡大排長龍，大家排隊等著把廢料送進切碎機，排隊的長龍一直排到韋恩堡市區，有三公里多那麼長。」

這句話引起克麗斯汀的注意，「眞的嗎？」

「排隊要排七小時之久，價格漲到眞正高峰時，就會出現這種情形，大家開始從垃圾堆、從樹林裡、從田野中，把他們原本不會碰的東西，通通挖出來。」

幾個月前，我跟休倫河谷鋼鐵公司資深副總裁丹尼斯．羅斯（Dennis Ross）坐在一起，這家公司是傅立茲當年在底特律郊外創設的，公司的切碎機正好是底特律的第一台切碎機。羅斯告訴我，一九六〇年代末期，他們公司的切碎機剛剛開始運作時，找地方花錢切碎廢舊汽車的累積需求極爲強勁，以至於廢舊車輛要進入他們公司廢料場的過程中，都出現交通壅塞。照羅斯的說法，即使是這樣，廢棄汽車累積的庫存量一直要到一九九〇年代初期，才開始下降，而且一直要到二〇〇八年鋼鐵價格飛躍上漲時，美國廢料工業終於才趕上來，才能完全回收處理進到廢料場的任何東西。「從那時起，我們一直都相當能夠趕上時代。」

我問坐在對面的史太吉，問他是否同意這一點，二〇〇八年是不是最後一批廢棄車輛從樹林裡挖出來的時候？

「告訴你一件事吧，二〇〇八年夏季的某一天，有一台舊拖拉機送到我們的廢料場，準備切碎，裡面長的一棵樹已經長到拖拉機外頭，樹幹像棒球一樣粗細，說明這台拖拉機已經棄置多久了，因此他說得對，我認爲時間很可能是二〇〇八年。」

「你們那裡也要排隊排七小時那麼久嗎？」

他哈哈大笑說：「我們那裡要排隊兩小時，路口站了三位警察，有一個人擺了一個賣三明治的攤位，我們打電話給潛艇堡和披薩屋，訂購一百二十個披薩餅，貨車司機在我們的廢料場裡，架起好幾個烤肉爐。」

我看看克麗斯汀，她跟史太吉一起哈哈大笑，這種情形的確有趣，但是你好好想一想時，卻也讓人震驚：第一輛T型車從亨利·福特的生產線推出八十年後，美國人終於設法清除了所有積存的廢棄車輛——美國人能夠這樣做，原因之一是曼谷的鋼鐵廠需要原料，為東南亞的人民生產新汽車和新冰箱。

美國能夠清除積壓的廢棄汽車庫存，應該是電視紀錄片、總統演說的主題，甚至可能是發行紀念郵票慶祝的大事，實際的情形卻是工廠每天要叫很多披薩餅，大家在北美洲最大的紐維爾切碎機的陰影下，努力烤肉，我眞希望自己當時受邀到場。

實際上我人在中國、在世界最大的切碎機市場上。小紐維爾在中國忙著做生意已經將近十年，把一些有史以來最大的切碎機，賣給中國的廢料場和鋼鐵廠，他們認為，買過頭勝過買不夠，他們賭的是將來有一天，中國要切碎的東西會超越美國。

這時是二〇一〇年仲冬某一天的午夜過後，我醉醺醺的坐在一輛汽車的後座上，前往上海北方四百三十公里的連雲港郊外，要去看一座新裝好的切碎機。你在連雲港的荒郊野外看不到什麼東西，只看到連綿好多公里、距離相當的無數路燈，路燈是地方政府設置的，目的是要照亮這一段杳無人煙的道路。和我一起坐在車後座的人是黃付升，他是芬蘭回收工業設備主要供應商美卓林德曼公司（Metso Lindeman）北京分公司的業務代表，他也醉了，而且像我一樣，對喝醉覺得不滿，他埋怨說：「我一直都這樣做，這是在中國做生意的方法，如果我不喝酒，他們會認為我不夠朋友。」

不過是半小時前，我還跟惠通再生金屬公司（Armco Renewable Metals）、也就是擁有我們要去看的這台切碎機業者的幾位經理，一起坐在一張圓桌上。我必須說，晚餐開始時，這些經理人對於帶外國記者，去看他們花了幾百萬美元購買的新切碎機的想法，表示不置可否的冷淡態度，誰能夠怪他們呢？黃付升告訴我，雖然惠通跟地方和中央政府機關與官員關係密切，卻一直很難獲得足夠的電力供應，以便運作這台新切碎機；因此，近來這台切碎機每星期只運轉兩次，而且都是在午夜之後才開動。

晚宴之間，我對每一次「乾杯」的敬酒都來者不拒，喝下一杯又一杯的濃烈白酒，惠通公司的經理人似乎認為，我跟他們在廢金屬方面志趣相投。實際上也是如此：我跟他們志趣相投，說了很多我們家經營廢料場的故事，談到在美國經營切碎機的困難（我們並沒有切碎機，但是等到晚餐結束時，我認為每個人都認為我們家擁有切碎機）。第二瓶酒喝完時，我覺得想吐，惠通公司的經理覺得，我就是應該去看那台切碎機的那種外國人。

跟我們一起吃飯喝酒的宋延昭是山東玉璽集團總經理，玉璽集團是他父親創設的大型鋼鐵回收業者。他坐在前面的副駕駛座位上。從他的娃娃臉看來，他大概才二十二歲，但是從他的眼神來看，他已經不再年輕，因為他跟中國政治敏感的國營鋼鐵工業走得太近，培養出玩世不恭的冷靜特性。我們開始喝酒前，他告訴我，他們家的起家很簡單，是用手工具和切割吹管清洗廢金屬，然後切割成中國鋼鐵廠可以接受的大小。他們的經營很成功，到二〇〇五年，他們利用手工具、切割吹管和像鱷魚一樣的大剪刀，每個月可以處理兩千到三千噸、大約等於十到十五隻藍鯨重量的廢金屬，這些廢金屬都是從他們家廢料場附近幾公里方圓收集來的。

這種表現相當好，但是沒有滿足的商機更大。到二〇〇五年，中國已經變成世界上成長最快速的主要經濟體，中國人民和中國企業開始拋棄鋼鐵產品，開始拋棄建材、汽車和交通號誌之類的鋼鐵，速度快到根本無法用手工處理。企業要是想清除不斷增加的廢鋼，一定需要機器，尤其是需要馬力很小、只有一千馬力的中國製金屬切碎機。宋延昭告訴我，山東玉璽集團的切碎機經常故障，不過這點不是什麼大事：因爲他們公司在幾年的時間裡，已經從每個月處理等於十隻藍鯨重量的廢金屬，變成在離他們公司總部一百八十五公里的廢料收集區裡，處理五十隻藍鯨重量的廢金屬。如果沒有切碎機，他們會受困，每個月只能處理十到二十隻藍鯨重量的廢金屬，而且要雇用比現有員工多很多的人手。

然而，宋延昭知道，他們公司將來可以掌握大多了的商機。二〇〇九年，中國超越美國，變成世界最大的汽車市場，一年銷售一千八百萬輛汽車。很多舊車開始退休，但是二〇一〇年時，還會出現更大的汽車退休潮，這時中國人開始拋棄構成上次汽車風潮、車齡已經有十年的舊車。問題來了，中國的勞工成本仍然低廉，但是即使勞工成本低到足以利用人工的方式拆解汽車，卻根本沒有足夠的員工，拆解未來幾年內需要回收的幾千萬輛汽車。中國即將來臨的汽車問題不只是回收資源的問題而已，也是人力問題，如果沒有很多切碎機，從北京到上海，到處都會堆滿廢舊汽車。

這就是宋延昭坐在車裡的原因，他父親交給他一個任務，要他尋找外國製的切碎機，應付即將來臨的汽車退休風潮，他要求黃付升讓他看看美卓切碎機的實際運作狀況。宋延昭承認，他們家族打聽汽車切碎機的事情可能早了一點，但是汽車退休風潮橫掃山東省時，他們希望自己已經做好準備。

我往前面看，可以看到鈉燈在冬天乾爽卻受到汙染的空氣中，發出橘黃色的光暈，也可以看到幾座兩層樓高廢金屬堆的影子。黃付升告訴我：「那就是惠通公司。」司機把車子停在暗沉沉的兩層樓公司總部旁邊的空地上，一部載了惠通公司兩位醉醺醺經理的車子在那裡等我們。我們下車時，冷風灌進我薄薄的大衣裡面，讓我精神一振，但是我們毫無疑問的都醉了，凡是眞正清醒的人，應該要溜進公司總部裡，尋找大衣和手套，我們卻向鈉燈的方向走去，遠處切碎機傳來輕聲的嘶吼，切碎機控制室下方可以看到好幾堆準備送進切碎機的廢料。

我落後幾步，跟著幾個人，走進很多難看廢金屬堆中開出來的二線道峽谷。這些廢金屬樣子很難看，跟我多年廢料場生活中所見過的任何東西都不同，樣子像破碎的骨頭一樣扭曲、旋轉、陰森。我停下來，想看仔細一點，才知道這個由金屬構成的迷宮其實是一堆剝掉輪胎、鏈條和馬達的自行車和機車車架，都是生銹、彎曲和細長的廢鋼，堆在中國第一波消費熱潮產生的廢料上。這種尖銳廢料構成的廢料堆中，伸出一些不知名的金屬板、金屬框架、鷹架、一個金屬櫥櫃、若干交通號誌、很多彈簧、油箱、偶爾還有自行車鏈條，甚至有幾扇汽車車門。但是引起我注意的是剝得乾乾淨淨的摩托車車架，美國不會有人花精神這樣做，美國的勞工太貴了。我心想：中國的勞工是不是也便宜到可以用人工方式拆解汽車呢？他們爲什麼需要切碎機呢？

黃付升轉頭對我說：「他們也計畫進口美國車，開始在這裡拆解。」

「美國車嗎？」

「中國現在的廢棄汽車還不夠。」我們走在一起，走到廢料堆的後面，三層樓高的切碎機聳立在我們上方，兩台橘黃色的起重機在鈉燈底下運作，用爪子一樣的抓斗，抓起摩托車車架，放在輸送帶上往前進的各種廢料上。

我對黃付升說：「大家用手工方式拆解機車，讓我有點訝異，這樣做成本有點高昂。」

他跟我保證說：「要是沒有錢賺，沒有人會這樣做。」

我們現在來到切碎機的底座，我抬起頭，看到老紐維爾構思的送料滾輪藏在鋼製蓋子後面，由一條巨大的鏈條負責轉動。看到這種東西並不意外，因爲這台切碎機是由美卓林德曼公司德州切碎機事業處生產的，德州切碎機公司的幾位創辦人，跟老紐維爾和他的發明都有直接關係。熟悉的金屬粉碎、摩擦和緊縮的聲音很大，卻沒有壓倒一切，夜色多少呑沒了大部分的東西。

我們從後面爬上這台四千匹馬力怪獸的樓梯，停在工人監看金屬碎片在兩條輸送帶上快速前進的平台上。我回頭看切碎機機殼裡錘子旋轉的地方，卻只看到廢鋼和蒸汽，我向另一個方向看，看到一堆龐然大物，堆得很高、已經切成碎片的廢鋼。我問黃付升：「這些東西要送到什麼地方？」

他說了華北一家生產建築鋼材的超大國營公司的名字。只要中國的建築熱潮持續不墜，那麼需要廢鋼，丟進煉鋼爐中熔製，生產鋼管、鋼樑和鋼門的需求就會持續下去。黃付升補充說：「他們會用駁船裝運廢鋼，送到工廠門口。」

突然間，我覺得天旋地轉，因此我從輸送帶前面往後退，在這五分鐘裡——我不知道時間多長——我第一次想起自己醉得多麼厲害，想到在我不可能通過酒測時，沿著切碎機或輸送帶往上爬是多麼的不明智。要是刊出廢料場安全專欄的《廢料雜誌》總編輯知道這回事，他一定會大發脾氣，我看看手錶，已經將近半夜一點了。

「亞當！」

酒力顯然比我好的黃付升站在樓梯上，對我揮手，我跟著他走進樓梯間，向切碎機頂端的控制室往上爬，這一動害我想吐，但是我不能吐，因爲我現在在擠滿了人的小小控制室裡。

我從一扇大窗戶望出去，可以看到下面糾纏不清的機車車架掉進切碎機裡，一位年輕小夥子坐在大窗戶前面高起的平台上，可以看得更清楚，他才三十出頭，他所坐的椅子讓我想到星艦企業號甲板上船長的椅子。他的手輕輕的放在兩支遙桿上，控制廢料的流動，眼睛在輸送帶之間來回看著，一台電腦螢幕告訴他機器內部實際運作的詳細讀數，在暗沉沉的黑夜裡，這種情形給人很像科幻小說的樣子，就像我已經掉進未來。

不過我的眼睛卻受到那條金屬河流吸引，這些金屬從水泥地上往上升，短暫的通過窗前，然後掉進只會吐出蒸汽的切碎機大肚子裡。再往遠處看，我可以看到遠處大馬路的輪廓和連雲港十分漂亮的路燈。連雲港南邊這個長江邊的小鎮上，裝設了堪稱世界最大的金屬切碎機。老紐維爾的兒子小紐維爾負責生產和在這裡裝設這台切碎機，而且我查問過，這台切碎機也是通宵運作，切碎機裡的鐵錘敲碎附近上海市中產階級市民不再想要的任何鋼鐵製品。從德州到這裡可以說的萬裡迢迢，距離他們家的佃農生活也是年代久遠，但是我認爲老紐維爾對這些事情都不會覺得訝異，畢竟用機器切碎汽車，一定勝過花十小時，用十字鎬分解汽車，你只要問手上握著遙桿、坐在椅子上的那位年輕小夥子，問他願意做哪一種工作，你就會一清二楚。

第十一章
黃金碎屑

二〇一〇年八月初，我搭上地鐵，要到上海的北邊去，我手裡提著一個透明塑膠袋，裡面放了五支舊手機，我打算把這些手機拿到二手電子產品市集去賣。其中一支舊摩托羅拉手機從二〇〇四年起，就一直放在抽屜裡面，（我想）諾基亞舊手機從二〇〇九年初，就放在鋼琴上的一堆紙張下面。如果是在美國，這些手機會放在堆積廢料的抽屜裡，是我和迷戀未來升級的文化不想要的東西，對關心環保的人來說，這些東西是糟糕多了的「電子垃圾」，這個名詞道盡了誰也不想要的舊電子設備。

但是在中國這裡，我的舊手機不是電子垃圾，對幾億買不起或不想買新手機的人來說，我的舊手機反而是提供無線通信的廉價工具。

至少二〇一〇年八月時，我的想法就是這樣。

我過馬路，向一棟買賣二手電子產品的長條型二樓建築走去，建築外面貼滿有點過時的買賣電腦硬體的海報，樓下有不少戶外攤位，很多留著長短不一頭髮的年輕人，在攤位上賣舊桌上型電腦和監視器。整棟建築的各處入口都沒有裝門，而是裝了長條形的透明塑膠簾子，就像肉品加工廠用來保持冷度，同時讓堆高機和屠夫搬進搬出肉塊的那種塑膠簾。

建築物裡面的天花板相當低矮，一排又一排的日光燈照亮了兩個街口那麼長的空間，成排的玻璃展示櫃裡放著電腦硬碟機、唯讀式光碟機、鍵盤、記憶體和主機板；這些東西上面放著二手、翻新或完全重建的手提電腦，手提電腦的螢幕都用塑膠袋套著，以免沾染灰塵。一切都有點骯髒、有點破舊，很像美國的二手商店。但是別管這裡的氣氛，重要的是價格，你只要花七十五美元，就可以把一台筆記型電腦帶回家，用來上網和執行微軟Word程式。

我沒有看到多少年齡超過三十歲的人，每一個人似乎都像大學生或是年紀更輕的人，他們花很多時間跟同伴低聲聊天，他們的表情顯得緊張，也帶著一點疲勞，如果我的現金不夠，卻需要電腦設備，我也會來這裡。

我搭著電扶梯，上到二樓，這裡的展示櫥窗長度跟房間一樣，裡面除了像樓下一樣，放了電腦、硬碟機、滑鼠和鍵盤之外，還多放了行動電話。手提電腦擺在所有展示商品的上面，擺放得更爲緊貼，價格也比較便宜，但是多少看來比較新穎，監視器比較明亮、機殼比較乾淨，而且都擦得相當亮。手提電腦下面是手機，這些手機看來也很新，乍看之下，幾乎沒有一支手機像我塑膠袋裡的手機那麼舊，我彎下腰，從霧濛濛的玻璃中看過去，尋找像我的索尼手機、諾基亞手機一樣的東西，但是在我尋找時，空氣中彌漫著塑膠加熱後熔解發出的臭味卻讓我難過。

臭味從右邊傳來，那裡有另一位頭髮長短不一的大男孩埋頭在桌子上，右手抓著焊槍，點著完全打開的筆記型電腦內部。他頭上的貨架上，放了幾十台筆記型電腦機殼，電腦都像書本一樣排列，電腦的背脊朝外，另外還隨便放了好幾堆硬碟機、雷射唱片，還有幾個放了螺絲、螺帽和連接器的塑膠籃。他的工作檯看來更亂，鉗子和電壓表跟更多的硬碟機、更多的光碟機和更多一團團亂七八糟、中間混雜了手機的電纜線放在一起。然而，他顯然能夠掌握大局，因爲看來新穎的筆記型電腦和手機都放在展示櫃裡展售。

根據美國電子翻新專家、聯合國環境計畫顧問威利·凱德（Willie Cade）的研究，美國人送去回收和翻新的硬碟機中，有四分之一使用時間不到五百小時，實際上還是新硬碟機，可以再使用好幾百個小時。但是美國有誰會多花心思，回收利用這些東西呢？幾乎沒有人會這樣做。硬碟機和其他電子垃圾會從已開發國家，送到開發中國家去，這點是非常重要的原因之一。至少從一九八〇年代中期開始，致力於翻修再造先進國家二手電子產品的產業，就在中國開始蓬勃發展，中國變成這種產業的根據地，而且逐漸開始翻修再造中國自己製造的二手電子產品。沒有人知道這種產業的規模或營收，但是有一件事情我很確定，就是中國的每一個城鎮、鄉村，至少都有一個二手電子產品市場。在比較大的都市裡，還有整個商場像上海北邊的這個商場一樣，忙於從事電子產品的重複利用，而不只是回收再生而已。

中國企業會購買美國人所說的電子垃圾（這個名詞從二〇〇〇年代初期開始流通）和非英語世界喜歡說的「二手用品」，還有其他原因。最重要的原因是中國是世界最大、最重要電子產品製造商的根據地，這些廠商生產新產品時，需要黃金、銅和其他貴金屬與半貴金屬。取得這些原料的方法之一是開採這些金屬，另一個方法是購買從舊產品中回收的各種金屬，因爲舊產品中含有的合金，可能和你打算生產新產品時所用的合金相同。

可以回收的產品很多，二〇一〇年，中國變成世界最大的電腦和其他電子產品消費國，中國家電產業主管保守估計，中國消費者現在每年丟掉一億六千萬件電子家電產品（嚴格定義爲電腦、電話、冷氣機、洗衣機和乾衣機）。這個數字相當驚人，和美國國家安全委員會所說，一九九七到二〇〇八年間，美國人只丟掉五億台電腦相比，更是如此。二〇〇六年時，美國地質調查估計，美國人每年丟掉一億三千萬支行動電話——每噸電話中含有三百十一公克的黃金。這個數字看來可能不多，卻遠比你在一噸高級金礦砂中所能找到的黃金多多了。因此，理論上，回收行動電話和其他電子產品，從中取得黃金，似乎應該是大家比較喜歡、也比較環保的做法。

但實際作業時卻並非總是這麼清楚，以筆記型電腦、桌上型電腦、平板或智慧型手機中可能用到的主機板爲例，這種主機板送到「環保健全」的美國電子垃圾回收場時，會送進跟汽車切碎機沒有太大不同的切碎機裡，把晶片和所有的其他東西切碎，變成不能再度利用、家庭工廠不能輕易提煉的碎片。然後含金的碎片會運到外國，交給歐洲或日本投資數百萬美元的高科技冶煉廠（美國第一座電子垃圾冶煉廠預定二〇一三年秋季開張），利用化學和其他形式的非人工方式提煉黃金，這種做法正是最乾淨的回收方法，卻也是非常、非常昂貴的做法。最重要的是，這種方法有缺點，因爲舊智慧型手機、平板或筆記型電腦中很多最稀有、最有價値的材料，無法收回或回收，無法回收的東西公司幾種貴金屬，也包括正確名稱叫做稀土元素，用在觸控式螢幕、震動響鈴和今天科技產品中其他重要（卻可以說是非必要）功能中的材料。所有沒有萃取的材料最後都會送去焚化或掩埋。

還有其他方法可以完成同樣的工作。

在開發中個國家裡，電路板經常是用切碎的方法處理，但是切碎前通常會以人工的方式，拆下電路板上面含貴金屬的晶片。方法是把電路板放在熾熱的爐子上加熱，把焊接晶片和電路板的含鉛焊錫融化，做這種工作的勞工除了戴面罩和護目鏡外，很少得到更多的保護，但是即使他們穿著全套生化防護衣，這種製程中釋出的煙霧，也會飄到很遠的地方（截至二〇一三年初，中國很多家庭工廠開始採用機械式的方法，拆除晶片，以便保護勞工），這種製程還會變的更可怕：含金的晶片從主機板上拆下來後，要浸在具有高度腐蝕性的酸液中，把黃金溶解出來，其他的一切（主要是塑膠、鋼鐵、銅和玻璃纖維）卻依然無損。強酸和黃金溶液還要經過處理，產生高純度的黃金碎屑，白金之類的貴金屬碎屑通常會在這種製程中流失。

從成本的角度來看，這種低成本的方法和歐洲投資幾百萬美元的精煉廠相比，有一大優點，就是可以由一、兩個人，利用極少的設備，頂多只要利用一些塑膠桶，一排汽車空氣濾清器（過濾黃金溶液），加上一些化學藥劑，就可以把黃金提煉出來。問題是這些化學藥劑都有毒，大部分開發中國家都沒有能夠正確處理這些有毒物質的設備，因此，不但工人曝露在有毒的煙霧中，用過的化學藥劑通常也都會倒進溪流裡（我看過這種事）。

這樣做的傷害算得出來。二〇一〇年，在中國最大、最惡名昭彰的電子垃圾回收區廣東省汕頭市朝陽區貴嶼鎮所做的研究報告顯示，鎮上六歲以下兒童當中，有八十八%鉛中毒，鉛毒的可能來源是拆解電路板和熔解含鉛銲錫時產生的鉛塵。二〇一一年在貴嶼所做的一項研究顯示，二十五%的新生兒中，血液中重金屬鎘的含量偏高，鎘是一種有毒物質，可能造成腎臟傷害、骨質密度降低和其他讓人體弱多病的影響，這些新生兒的父母通常都在電子垃圾處理業中工作。其他的研究顯示，高水準的土壤和水汙染，集中在貴嶼鎮聚集最多電子垃圾處理業的若干地區。你不必看到受到傷害的新生兒，就可以知道貴嶼鎮有些不對勁的地方，因為你每天都會看到政府的水車，把飲用水載到汙染最嚴重的地區。

貴嶼鎮不是獨一無二的特例，你在印度、巴基斯坦、羅馬尼亞、泰國、越南和其他開發中國家裡，都會看到類似的地方。但是貴嶼鎮因為接近迫切需要原料的工廠，是其中最大的電子垃圾處理區（大家估計的規模不同：印度德里郊外的電路板回收區面積大多了，但是從我的經驗來看，那裡處理的電子廢料沒有貴嶼鎮那麼多）。同時，包括美國在內，只要什麼地方的人需要黃金，小型的家庭工廠就會勃然興起。你在YouTube網站上，可以看到美國人製作的影片，提供精確的指導，教你怎麼利用很多開發中國家所使用的相同「原始」方法，從電子廢料中提煉黃金，點擊這些影片的次數還高達幾十萬次。唉，我們無從得知美國有多少家處理電子垃圾的家庭工廠（偶爾刊出來的事故報導顯示，這種工廠還不算少），但是不管數目是多少，其中都有一個重要而且根本的宣示，提醒大家不只是開發中國家的窮人，採用這種所謂「原始」的回收方法，說不定你們家所住的死巷盡頭，可能也有人這樣做。

這就是我來這座電子商場的原因。我不希望別人用會毒害兒童的方法，回收我這幾支相當適於再度利用的電話，也不希望把這些電話帶回美國，再送去切碎，運到歐洲的提煉廠去（或是運到死巷盡頭的郊區垃圾場）。總之，我不希望別人回收我的手機，我希望用我的舊手機，做一些對環境負責的事情，也就是我希望把手機賣掉，讓別人重新利用（我自己不必重新利用這些手機）。我希望中國年所得不到五千美元的幾億人當中，有一個人能夠買下我的舊手機。

垃圾減量、重新利用、回收再生。我像大多數的美國人一樣，不喜歡第一個說法，因此我儘量做好第二件事情，重新利用勝過回收再生，不想要的東西是電子產品時尤其如此。

我走到另一個攤位，看到兩位頭髮長短不一的年輕人拿著電錶，忙著處理一台打開的手提電腦，檢查電腦的連接狀況。其中一位手裡拿著光碟機，我認爲他打算把這台光碟機裝進電腦裡。他看起來非常自由自在，因此我停下來，拿我手上裝滿行動電話的透明塑膠袋給他看，他抬起頭，看到袋子裡雜七雜八的舊手機，眉頭一皺、頭搖一搖。

好吧。

我走到下一個攤位，一位表情堅毅、大概有二十五歲的年輕女性瞄了我的袋子一眼，就搖搖頭。我多停留了一刻，猜想我看得出她的意思，她的展示櫃裡放了很多手機，但是沒有一支看來像我的手機那麼老舊。她點點頭說：「三G，都是三G手機。」

我的手機當然沒有三G功能，只是堅固好用的笨重舊手機，如果某一位外來建築工人需要手機上網的功能，那麼他應該到別的地方去找，但是如果他希望在周末打電話給媽媽，那麼我袋子裡裝的手機就可以解決他的問題。問題是市場上似乎每一個人——連經常照顧這個市場的學生和民工都一樣——都想要三G手機。展示櫥窗裡的所有手機都有上網功能，像我所有的笨重舊手機，變成像曼哈頓市面上的錄影機一樣無關緊要、一樣難以銷售。

我走出門，走到馬路上，走過好多家賣二手電腦和其他翻新產品的商店，好不容易才看到兩個裝了破裂塑膠電腦機殼的紙箱，幾步路外，我看到另一個紙箱，這個紙箱裝滿舊的電腦主機板，我考慮把自己的手機丟進這個紙箱，結束這次顯然毫無意義的探索。

接著我重新考慮一番，這些主機板幾乎一定會送到貴嶼鎮，送到當地產生毒素的工廠裡。這個紙箱的主人可能不會在乎我是不是把自己的手機丟進去、搭便車到貴嶼鎮去。

但是接著我想到別的事情：我是報導廢料新聞的記者！因此，我不應該隨便讓一位電路板商人替我處理我的手機，我爲什麼不自己到貴嶼鎮去，把手機賣給他們？這個想法很荒唐，因爲白人不會爲了想賣掉幾支手機，就隨隨便便的跑到貴嶼鎮去，但是我搭地鐵回家時，認定我就是做這種事情的人，我只需要有人帶我去那裡。

一九八〇年代初期，中國開始進口外國廢金屬時，二手電子產品裝進很多貨櫃裡。例如，一位美國的出口商告訴我，一九八〇年代初期到中期，美國電信業升級、改用數位設備時，他靠著出口一貨櫃又一貨櫃的舊電話設備，賺到大錢。包括東泰公司陳作義在內的其他廢料商人告訴過我，他們從一九八〇年代中期開始，向大陸出口老舊的大電腦，而且早從一九八五年起，就把ＩＢＭ和蘋果的個人電腦出口到中國。這樣做的原因很簡單，因爲當時美國沒有電子廢料回收工業。但是即使美國有一些企業能夠以有利可圖的方式，把舊電話機拆解成塑膠、銅、鋼鐵之類的各種回收物資，卻仍然缺少一個重要的因素，就是美國沒有廠商有興趣利用所有的舊塑膠。因此，美國的垃圾掩埋場裡，埋了很多一九六〇年代到一九八〇年代的電子產品。

這時台灣上場了，中國跟著上場：這兩個地方的勞工成本低廉，更重要的是經濟成長，需要從舊電話機或大電腦中拆卸下來的每一樣東西。因此，美國回收商把原本應該送去掩埋的舊電話，賣到亞洲，亞洲的工人不但把塑膠從金屬中分離出來，還有很多公司樂於利用這種塑膠（只是利用方式並非總是符合先進國家的環保標準）。

把電子產品賣到亞洲的做法，經常被人說成是「倒垃圾」。這個說法強而有力，意在促使大家想到已開發國家的大部分白人，站在富有而高高在上的地方，把垃圾倒進黃種人和黑人開發中國家的窮困深谷裡的印象（「倒垃圾」多常讓人想到窮困的白人）？但是這個說法有一個重大問題，就是暗示貨主藉著拋售貨物到亞洲的做法，可以省下不必在國內正確回收這些廢物的費用。但是沒有什麼說法比這種說法更背離事實。事實上，即使是到了二〇一三年，把很多種類的電子產品丟到美國的垃圾掩埋場中，還是合法行爲，所花的費用不會超過把裝滿漢堡王包裝紙的垃圾丟進去。因此，既然把電子產品丟到垃圾掩埋場完全不用花錢，爲什麼有人會反其道而行，付出運費，把這些電子產品運到中國呢？

答案其實很簡單：這些電子產品的價值超過海運成本，而且中國人擅於找出這種價值。然而，這種價值並非廢金屬的價值，一台電腦監視器所含的廢料價值大致不會超過二、三美元——根本不足以應付把九百台監視器裝到貨櫃裡，從明尼蘇達州運到深圳的費用，這種價值和其中的商機反而是在於再度利用整台機器，或機器的若干部分。

其實早在一九八〇年代，美國出口的所謂「壽終正寢」舊電腦，都還有相當長的一段使用壽命——如果你希望在計算尺方面，得到機械或電子運算功能的協助時，這種電腦更是如此。你可以想一想，如果你是窮困的中國人，買不起新電腦或計算機，一台用了五年的ＩＢＭ個人電腦，還是勝過沒有個人電腦可用；如果你是中國大學裡的窮科學家，用過一段期間的個人電腦就是憑空得來的奇蹟。有些舊電腦從貨櫃裡拿出來後，立刻可以再度利用（和出售）；有些電腦已經破損，必須修理，有時候是用新零件修理，有時候是用舊零件修理。

這樣不是倒垃圾。

從中國人的觀點來看，這樣反而是利用兩個市場之間價差的商機，華爾街的人把這種做法叫做套利。在過去我跟祖母經常去看的鄰居車庫大拍賣中，這種做法叫做盜竊，類似用兩毛五分，買下價值二百美元的古董。上海人把這種作法，稱為二手電子產品市場中大部分存貨的來源。

不論是過去還是現在，這樣做都是好生意，都會為企業家的口袋和地方政府的公庫，帶來不少收益，但是到了一九九〇年代初期，這種行業蓬勃發展的廣州和深圳開始變成大都會，地方政府名正言順，擔心伴隨著電子垃圾處理而來的汙染，開始採用溫和手段，鼓勵這種產業大量外移。因此中國的電子垃圾貿易商和處理商開始尋找目前很偏遠、將來也可能保持偏遠地位的地方。他們找到的地方是位於廣東省西北部山區、大致上是無路可通的貴嶼鎮轄下的一些農村。外移迅速展開，到一九九〇年代初期，貴嶼鎮已經變成華南最大的電子垃圾處理中心。

不論是在中國還是國外，貴嶼鎮從來都不是祕密。香港媒體在二〇〇〇年代初期，報導過這裡的恐怖景象，中國國營的媒體至少從二〇〇〇年代中期開始，就動用相當大的篇幅，報導這個地方。在中國以外的地方，貴嶼鎮從二〇〇二年起，進入大家的意識，因為西雅圖的環保人士吉姆·帕克特（Jim Puckett）到貴嶼鎮訪問後，把他的發現發表在《輸出傷害：亞洲的高科技垃圾處理》（*Exporting Harm: The High Tech Trashing of Asia*）一書中。這本報導大作包括生動的照片，也包括低成本、不安全電子產品回收作業的描寫。例如，帕克特用下面的文字，描述利用強酸，從電腦晶片中剝離黃金的做法：

這種液體和製程一律都是直接在河流和水道沿岸應用……

這種製程會釋出蒸汽般的酸性氣體，形成巨大的煙霧，看來像是從更遠處升起的雲霧。更糟糕的是，這種製程會導致業者定期排放王水法製程產生的汙泥，汙泥和電腦晶片中的樹脂材料染黑了河岸……

日夜操作這種製程的工人只得到橡膠靴和手套的保護，沒有東西能夠保護他們，免於吸入和忍受經常有毒的刺鼻煙霧。

帕克特的報導立刻在媒體上轟傳一時，把過去所不知道跟舊電子產品處理有關的問題，變成（美國和歐洲）的最優先環保要務。然而，貴嶼鎮不但繼續存在，還公開的繼續繁榮發展，大致不受地方與中央政府的干擾。有多公開呢？你只要上共黨批准的貴嶼回收商同業公會貴嶼再生資源協會的網站，在首頁的「地區資訊」項下，點擊〈貴嶼拆解產業鏈具體描述〉，其中的第一段說明如下：

一、廢舊電器（電子垃圾）來源：

這些廢舊電器（電子垃圾）主要來自日本、美國等國家，途徑香港和台灣，然後再進入深圳、南海、廣州等地。貴嶼的大買主們（有時會透過代理人或者委託人）就會在那裡經過討價還價將貨物接下來，最後以貨櫃車運到貴嶼自己的工廠和作坊裡面進行拆解。

怎麼可能會這樣？北京中國共產黨的領導階層不管嗎？中國環境保護部（和我碰到過的很多）和善主管官員都不注意嗎？

我拿這個問題，問一位亞裔美國人廢金屬處理商——他就是在二〇一一年某一天的晚餐上——同意帶我到貴嶼，把我的手機賣掉的人。在寫作本書時，我要把他稱為亨利。他是從已開發國家，把包括電子廢料在內的各種廢料出口到中國的大出口商，他跟中國的環保決策官員、主管機構、海關官員和處理電子廢料的國營企業，都保持密切的關係，對於在中國各地興建先進國家那種設施也非常感興趣。他告訴我：「國內（意思是指中國產生的）電子廢料數量越來越大，中央政府希望電子廢料送到一個地方去，他們希望劃定一個地區，不希望這種汙染企業在中國各地勃興，希望把這種企業局限在一個地方。」

換句話說，貴嶼是中國中央政府劃定的中國電子廢料回收區。

這不只是講求本身利益的廢料商人亨利的空想而已。二〇〇四年，中國發改委代表抵達貴嶼，親自評估這場環保浩劫（貴嶼再生資源協會很幫忙，在網站上貼出發改委訪問的相片和紀錄）。這件事情意義重大：發改委堪稱中國最有權力的政府機構，從一九八〇年代初期開始，就負起重責大任，要把中國經濟改革和改造成現代市場導向經濟。我們不可能猜到他們對自己的所見所聞有什麼想法，但是有一件事情我們的確知道，就是在二〇〇五年，他們協同中國另外六個高階政府機構，宣布貴嶼會得到大筆補助，以便配合中國新近強調的永續發展目標，推動產業升級。根據政府的宣布，官員會「加速把貴嶼建設爲全國性回收再生展示基地。」

其中有個問題：中國人開始丟棄的電腦數量還不夠大，無法支撐貴嶼的回收產業。因此，雖然中國海關法令禁止進口二手電子產品，某些地方的某些人，還是保證貴嶼能夠繼續得到進口電子產品。我們前往貴嶼的前一天晚上，亨利的一位生意夥伴說得很清楚，他說，中國目前所產生的所有電子廢料中，超過一半流入貴嶼，而且這個比率還在快速上升。

然而，還有其他原因，說明這種造成毒害的產業爲什麼會繼續維持。

中國環境保護部的一位年輕研究人員花了很多年時間，研究適於中國採用的電子廢棄物問題的解決之道（也就是多利用美國、歐洲和日本回收業者的科技），二〇〇七年時，他提出了貴嶼能夠繼續生存的另一個原因。他告訴我：「大部分中國人甚至沒有安全的食物可以吃，沒有乾淨的飲水可喝，沒有清潔的空氣可以呼吸，我們離解決這些問題大概還有十到二十年。但是外國環保團體希望我們擔心舊電腦和溫室氣體釋放的問題，如果你的小孩沒有安全的牛奶可以喝，你怎麼可能擔心溫室氣體和舊電腦？」

這個論點具有更廣泛的意義，在美國、歐洲和其他已開發國家裡，環境夠乾淨，因此公民和政府可以把時間和力量，放在擔心怎麼回收舊iPod播放機上。但是中國面對的環境和健康挑戰極爲艱巨，因此清理貴嶼對於整個中國的整體環境狀況，不會造成半點看得出來的影響。我自己在上海住了十年，我對極端惡劣的空氣品質、對幾乎每天爆發的食品安全醜聞，關心程度遠超過我對自己的舊手機在廣東省一個小鎮上會碰到什麼遭遇，何況我在專業上，還是跟後面這個問題有關係的人呢。總之，即使中國確實遵循自己三心兩意的決心，禁止進口舊電子產品，貴嶼在幾億中產階級中國人拋棄電子設備的驚人浪潮快速成長下，應該也會繼續繁榮發展。根據中國頂尖的商品研究業者CRI公司的研究，中國每年會產生五百二十萬噸的電子垃圾，二〇一二年內，美國產生的電子垃圾只有三百二十萬噸。

二〇一一年下半年某一天的某一個下午，我跟朋友亨利和貴嶼的四位回收商人，在紡織業生產重鎮虎門的一條高架道路下的餐廳裡，吃一頓延遲的午餐。從深圳開車到貴嶼鎮要花五小時，開到虎門這裡大約四十五分鐘，我以亨利和他佛山事業夥伴事前沒有說明的客人身分來到這裡，他的合夥人我要稱之爲杜先生，這種情況很敏感，因爲貴嶼再生資源協會對於招待中國高官可能深感自豪（他們在網站上貼出這些高官的相片），但是貴嶼的業者不會熱心歡迎另一位外國記者上門，拍攝貴嶼最糟糕一面的相片，這種採訪最後一定會造成當地企業在審判秀中，遭到關門的惡運。

亨利沒有浪費時間，立刻把我介紹給貴嶼的業者認識。他說，我是美國一家廢料場老闆的兒子，有興趣多了解貴嶼的電子廢料產業。我背包裡的東西證明了他的話，我在背包裡除了放舊手機之外，也放了一台舊的個人數位助理、好幾條舊電源線，和一台修理起來太麻煩的舊戴爾手提電腦。這不是我來這裡唯一的原因（畢竟我還簽了一本寫書的合約），但是對貴嶼來的業者來說，這一切眞實到足以變成很受他們歡迎的消息，長久以來，美國人一直是對貴嶼輸出電子廢料的主要出口商（然而，沒有人能夠說美國人輸出了多少廢料）。

貴嶼來的業者彼此看了一看，有一位業者聳聳肩，抽了一口菸，然後清清喉嚨，開口說話，他瘦得反常，眼簾上有一道疤痕，我喜歡把這道疤痕想成是某一次電子廢料處理事故留下來的痕跡。「這一切很可能是二十年前開始的，有人把電子廢料進口到南海，貴嶼有人到那裡去，把電子廢料運到貴嶼來處理，賺到了錢，其他人看到他賺錢後，也加入這一行，這一行就是這樣茁壯的。」我看看桌上的人，但是沒有人表示不同意，或是想補充什麼。他們反而要求亨利，多提供一點他這次來打算要做的生意細節。

亨利提出了他們都很感興趣的建議，他希望購買還沒有在貴嶼臭名遠播的有毒工廠提煉黃金前的電腦晶片。他說，他有一位日本客戶想在日本提煉晶片，貴嶼的業者都點點頭，因爲貴嶼雖然擅於從電腦晶片中提煉黃金，卻缺少有效提煉包括白金與鈀金之類其他貴金屬的科技，因此，貴嶼的一位業者告訴我們，很多年來，日本人一直都跑到貴嶼，購買含金的晶片。

這件事讓我覺得驚訝，按理說，日本擁有世界最乾淨、最環保的電子廢料回收廠，但是如果貴嶼這些業者的話可以相信，看起來就像日本一些最乾淨的公司實際上是利用貴嶼，從事從舊電腦（和把晶片黏在主機板上的有毒焊鉛中），拆下晶片這種勞動密集又不安全的工作，這些晶片後來會送到日本去提煉黃金。在我看來，這種事情不像是把垃圾倒在貴嶼鎮，比較像是非常眞實、基礎穩固的供應鏈。

我們快快吃完中飯後，就回到高速公路上，開車北上貴嶼。陪伴我們的是一位年輕處理業者兼貿易商，我把他叫做葛先生，他實際年齡將近三十歲，看來卻沒有那麼老，還有點孩子氣，很討人喜歡。他沒有別人所說從事有毒物質貿易業者的特性，說話反而是輕聲細語，帶著年輕人的眞誠，他不知道我是記者，我突然覺得有種欺騙他的愧疚感。

一路平安無事，我們大部分時間都走在沿著海岸線開闢的高速公路上，經過漁村、漁船、漁網、加油站、修理廠和附設麥當勞餐廳的貨車休息站。走到一半時，亨利從小睡中醒來，看看我的舊三星手機，告訴我：「噢，看看這支手機，大概是一九九九年份的三星手機。」他的眼睛亮了起來。「因此，對你來說，這支手機可能是廢物，但是我認得這支手機，是因爲這支手機是一九九九年推出的機子，我知道這支手機含有我可以用某種價格賣出去的某種晶片，我可能知道手機螢幕具有不同的價值，我可能也知道裡面含有有價值的記憶體，因此跟你相比，我可以在手機裡看出比較高的價值。」

「誰會買這種東西呢？」

他笑著說：「想要再度利用這種晶片的人會買！很多公司生產滾動式的數位標誌，他們喜歡這種比較老的晶片，這種晶片可以跑那種應用程式很長一段時間。」

換句話說，我的舊三星手機裡的晶片可以拆卸下來，放進堪薩斯市一家餐廳買下的滾動式數位標誌裡，宣傳這家餐廳每天中午的特餐。這樣做是從跑試算表、網路流覽器和電子遊戲中降級下來，卻一定比開採金、銅和矽、生產晶片還好。

「重新利用的晶片可以跑數位標誌多久？」我問。

「很難說，」亨利回答說：「可能可以跑十五年。」

我覺得這樣比單純的回收再生還好。

根據亨利的說法，對貴嶼的貿易商來說，眞正創造利潤的是廢料重新再度利用的價值，而不是廢金屬和廢塑膠的價值。你可以這樣想：貴嶼的處理商以成噸的方式，購買舊手機，價格可能低到每支只要一、兩美分，手機裡可能含有價值幾美分的金、銅和塑膠，但是就像亨利所暗示的一樣，如果舊手機裡含有可以用十美元，轉售給數位標誌製造商的晶片，情況又如何呢？這種生意利潤很高，亨利告訴我：「重新再利用的價值可能占到貴嶼所創造利潤的八十%，這是非常、非常龐大的生意。」

我對這一點倒不是十足的意外，二〇〇九年時，我去採訪日本廢料處理業者經濟生態公司，這家公司在富士山腳下設有很多座倉庫，其中一座倉庫，專門負責拆解向成千上萬家日本賭場中某些賭場買來的舊彈珠機（等於日本式的吃角子老虎）。我跟經濟生態公司的一位經理走在一棟倉庫裡時，他告訴我，彈珠機裡小小的高解像度觸控螢幕必須從其他零組件中，小心的拆解下來，包裝好，再出口到中國，裝在全球衛星定位系統機器中。彈珠機螢幕大小顯然正好適於裝在汽車儀表板上。

有什麼方式比這樣更像永續利用？

我們到達普寧市時，下午已經過了一大半，普寧市靠近貴嶼鎮，是人口稠密的城市，有一百五十萬人口。我還清楚記得普寧這個地名，因爲幾年前，普寧市爲了達成人口控制目標，大力宣揚爲九百位婦女動絕育手術的計畫，隨後北京的中央政府向民怨低頭，出面干預。事實證明，普寧市的各級政府的確是爲所欲爲，一直到再也不能推動下去時才罷手。

我看著窗外，我們經過一排又一排緊緊相連、卻搖搖欲墜的水泥公寓建築。在穿越市區的幹道大馬路上，車子跟上海交通顚峰時刻一樣多，但是交通狀況卻危險多了（這種情形說明了一些事情）：這裡沒有交通號誌，因此騎著腳踏車的小孩等待車流空隙，穿過馬路。

這個地方相當黑暗，但是街道兩旁一公里又一公里長的商業活動——包括餐廳、便利商店、五金店——和偶爾可見的路燈，照亮了這個地方，每隔幾分鐘，這些新興商圈就會消失不見，取而代之的是古老鄉村聚落略微隆起的屋頂，在夜色裡，這些房屋沒有電燈，也沒有人住，只是屋子的影子而已，用比較客氣的話來說，這些屋子是這個最新新興城市原有經濟主幹務農生活殘留的痕跡。我猜還沒有人有時間拆掉這些屋子，或是沒有人有心這樣做。

這些廢棄農村的隱祕性比貴嶼鎮還高，事實上，惡名昭彰的貴嶼鎮電子產品垃圾區一點也不隱祕，貴嶼鎮並不偏僻，並不難到達，甚至不難找到。貴嶼鎮其實臨近不斷擴大的新興都會普寧，你開了三十分鐘的車程後，再開過一條黑暗運河上面短短的拱橋後就到了。亨利告訴我，「我們一旦開到另一邊，你就達到目的地了。」

一道明亮的閃光突然照亮了我們坐的廂型車。

「這樣是在拍我們車子的照片」，亨利補充說：「他們爲進入這個小鎮的每輛車子拍照，保存一個月。」

或許這裡的政府對外人注意的眼光，不像貴嶼資源再生協會網頁上所顯現的那麼漫不經心。

夜色像鄉下地方一樣黑暗之至（難怪要用附有巨型閃光燈的間諜相機）。我在黑暗中，看到有幾棟三層樓的建築物透出光芒，接著我們向右轉九十度，開進一條巷子，才停下來。我們左邊有一個沒有點亮的標誌，上面寫了一些漢字和ＩＣ兩個英文字母，就是這種「積體電路」推動世界上的各種設備運轉不息，企圖使這個全球回收業中聲名狼藉的前哨站，變得非常、非常富有。英特爾、三星和其他廠商生產的新積體電路，每個價值幾百美元，偶爾甚至價值幾千美元；然而，等到這些積體電路送到貴嶼時，卻是論斤計價，每一個晶片的價值很少超過〇．三美元。

我跟著亨利、葛先生和杜先生，下了廂型車，踏進星光閃耀的晴朗夜空下。但是這裡有一些不自然的東西，有一種稀疏的渾濁味道，一種像塑膠熔解後發出的化學品味道，還有像菊花一樣微微的甜味。我把這種味道吸進肺部後，立刻縮短呼吸的時間；謝天謝地，我們只計畫在這裡停留一天一夜。

我看到馬路的對面有一些大型塑膠袋，裡面裝了長方形的個人電腦機殼——我再向遠處和更遠處看去，可以看到閃閃發亮的光影，我認爲那裡就是普寧市。亨利輕聲的對我說：「幾年前，那裡的一畝地價值八萬美元，現在的價值卻高達一百萬美元。」

原因一點也不神祕，貴嶼的回收業者有太多的錢，能夠花錢的地方卻這麼少，因此只好購買不動產。

亨利點點頭，比著路口擋住一棟燈光昏暗倉庫門口裝了釘子的高大大門，指著馬路對面的空地說：「這個人的兒子擁有那塊地。」

「這個人」正好是一位六十出頭、骨瘦如柴的男性，他在陰影中向大門走來時，看到他的臉孔，會讓人覺得，他是留著隱隱約約山羊鬍子和鬍鬚的仙人。亨利低聲對我說，杜先生跟這個老頭做了很多年的生意，一直把電子廢料從佛山運到貴嶼，再從貴嶼送到深圳，重新製成新的電子產品。我不必多加思考，就知道這是廢金屬從先進國家到中國常走的路。同時，老人認出朋友、發出熱情的笑容，現出口中巨大的白色牙齒，吸引了我的注意力，我認爲，這些牙齒一定是全口假牙，是用他從處理積體電路賺來的錢裝上去的。

我看著他拿一支鑰匙，從裡面打開大門的鎖，我們一進到裡面，他又把門鎖起來，然後帶著我們走進這間房間——走進他的老窩，他瘦小的膝蓋互相摩擦，瘦小的手肘前後揮動。

我很快的就知道，這麼注重安全很有道理，因爲我們前面像曲棍球場一樣大小的地上，隨便堆了好幾千個箱子。但是整個地方燈光很昏暗，我利用夜色中點著的幾盞日光燈泡，可以看到主機板、大電腦、硬碟機、心電圖機器、鍵盤、筆記型電腦風扇和螢幕。但是我立刻注意到，這些所謂的電子廢料中，幾乎沒有一樣看來是二手貨，反而都是像新品一樣包裝。

我東張西望，看不到有什麼東西像有人在辦公室裡用過的電腦，或是像原來屬於某個學生的筆記型電腦。我看到的惠普筆記型電腦螢幕既不老舊、也不骯髒，仍然裝在印有惠普公司標籤的紙箱裡。一捆又一捆的三星電腦晶片沒有燒壞，沒有放在盤子裡，而是放在新的三星紙箱裡。角落上那箱松下公司樂聲牌的螢幕有什麼問題嗎？這些螢幕都包在塑膠袋裡，還貼著寫了「報廢」和「松下航空電子公司」的粉紅色紙條。這些東西是松下公司送出來的嗎？是惠普公司賣出來的嗎？還是透過其他途徑送來的？亨利跟我談到重新再利用市場時，指的就是這種東西嗎？這些螢幕也可以重新再利用嗎？

不問根本不可能知道內情，我現在只是暫時緊閉著嘴巴，但是這些東西會在這裡出現，而不是在別的地方出現的事實，的確有很多原因。畢竟這些紙箱上印的廠商都設在貴嶼鎮的南邊，設在離這裡開車要四、五個小時的深圳、東莞和中山之類的世界電子產品生產重鎮。這些產品的廠商在馬來西亞、台灣、新加坡和泰國也設有根據地，也在這些地方生產電子產品，從這些地方運到貴嶼鎮來很快、也很容易。他們生產過剩的東西就是要交給貴嶼鎮處理的庫存；他們的不良品電路板、監視器和晶片是貴嶼賺取驚人利潤率的機會。

例如，你可以把那一箱不良品或過剩筆記型電腦，想成不只是一箱監視器而已，而是一箱零件，只是其中有一些零件壞了。如果你有幾十個這樣的紙箱，那麼你可能會有幾百個可以拆下來轉賣的相同零件，如果你可以拆下、救回兩百個某種微處理器，那麼你就可以把一大批這種微處理器，賣給上游的遙控玩具車廠商。這一來，幾乎不花錢買來的微處理器，就變成了價值可能高達一百美元的零件。

唉，可惜我沒有很多時間到處看看。老人比著手勢，讓我們跟他一起坐在沒有椅墊的木製沙發上，他坐下來後，把瘦小的小腿抬起來，放在瘦小的下巴旁邊。用這種不光明的方式來這裡有點兇險，但是或許只有我有這種感覺而已，杜先生和這位老人正在談他們的家人、農曆新年、深圳一家他們喜歡去的湖南菜餐廳。老人把一壺剛剛泡好的茶，倒進小杯子裡，再用鋼爪，遞給我們每人一杯茶，我接了下來，小酌一口，甜香流過我的舌頭，溫暖、豐富、罕見的茶香傳出來，這種茶無疑一定很貴。

我看看整個房間，我們旁邊靠牆的地方，擺了很多監視器，播放裝設在倉庫和大門上照相機拍攝的黑白影像，這位老先生整晚都在監看這些影像發出的粒狀光線。

亨利用英語輕聲的說：「五年前，他只是個小人物，只是一位小農，現在他變成大人物了，他兒子在深圳開了一家店，銷售他們從這裡得到的晶片，生意很好。」我想到，這位老先生一星期內實際回收的電腦總數，超過舊金山一般社區十年所回收的總數。

然而，這位老先生並沒有忘記他這一行帶來的問題。他露出牙齒，開心的笑著，告訴我們，最近北京中央政府的一個高階代表團，來這個鎮上參訪。根據他的說法，他們已經提供八千萬美元，清理這裡的一切，把貴嶼最骯髒的處理製程，從河邊搬到室內的工廠去。為了繼續支援大家所說的升級行動，貴嶼鎮還向鎮上大約五千五百家電子回收廠，每家收取大約一萬一千美元的費用。

但是如果額外徵收的這六千萬美元，還不足以清除貴嶼所造成的汙染（我認為根本不夠），據說政府有一個有錢有勢的新夥伴，願意提供一臂之力，新夥伴就是中國最大的消費電器廠商、跟人民解放軍關係密切的TCL集團，TCL的投資細節和擔負的角色還不清楚，但是根據別人拿給我看的計畫來看，這個集團要在開闢工業區、強迫回收廠商遷進去的方案中，扮演重要角色。回收業者遷進工業區後，必須採用升級的科技，從事晶片拆解、煉製和其他回收工作。必須用到金屬和塑膠的TCL得到的好處是：有權優先購買這個工業區所生產的某些原料。然而，我詢問TCL有關這筆投資的事情時，他們卻拒絕評論。

至於這位老先生，他對兩種做法都不在乎，他和兒子的事業很成功，積攢的財富遠超過他們務農時期的想像。如果地方和中央政府決定，要打壓把貴嶼變成全球電子產品回收中心的中小企業，他會很失望，但是這樣也不會變成徹底的慘劇。政府及其夥伴或許可以壟斷電子產品的回收再生事業，卻仍然需要像這位老先生一樣的人，從中國各地和全世界尋找這種電子產品，再把可以重新利用的零組件拆下來轉賣出去。

對這位老農夫來說，晶片的重新利用才能眞正賺大錢。照亨利的說法，重新利用的晶片占了利潤的八十％。重新利用市場大都設在廣東省的製造業重鎭裡，根據亨利與另兩位消息人士和貴嶼資源再生協會的說法，貴嶼的最大顧客其實是澄海，澄海離貴嶼鎭不遠，號稱「玩具城」，因爲玩具廠商高度集中在澄海區。澄海生產的很多玩具都是電子產品，需要用到貴嶼回收和銷售的微處理器。根據貴嶼資源再生協會的說法，澄海是貴嶼有毒產業所生產產品的頭號顧客。你可以這樣想：某個地方的父母送給小孩的玩具中，就含有貴嶼惡名昭彰工廠拆下來的二手電腦晶片。

這就是貴嶼會繼續生存的原因：中國經濟太依賴貴嶼所生產的東西了。這位老先生在鎭上的不動產投資，賭的是這個小鎭最受歡迎的產業只會繼續成長，這種投資可說是穩贏不輸。

我們準備離開，到旅館去時，老先生急忙走進後面的儲藏室，拿出一個盒子，裡面放了幾個咖啡杯大小的茶葉盒，送給杜先生，照亨利的估計，每一小盒茶葉價值八十美元，亨利低聲說，這些茶葉全部價值可能達到一千五百美元，但是對這位富有的老先生來說，這些茶葉不算什麼。「過農曆新年時，他買了一整卡車的鞭炮，放了好幾天，這位老農夫很有錢。」

隔天是我在貴嶼停留一整天的第一天，一早我就跟亨利、杜先生、葛先生和杜先生的兩位堂兄弟，坐進廂型車，頂著我在上海不常看到的晴朗藍天，開在乾旱的土地上。普寧離貴嶼鎮只有二十幾公里，但是普寧奇異的喧鬧聲跟這裡安靜無聲的田地和鄉村道路相比，的確是天差地遠。不過這種情況可能很快就會改變：葛先生把車子慢下來，讓我們看看巨大、笨重的混凝土橋塔，看看就在鎮外已經鋪好的中國全國高速鐵路系統中的路段。這是北京政府的重大計畫，目的之一是要讓中國的鄉村富起來。葛先生說：「離這裡三公里的地方要設一座車站，這樣對這個地區的企業很好。」

到底對企業有多好，就很難說了。多年來，記者和環保組織曾經估計和瞎猜貴嶼到底處理過多少電子廢料。但事實上，唯一能夠好好掌握這一行規模大小的人，屬於向這一行課稅、從中得到極大好處的地方政府。如果地方政府官員不披露這些資料，最好、最可靠（可以說是對自己最有利）的資料，是貴嶼資源再生協會發布的資料。根據這個協會的說法，貴嶼轄下二十一個村莊裡，一共設有三百多家民營企業、五千五百家家庭工廠，雇用的勞工總數超過六萬人。以年為基礎計算，這些廠商拆解和處理了一百五十五萬噸的電子廢料，從這些廢料中，拆下十三萬八千噸的塑膠、二十四萬七千噸的鋼鐵、銅、鋁和其他金屬，熔製出的貴金屬更是讓人瞠目結舌，高達六．七噸。該協會沒有提供這種重新利用產業所創造的經濟效益資料，但是亨利告訴我，這種經濟效益占貴嶼鎮營收的比率，可能高達八十％。

我們的車子往前開時，我看到河岸邊出現一大堆七、八層樓高的紡織廠。葛先生說，時裝和紡織品是貴嶼的主要產業。我不認得招牌上的任何品牌名稱，卻認得他們所生產的襪子、胸罩、襯衫和褲子。有趣的是，昨天夜裡，我們碰到來貴嶼跟下游供應廠商合作的一些義大利設計師，我們簡短交談了一下，他們在談話中，問我來這裡是不是要監督我們公司「春裝產品」的生產。他們似乎不知道貴嶼最有名的產業不是他們所從事的這一行，而是把貴嶼部分地區變成含毒荒地的行業。他們怎麼可能不知道這件事？我猜更好的問題是：爲什麼他們的下游廠商，從來沒有把這種產業在這裡經營的事情告訴他們？

貴嶼鎮其實是最近才創造的地方，是經濟快速發展後，大家利用狹窄的街道、骯髒的高樓大廈和密集、繁忙的路邊商店，把千百年來互不相干的農村連接在一起的結果。讓貴嶼出名的記者描述這裡會冒黑煙和橘黃色的煙霧，我卻沒有看到半點煙霧，原因之一是大部分煙霧來自焚燒電線電纜的絕緣塑膠，但是油價上漲、二手絕緣塑膠市場發展後，的確已經把這一行消滅了。

但是還有另一個原因，根據亨利和貴嶼幾位商家的說法，第一階段計畫的目標是把這一行搬到室內，讓外人更難看到，外人包括環保分子、新聞記者，以及住在附近快速擴張普寧市不斷增加的居民。

我們開車經過貴嶼市區，最讓我震驚的是市區裡看來極爲正常，對我來說，這裡只是中國的另一個小城鎮，鎮上有一些四、五層樓高的建築物，路邊有不少商店。但是我很快就看出貴嶼鎮有一個不同的地方，首先，宣傳出售英特爾微處理器之類積體電路的「ＩＣ」商店，多得不尋常。其次，更普遍的是，大約每三棟建築物中，就有一棟建築的大門旁邊，擺了一個小小的工具架。看架子的大小而定，會有一、兩支金屬的圓形煙囪，從牆壁中間伸出來，伸到屋頂上，煙囪讓我想到準備發動攻擊的眼鏡蛇，而且每隔一棟建築物，似乎就有一支煙囪。

我們開車經過時，我發現貴嶼市區裡有幾百支這樣的煙囪——可能還更多——有些煙囪偶爾會冒著一縷青煙，但是冒煙的煙囪不多，葛先生告訴我，煙囪裡裝了「簡單的水過濾器」，把肉眼可以看到的汙染降到最低。他補充說：「如果我們燒太多，政府會找麻煩。」亨利補充了另一個細節：「他們很可能是在夜裡焚燒。」我想這點應該可以說明，爲什麼昨天晚上我們在那位老先生倉庫外的夜色裡，會聞到這麼濃烈味道。

我們終於從廂型車上下來時，甜甜的臭味依然存在，但是沒有原來那麼臭了。

我們來到一位富有電腦晶片商人的工廠，我們走進工廠時，我很驚訝的看到小孩在工作檯旁邊的水泥地上騎自行車，工作檯上堆了幾千塊小塊的電路板，等待工人分門別類，放進五十個小紅碗裡。左邊的架子和展示櫃裡，放了幾百個袋子和幾萬個電腦晶片，等著賣給停下來看貨的人。

但是亨利要我看的東西，是角落上裝了兩具插銷鎖的金屬門後面的東西，不過這時金屬門是開著的，他帶我走進裡面，暗示我快快的照一張相。地板上有一堆已經拆掉晶片的印刷電路板，還有好幾堆數量比較少、由印刷電路板上拆下來的晶片，後面是重型的工業用鍋爐和爐灶，大小跟大型微波爐差不多，鍋子的上方漂浮著熔解的焊錫，旁邊一塊老舊的鋪路石塊上，放了一把鉗子、一支鐵鉗和一支切開紙箱的刀子。另一塊石塊上，滴了更多焊錫熔解滴出來的銀色閃亮條紋。我抬頭看看，上面有一個圓形的洞，通往過濾器和天空。電腦晶片和鐵鉗擺在一起，給人一種中世紀的感覺，也給人一種有點現代的感覺，這個地方很暗，讓人覺得有點不安，這裡就是負責把鉛熔解，負責用酸液溶解廢料的地方。

「喂、喂、喂！」主人剛剛從大房間裡的一道樓梯上走下來，他長得矮矮胖胖，就像農夫的體態一樣，還長者一張特別刻薄的娃娃臉，他可能才三十歲、也可能已經五十歲了；這點我就不知道了。他的幾個小孩和太太圍在他身邊，猜測我這個外國人是什麼人，他揮手要他們走開。還好葛先生走上前去，說明一切。葛先生解釋時，亨利瞄一瞄整個進行焚燒的地方，然後搖搖頭，低聲說：「我的天啊，你願意在這種地方把小孩養大嗎？」

我深深的吸了一口氣，眞是我的天啊。

但是我們沒有時間談這種事情，長著刻薄娃娃臉的主人招呼我們，要我們在一張咖啡桌旁邊坐下來，然後替我們倒茶。他只瞄了我一眼，眼中的神色很冷淡，他不希望我這種白皮膚的外國人臉孔，靠近他事業經營場所的任何地方。我可以想像到，如果我一個人來，他固執的神色應該會出現在我的臉上；我可以想像會有暴力衝突，不過我是跟著亨利一起來這裡，嚴格說來，亨利有日本精煉商的雄厚資金支持。長著娃娃臉的老闆對著太太大吼，要她從架子上拉幾個袋子下來，她奉命行事，把幾個袋子擺在咖啡桌上。

娃娃臉點起一支菸，然後打開袋子，用冷淡、低沉的聲音，逐個把價格告訴我們。英特爾的Pentium III晶片每個的價格大約是〇．三美元（我還記得這種晶片新推出時，每個要賣幾百美元，而且我非常想買內建有這種晶片的個人電腦）。亨利解釋說，其中的黃金純度很高，就這樣如此這般，老闆報出一種又一種晶片的價格，單位大都是公斤。亨利在筆記本上寫下價格，再塞進手提箱裡，接著我們就離開了。

我們從這個地方開了十分鐘的車子，來到六層樓高的貴嶼電子組件市場，這棟建築長得好像是六層樓高的結婚蛋糕，不過跟台州的重新再利用市場完全不同。這個市場位在貴嶼鎮的邊緣，四周都是廢耕的空農地，等待取得政府整地的授權，改建成全國性的現代回收工業中心。亨利指著對街上的一些長形建築，告訴我：「那裡有一些搬到貴嶼來的大廠商，小廠商已經開始搬走，大廠商會搬進那些建築裡面。」

「我們可以去看看嗎？」

他笑著說：「不行。」

這個市場的停車場上放滿了機車，每部機車後面都綁了一個小小的提籃——我心想——這些提籃的大小，剛好放得下某一座回收廠前一天拆下來的一袋電腦晶片。我預期會像我所住上海公寓附近菜市場的嘈雜景況，看到一些怪異的事情，卻只看到靜悄悄的景象，看到一排又一排裝了晶片和其他高科技零組件的展示櫃，我們走在通道上，偶爾停下來，欣賞一堆舊的英特爾晶片、一堆舊的摩托羅拉晶片、一堆乾淨得好像新品一樣的印刷電路板。但是這裡的東西有秩序多了。

你在這裡不能只買一個英特爾Pentium Ⅲ晶片，卻可以一次買好幾百個。晶片數量這麼大批，不是來自美國「回收」的家用個人電腦，而是來自世界各地企業以散裝方式，裝在貨櫃裡的過時舊電腦，來自廠商在清理倉庫過程中賣出來的不良品主機板。

所有這些晶片都不會送到日本提煉，而是送出去，再度利用在新產品中。這就是爲什麼接近中午的時候，這裡這麼安靜的原因，因爲工廠會在清晨和傍晚來買晶片。

這個市場極爲乾淨、極爲有秩序，以至於你很難想像有人會因爲拆卸在這裡販賣的晶片而中毒。但是這裡有一些見不得人的事證必須掩飾。我們經過時，我注意到商家紛紛驚動，伸手去拿自己的iPhone手機；我爲展示櫃裡的東西拍照時，他們開始偷偷摸摸、輕聲細語的通電話。後來我對著通道拍照時，好幾位商家跳了出來，擋住我的相機。我們流覽十分鐘後，終於有一位骨瘦如柴、穿著黑色T恤的年輕男性，走到葛先生旁邊，輕聲細語的跟他說話，葛先生點點頭，走到眼睛轉來轉去的亨利身旁，他告訴我：「我想帶你去見鎮委，但是我認爲我們不能這樣做，你們最好離開。」

我向亨利那邊看過去，那位骨瘦如柴的男性打開一支最好的摩托羅拉Razr手機，打起電話，他低著頭，看來好像是對什麼人報告一樣。我感到一陣涼意；我不屬於這裡。畢竟觸怒貴嶼鎮鎮委是一回事，觸怒發改委派到這裡保護這個地方的官員，卻完全是另一回事。

我走到外面，亨利留在裡面，跟葛先生和兩位顯然想做生意的商家閒聊，沒有理會我。但是即使他們注意到我這個人，我猜亨利還是會慢慢來，他不是會受人威脅的人，即使在貴嶼鎮也是這樣，他的關係太好了。

他談生意時，我走進這座重新再利用市場前面的景觀廣場，卻驚訝的發現，廣場中央放了一塊像小船一樣大小的金塊雕像，雕像不是雕成金磚的樣子，而是雕成中國古代元寶的樣子，形狀就像中間放了一球冰淇淋的碗一樣。中國不用元寶的形象已經超過一百年，但是元寶一直是全中國好運和發達的強力象徵。碰到年節，父母會買元寶形狀的巧克力，送給子女；計程車司機會把塑膠元寶，掛在照後鏡上。市區廣場中央放了一個金元寶，到底是什麼意思？我真的不知道，但是金元寶的紅色基座發出了一種暗示，基座上用金漆寫了「聚」這個中文字，意思是集合、聚集、聚會。換句話說，意思是來這裡集合，對黃金膜拜。

貴嶼的廠商每年從運到鎮上的電子產品中，回收數量驚人的黃金，重量高達五噸。五噸的重量和一部大型貨車相當，卻是業者把電腦晶片浸在酸液裡，讓金液像雨滴一樣，一滴、一滴滴出來，變成把老農民呆滯雙眼照成黃澄澄彈珠一樣的金水。

亨利走到我旁邊，說「走吧。」但是金元寶讓他停了下來，「天啊，」他說：「看看那個東西。」

中午過後不久，我問亨利，我是不是還有機會把我的電子垃圾賣掉，到當時爲止，我覺得自己還沒有碰到想買這些東西的人。他安慰我，我們到葛先生家裡去的時候，機會就會出現。

葛先生的家在一條塵土飛揚的窄巷子裡，外面有很高的水泥牆、還有需要好幾支鑰匙才能打開的厚重鋼門保護。我們進門後，走進一個小小的庭院，庭院裡堆了很多堆舊的桌上型個人電腦、監視器、燒壞的印刷電路板，院子裡也放了一個裝魚的箱子，裡面堆滿已經拆解、準備根據零件類別分開處理的手機。院子側面有一座焚化爐，我還來不及細看，就有人帶我進屋，我在門口換下鞋子，改穿拖鞋，然後爬上樓梯，來到葛先生家寬廣的活動廳。

葛先生指著一張橘黃色的塑膠皮沙發，我坐了下來，他媽媽端著一盤剛剛切好的西瓜，從廚房裡走過來，把盤子放在桌上，還對我咯咯笑著。葛先生的家人——有些是兄弟、有些是堂兄弟——一個、一個沿著走廊走出來，跟亨利和杜先生打招呼。從貴嶼鎮的標準來看，他們都很有錢，都是老闆，都從事汙染自己家鄉、自己的媽媽、然後才汙染這個小村莊其餘居民的行業。亨利介紹我，說我是美國廢料收集業者的兒子，他們的眼睛都睜得很大。

「我想知道一些東西的價格」，他告訴他們，同時打開袋子，把我的五支手機一支、一支放在沙發上。此外，我還拿出一台原本屬於我一位明尼蘇達州朋友的惠普牌舊個人數位助理，加上一台二〇〇八年出廠、我買了一年後就故障的戴爾手提電腦。我還拿出一團舊電源線和一具樂金牌手機充電器。我清空袋子時，這些年輕人逐個伸手來拿這些東西，逐個把東西放在手裡轉動，討論其中所含有的晶片種類，也討論其中可能含有的黃金重量。

「看吧，他們知道手機裡有什麼晶片，」亨利驚奇的說：「有些晶片他們或許可以賣到十或十二美元，但是他們只會付給你廢品的價值，他們只要看看手機的形式，就知道裡面所含晶片的一切，眞是讓人不敢相信。」

「這些手機不能重新利用嗎？」

「當然不能！」他哈哈大笑說：「這些東西都有五年歷史了，誰要這種東西？即使是在非洲，這些東西都已經沒有什麼市場了。」即使是在生活水準經常低於貴嶼鎮民工所出身窮鄉僻壤的非洲，大家都希望升級，改用比較好的東西，這種現代心態就是貴嶼鎮廢料的來源。

六位男性中最年輕的一位，拿著我的舊三星手機拋上拋下，說這整台機子每公斤大概可以賣十六美元。

接著，他們把注意力轉到舊個人數位助理上，我沒有抱著很高的希望：畢竟好多年來，個人數位助理已經不再是新的市場區隔，不可能重新利用。他們把個人數位助理傳來傳去，放在手裡翻來翻去，把塑膠蓋子拉下來，還設法把機器的後蓋撬開來。他們爲顯示器小小爭論一番後，一位年輕的男性宣布，這種東西每公噸的價格大約是三千二百美元，他把東西丟在沙發上，東西碰到塑膠皮時，發出跟皮革摩擦一樣的沙沙聲。

電纜線比較容易判定，每公噸的價格是一千美元，他們會把電纜線運到電線剝皮商人那裡（不是焚燒電線的人），把電纜線分成銅和塑膠。我的舊戴爾電源裝置的價格是電纜線的兩倍——每公噸二千美元——主要原因是這台電腦可以重新利用（可能是在電子灣網站上，賣給遺失這種東西的人）。亨利說：「他們大概會把電腦清理乾淨，放在電子灣或其他通路上賣掉。」

最後，他們開始處理我的舊戴爾筆記型電腦。

年輕人問：「螢幕還能用嗎？」

「還能用。」

「這樣就可以重新利用，價值可能有二百元人民幣（根據我去那裡當天的匯率，大約等於三十一美元）。」

「這台電腦螢幕會用在什麼地方？」

「可能裝在新的筆記型電腦上。」

實際上，這台個人電腦和裡面的英特爾賽揚（Celeron）晶片太舊了，不管是在貴嶼，還是我開始這次探索的上海那個二手電腦市場裡，都不能轉售和重新利用。然而，因爲這台筆記型電腦還算很新，而且可能可以拆下能夠重新利用的其他零件，因此根據貴嶼評估廢料的方法，這台筆記型電腦是非常「高級」的東西。「因此，這種東西每公噸很可能可以賣到三萬塊人民幣。」根據我去那裡那天的匯率，這樣大概是四千七百六十一美元。

這時我們已經把這件事情辦好，再也沒有什麼話可說了，他們看著我，然後看著亨利，問：

「你們想把東西帶走嗎？」

我看看攤在他們家沙發上的所有舊手機，想起我用這些手機打電話給我祖母，告訴她我在中國廢料場所看到的東西，我會告訴她，一切就像當年一樣，你一定會認得每一樣東西。想到這裡，我回答說：「我不想帶走。」

「那麼，我們就替你回收了。」

我猶豫了一下，我的舊手機很快的，或許是今天晚一點的時候，就會丟進樓下的魚籃裡等待酸洗，變成黃金和讓這個塵土飛揚小鎮窒息的甜臭味。但這不是最後結局，隨後這些黃金和其他原料很快就會賣給工廠，由工廠把這些東西變成新的智慧型手機、電腦，和日常生活中的其他飾品。

我拿起牙籤戳了一塊葛媽媽爲我切的西瓜。西瓜熟透多汁，在我舌頭上釋出甜味，卻也可能同樣釋出西瓜裡所含有的貴嶼鎮毒質，誰知道呢？或許這些毒質當中，有些曾經承載朋友和親戚的聲音。我咬了一口，西瓜很甜，我環顧整個客廳，看到每一個人都高興的哈哈大笑，像一家人一樣和樂融融。他們似乎不擔心樓下院子裡會造成毒害的工作，但是或許他們不應該擔心，畢竟如果他們繼續過著務農的日子，他們全家可能過著像現在這樣的生活嗎？我不知道，我也不知道問這種問題會不會粗魯無禮，於是我改問另一個問題，「移到室內焚燒後，貴嶼是不是變得比較乾淨了呢？」

葛先生搖搖頭，皺著眉頭，難過的說：「沒有變得更好，卻變得更大了。」

「更大嗎？」

「最近進來這裡的廢料變多了，大部分都是從中國各地來的，從美國來的廢料越來越少。中國人產生的廢料，品質沒有美國廢料那麼好，因此沒有多少東西可以重新利用。」

「最近從美國來的廢料有多少？」

「不到一半，大部分廢料都是中國人產生的廢料。」

多年來，環保分子和媒體把貴嶼說成是外國人貪心造成的自然結果，他們暗示說，要結束這種不公不義，廢料回收業者只要停止把電腦運到中國就成了。事後回想，即使在中國變成世界最大的電腦消費國之前，這種說法都是簡化過的訊息。不過今天這種訊息已經不只是經過簡化而已，已經變成一廂情願的無知。貴嶼不會因為不再接收外國運來的電腦，就關門大吉，只有中國設法推動能夠保障環境的電子產品收集和再生系統，回收再製國內產生的所有電子廢料，貴嶼鎮才會關門大吉。二〇一三年時，中國政府已經出資推動幾個試點計畫，在貴嶼之類的地方推動研究和升級。然而，保障環境安全的電子產品回收計畫，根本不是當務之急，因為這個國家的人民還無法得到乾淨的空氣、飲水，而且在很多鄉村地區，兒童還無法得到適當的營養。不管是對是錯，對很多中國人來說，尤其是對貴嶼居民來說，電子產品回收是通往富裕發達的大道，富裕之後，他們或許會有能力處理這種更大的問題。

我們離開貴嶼鎮前，葛先生希望帶我們去看一些東西。因此，天色暗下來後，我們開車走在貴嶼鎮的村子裡，經過狹窄的巷子，看到一個又一個宣傳「積體電路」的招牌，看到三層樓建築的煙囪，把已經化成蒸汽的酸性物質，排放到屋子旁邊和藍天裡。最後，我們停在某一個村子的外圍，外面有一些貴嶼廢料處理時代開始前留下的比較老舊建築物，都是堅固的平房，蓋著緩緩下降的瓦片。

在這些老舊的歷史建築當中，有一棟平房式的祠堂，祠堂上掛著紅燈，裝飾著已經退色的神祇和小鳥瓷像。共黨掌權、摧毀中國的舊制度前，像這樣的祠堂是富裕家族懷念歷史、表現財富的地方，最重要的是，是保存跟過去關係的地方。唉，對共黨來說，祠堂是一種威脅，是有組織力量的集會場所，可能威脅新政權，因而大部分都在文革時代遭到摧毀，只有像過去貴嶼這麼偏遠地方的祠堂，還能保留下來。

葛先生帶著我們下了廂型車，走進開著的祠堂門，這座祠堂的樣子富麗堂皇、無可挑剔，到處掛著形狀錯綜複雜的塑膠燈，桌上鋪了紅色絲巾，放了一些新的銅製燭台。旁邊有幾個老人坐著喝茶，看著一台舊的彩色電視機，葛先生跟他們點點頭，他們是葛氏家族的成員，光從他們比較長壽的角度來看，他們都是值得尊敬的長輩。

葛先生帶著我們，進入祠堂神廳的前方，站在放了一排刻著祖先姓名的小小木質神主牌的神壇前，驕傲的告訴我們，「這座祠堂有兩百年歷史了，但是我們家族的起源可以回溯到宋朝，目前這一支派的歷史可以回溯到四百年前。」

祠堂的梁柱也可以回溯到兩百年前，也就是回溯到上次中國普遍富裕繁華的清初。但是梁柱之外的所有其他東西，包括塑膠燈構成的燈牆和石板上畫的圖畫，都屬於最近這次高科技推動的富裕時代。中國的情形總是如此：家族祠堂反映家族和國家的命運。至少現在葛家享受著廢料帶來的富裕繁華。

我們走到外面，走上一條彎彎曲曲的狹窄泥土路，路旁的廢屋是過去的舊村子，廢屋的大門都是紅色的木門，牆壁都是厚厚的水泥牆。我看進一條巷子，看到兩棟建築物之間的繩子上晾著衣服，我走近另一條巷子時，聞到年代久遠的尿騷味，沒有聞到焚燒電子廢料的味道，也沒有聞到銅臭味。

我們爬上一座山坡，俯瞰下面老舊的屋頂起起伏伏，大致呈現波浪狀態，這是我從來沒有看過極為貧窮的古老中國景象，難怪大家願意把生機勃勃的田地變成荒地，以便靠著回收別人的電腦致富。右邊山坡底下的舊農田裡，有好幾棟五層樓的建築物高高聳起，上面蓋了很多陽台和大窗子，照葛先生的說法，每棟建築裡都住了一整個家族的人，他們原本在這些巷子裡對門而居。這些建築物裡裝有自來水，供電也不常停掉。葛先生告訴我，這些家族都是靠著回收進口電子產品賺到錢，才蓋這些房子。

我想問葛先生，他的祖先對貴嶼現在的情況會作何感想。他們會為帶來便利、自來水和整修祠堂的財富額手稱慶呢？還是會感歎河流和運河遭到如此嚴重的汙染，以至於貴嶼每天的用水都必須用卡車運來呢？我拚命的想怎麼用客氣而尊敬的話，問這些問題時，他問我是否願意以這兩座村莊為背景——一座是廢棄的舊村子，另一座是蓋了新大樓的村子，替他和亨利照一張相，我欣然同意，他擺出抬頭挺胸的樣子，我認定自己已經找到答案了。

第十二章

聚錢成塔

二〇〇六年九月，我搬到中國七星期後，接到李傑士（James Li，譯音）的電話，李傑士是美籍華人廢料業者，跟我在家族的廢料事業服務時認識。李傑士跟其他華人買家不同，他喜歡談論廢料以外的事情，對我和我家人（尤其是對我已故的祖母）很誠懇。他聽說我要結束自己的廢料場事業生涯，搬到上海住幾個月，開始當自由作家時（有個朋友說這樣是「早來的中年危機」），建議帶我到處看看，更重要的是，帶我到中國的一些廢料場去看。

他的建議慷慨大度，沒有中國經驗、不會說中文的美國作家能夠寫的報導很有限，當時和中國廢料產業有關的新聞報導很少，重點都放在貴嶼之類地方小工廠主宰的非正式汙染工業，但是重要的事情是：即使這種非正式小產業是中國廢料產業中重要的一環，我卻相當確定這個部門很小，無法處理二〇〇二年美國貿易統計中所顯示運到中國的所有廢料。這個部分就是我想看的東西，我想看隱藏在重重門戶、高高圍牆和其他層層保護後面的大型廢料場。

李傑士就是在這種時候出現。

他邀請我去看的廢料場屬於新格集團，我們開車經過幾道大門時，我的第一印象是工廠入口兩側、擺著高度和灌木相當的列寧與史達林鑄鐵半身像，給人一種不祥的感覺。當時我就是這樣想！

「那些東西你應該問他。」李傑士說。

「你是說半身像嗎？」我小心翼翼的看看李傑士，他長得有點矮胖，年近五十，笑的時候，會像淘氣的小孩一樣眯著眼，我問：「我應該問誰？」

「老闆黃先生。」

李傑士是我的老朋友，熱情而友善，笑起來是我所認識廢料業者中最開心、最爽朗的人。但是，他偶爾也喜歡惡作劇——我認爲這樣對生意不好（他在這一行裡相當成功，證明我的直覺錯誤）。他爆出一陣大笑說：「說眞的，我也想知道。」

我們把車子停在低矮的辦公室建築前面，一位長得中等身高、非常乾淨整潔、年齡大約五十出頭的人，在大廳裡迎接我們。他穿著黑色的運動夾克和卡其褲，打著灰色的領帶，散發出別人會認爲他天生就是領袖人才的那種強烈魅力，他用低沉的男中音說：「嗨，你好嗎？」

李傑士先自我介紹——原來我還誤以爲他跟黃東尼（Tony Huang，譯音）認識——然後才介紹我。

我眞的不知道該說什麼話，因此我自然而然的聽李傑士的建議，告訴他：「我注意到你們大門上的列寧像。」

「啊？那些東西啊？那些東西是從廢料中撿出來的，如果你們有辦法，你們可以帶走，但是那些東西很重。」他沒來由的笑著，我們也跟著笑。但是我們來這裡不是要搜集共產黨的紀念品，是要來看廢料場的，黃東尼很高興的配合我們，我想主要原因是李傑士很想跟他做生意。他把安全帽交給我們後，我們就走到外面，繞過辦公室。

外面下著小雨，把兩堆占地很大，長度大約有三十公尺，高度一．五公尺的切碎廢料堆洗得相當乾淨。但是這些廢料不是鋼鐵廢料，而是占切碎汽車車體中二%、不能用切碎機磁鐵吸走的銅、鋅、鋁、錳和其他非鐵金屬碎片。以平均一噸重的福斯金龜車來說，二%就等於二十公斤（四十磅）的金屬，而且是用每磅多少美元計算價值的非鐵金屬；如果你經營汽車切碎公司，這樣就代表每個月會有幾千磅的非鐵金屬，至少價值好幾十萬美元。

你只要問黃東尼就知道了：二○○二年內，新格集團大約進口了十萬噸雜項廢金屬碎片，其中九十%都從美國進口。黃東尼把這些廢金屬分類好後，轉頭就把所有的鋁，幾乎完全出口到日本。他告訴我，事實上，二○○二年時，他是缺乏資源的日本汽車工業最大的鋁廢料供應商。不止這樣，十年後的二○一二年，新格集團出口的回收鋁（也就是用廢料製成的新鋁），占到中國全部再生鋁出口的四十%。

戶外廢鋁堆四周有一些身材瘦小的人，穿著藍綠色的連身工作服，戴著手術帽和口罩，把拳頭大小、凹凸不平的廢金屬塊，鏟進黃色的手推車裡，然後把東西推走。這些人雖然穿著寬鬆的連身制服、戴著口罩，我一看就認為這些人顯然是女性，和男人相比，他們太嬌小了，肩膀尤其瘦小。我們跟著幾位工人，向一棟四層樓高、屋頂緩緩上升、窗戶裝了布幔的倉庫走去。雖然我們離倉庫還有十五公尺遠，倉庫裡發出的聲音卻清晰可聞：像颱風時下的大雨聲——事實上聲音比外面的雨聲還大，像是尖銳的金屬聲，比類比電視台之間發出的靜電聲還輕快。我們停在裝貨區門口，我看到的東西讓我深感震驚。

幾百個藍綠色瘦小的人影蹲在鋪滿廢料碎片的地板上，默默的把各種金屬分類，丟進塑膠籃裡，每塊碎片都跟造成金屬大雨聲音的雨滴一樣大小。我試探性的踏進裡面時，看到的規模讓我嚇呆了。這個地方的長度有一、兩百公尺，兩側放滿了顏色黑暗的廢金屬碎片，廢金屬碎片循環不息的流動，從地板上流到桌上，又回到地板上。大廳中間有一條狹窄的通道，把兩條金屬河流隔開，穿著藍綠色衣服的工人推著手推車，走在通道上，手推車裡不是裝滿了要倒在地板上等待分類的金屬，就是裝滿完全分類好、準備運走的廢金屬。

我從黃東尼和李傑士身邊走開，走進女工當中，她們顯然是女性：對她們的手來說，她們的手套太大，長頭髮偶然會從手術帽中掉到外面，我偶爾還可以看到假睫毛，我也注意到她們都很年輕，眼角沒有魚尾紋，臉頰沒有中年人的癡肥，這些年輕女性忙著苦幹她們的第一份工作，這是他們第一次離家闖蕩天下。

我站在四位穿著藍綠色制服工人的旁邊，她們蹲在灑在地板上的八公分高金屬堆前面，她們的手快速移動，毫不停留，抓起一塊金屬，丟進箱子裡，再抓起另一塊金屬，丟進另一個箱子裡，這種機械化的動作非常有韻律感，毫無疑問而且十分確定的是，我站在那裡無法分辨她們顯然能夠分類的金屬類別，我心裡想：如果有人要求我把金屬塊隨機丟進箱子裡，而且讓人覺得我看來似乎知道自己在做什麼，那種情形應該就像她們現在那種樣子。

有一個箱子裝的骯髒紅色金屬顯然是銅，另一個箱子裝的是電線的片段，但是其他箱子就不這麼容易分辨了。後來有人告訴我，有一個裝得很滿的箱子裝的是鋁；另一個比較不滿的箱子裝的是不銹鋼。但是坦白說，在我眼裡，這些東西都是完全無法分辨的灰色金屬，除此之外，我就什麼都不知道了。

黃東尼解釋說：「她們必須接受一整個月的訓練，她們學習靠著金屬的感覺和樣子來分辨，她們不會犯很多錯誤。」

「爲什麼全都是女性？」我問。

「女性比較精確、比較有耐心，男性不善於做這種工作。」

新格集團這座廢料場雇了八百位員工，但是我猜這棟倉庫裡只有一百五十位員工。我蹲在兩位女工旁邊，設法在她們工作時，跟她們進行眼睛接觸，但是她們不肯看我，我拿起照相機，對準她們十分專注的眼睛，但是這樣也無法引起她們的反應。我的閃光燈閃亮時，她們也不退縮，而是顯出更專注在金屬上，繼續忙著處理金屬堆的樣子。我站起來，看到更多穿著藍綠色制服的女性，推著更多的回收手推車進來，手推車上裝滿更多還沒有分類的金屬——多到足以取代剛剛分類完成的廢金屬還綽綽有餘。這種工作給人無休無止的感覺，我生平第一次可以用永遠做不完來形容這種場景，而不會覺得自己太誇張。

黃東尼告訴我，他每個月大概發給這些分類女工一百美元的月薪，另外還供應食宿。二〇〇二年時，這份薪水很高，遠高於新格集團和中國大部分工廠外來民工在農村裡所能賺到的錢。他們在家鄉工作只能賺到維持生活所需要的工資，毫無前途可言。我不知道新格集團提供他們哪種前途，但是至少這些工人賺的錢夠她們儲蓄下來（外來民工以儲蓄一半以上的薪水聞名）。如果不是這樣，她們家鄉裡的親人可以爲她們儲蓄：二〇〇二年時，新格集團的工人像全中國各地的民工一樣，都把薪水寄回家鄉，撫養父母、子女和兄弟姊妹。事實上，根據我這些日子以來的採訪，在新格集團之類工廠工作和居住的大部分工人，留下來給自己花用的錢，大概都不超過薪水的三十%。這種工作不像是我願意花時間做的事情，反而看來像是工廠枯燥無聊、又不能讓人滿足的工作，這種工作會讓你把時間，花在計算如果你能加班十分鐘，你會多賺多少錢的事情上。

黃東尼似乎看穿了我的心思。「你認爲她們寧可整天都在田裡插秧嗎？至少在我們工廠裡，她們一天只工作八小時，周末都休息。」

「眞的嗎？」

「如果她們工作超過八小時，她們會開始疲勞，分類起來就不會做得這麼好，如果她們不能分類得這麼好，我的品質就會降低。」

我看著很多手套在金屬上飛躍而過，把鋁碎片丟進箱子裡。要是有人願意花超過八分鐘，做這種工作，我就會很驚奇了，更何況是每天這樣做八小時，換取一百美元的月薪和食宿。但是我眼前就有一百五十位女性，似乎認爲這樣做很値得，沒有人強迫她們來這裡，不管她們的家鄉在哪裡，她們原本都可以選擇留在家裡。

黃東尼帶著我們走進另一棟倉庫，停留了片刻，這棟倉庫裡的箱子堆得非常高，但是和包著鋼鐵、在秋天裡送出暖意的一些巨型火爐相比，這些箱子根本不算什麼。我們站在那裡時，一條鐵鏈拉著金屬門慢慢上升，顯出一團像地獄火一樣的橘紅色火焰，我聽說，就是這個爐子，負責把另一間倉庫裡女工分類好的美國汽車碎片熔解。鍋爐室裡沒有多少工人，我注意到，所有工人都是穿著藍色衣服的男工。我想，熔解廢料工作的精密程度不如爲廢料分類，二〇〇二年時，中國國產金屬的名聲不好，的確顯示實際情況可能是這樣。

黃東尼要我注意右邊倉庫的盡頭，銀色的鋁片堆在那裡，形成一．二公尺高的鋁錠包，幾十個這樣的包裝中有幾千個鋁錠，我用手去摸，還拍了一張標籤的照片：

新格金屬
中國製造
收貨人：豐田
材質：ADC-十二
目的地：苫小牧
批號：一〇二一K二—四四
淨重：五〇六公斤

黃東尼告訴我們，他們公司是日本汽車工業所需要再生鋁的主要中國供應商（二〇〇四年的市場占有率爲五十九%）。一、兩星期內，這麼多包的鋁錠會運到日本，不久之後，會熔解、鑄造成引擎缸體和其他零件，裝在新車裡。有些新車會留在日本，有些會出口到美國，運氣好的話，這些車子會在路上開十到十二年，然後像實際製造這批汽車的舊車一樣賣掉，最後送去切碎，裝在貨櫃裡，運回中國，重複這種無休無止的循環。

至少這是我二〇〇二年時的想法。

九年後，我在休倫河谷鋼鐵公司的密西根州貝爾維爾廠，看著傾卸車把十八噸看來像是紅色廢土、泡沫和垃圾一樣的東西，倒在地上，這一堆廢料和另外大約二十堆廢料一樣，高度跟皮卡車相當，周邊長度從四．五公尺到六公尺不等。

從遠處看，這些廢料堆就像從九千公尺高空看到的洛磯山脈迷你垃圾山版。

我站在休倫河谷鋼鐵公司資深副總裁大衛・華理斯（David Wallace）身邊，這個廠區的品管經理傑克・諾伊（Jack Noe）也在旁邊。我們三個人走到一堆廢料旁邊停了下來。我心想，乍看之下，這堆廢料正好跟垃圾掩埋場裡那種暗色、骯髒、冒泡的垃圾一模一樣。在廢料業的術語中，這些東西叫做切碎非鐵，也就是切碎機中出來所有不屬於鋼鐵的所有東西，因此，其中包含切碎的內裝、儀表板、橡膠墊片、卡在座位中間的錢幣，以及座位底下的所有麥當勞包裝紙。然而，其中也包括埋在裡面、我在上海新格集團工廠看到的所有金屬。

「噢，你們對這種金屬回收有什麼看法？」諾伊問，他指的是切碎非鐵中可以回收的金屬比率。諾伊已經四十五、六歲，但是他穿的灰色連帽衫、安全帽和豐滿的雙頰讓他看來年輕多了，也看來很有競爭力。他走向前，把一隻靴子伸進壓扁的廢料中。看切碎非鐵的來源如何，其中可能含有三％到九十五％的金屬（休倫河谷鋼鐵公司沒有揭露平均純度），使這種事情變成對有經驗廢料業者有利的猜測遊戲。諾伊猜著說：「我敢說純度是三十五％。」

華理斯抿著嘴唇，把雙手插進麂皮大衣口袋裡，他原本是律師，他眯著眼睛，看這些廢料，好像是要評估證據一樣。他歎了一口氣說：「泡沫這麼多，眞的很難說，我會說應該是二十五％。」

「亞當先生呢？」

我不知道，我踏步向前，把我穿的一隻新工作靴踩進軟泥裡，猜著說：「二十％。」

「等一等，」諾伊說：「我們查一查圖表。」

諾伊跑回辦公室時，我用靴子戳戳一些鬆軟的塑膠碎片，這些東西看來眞的不值錢，而且不只是我這樣想而已。一九五〇年代末期到一九六〇年代初期，卜羅樂家族和紐維爾家族率先經營切碎機生意時，就是毫不考慮的把切碎非鐵送去掩埋。畢竟他們經營的目標是要回收能夠用磁鐵吸起來的鋼鐵，有誰會考慮怎麼從泡沫狀的廢料中，回收用磁鐵吸不起來的金屬呢？更不用說考慮把不同的非鐵金屬分開了？

休倫河谷鋼鐵公司創辦人傅利茲也在問同樣的問題，他靠著撿垃圾長大，在二次大戰爆發前幾年，在這一行裡賺到不少錢。他從海外征戰回國後，重建了這種事業。一九六三年，他和休倫河谷鋼鐵公司開始經營切碎汽車的生意。然而，切碎非鐵這種雜項金屬的品質雖然不錯，卻幾乎都是立刻載去掩埋，這種情形啓發了他的尋寶直覺，他們公司開始設法回收全美切碎機所產生的所有切碎非鐵。

今天，休倫河谷是世界最大的切碎非鐵回收廠商，在密西根州的貝爾維爾和阿拉巴馬州的安尼斯頓，設有切碎非鐵工廠，二〇一一年，安尼斯頓的工廠爲北美洲的汽車切碎業者，回收了三億五千二百萬公斤的切碎非鐵。但是這一點不算什麼：二〇〇七年是美國廢料業史上最賺錢的一年，這一年裡，過去八十年來積存的美國廢舊汽車中的最後一批，完全清理乾淨，安尼斯頓的工廠在這一年裡，收到超過四億五千五百萬公斤需要處理的切碎非鐵。

爲什麼勇奪冠軍的是休倫河谷公司，而不是別的公司？

答案大致藏在幾棟外面包著鋼鐵的建築物牆壁後面，這幾棟相當龐大卻相當難以形容的建築物裡，裝了有史以來最先進的回收科技。至少就精密程度而言，休倫河谷公司唯一眞正的對手，是我在上海看到的幾百位手眼配合、眼睛受過良好訓練的女工。

諾伊帶著剪貼板跑，一面翻閱剪貼板上的紙張，一面跑回來，他得意洋洋的說：「是三十五%」，還要我們看紙上印得清清楚楚的數字。把切碎非鐵賣給休倫河谷公司的業者是他們的常客，而且這家公司像大部分切碎業者一樣，生產的切碎非鐵品質相當一致。

我看看「三十五%」的數字，再回頭看看廢金屬堆，頭腦開始計算：那裡大約有六千三百五十公斤的金屬（其中一小部分每磅的價值超過三美元）。換句話說，如果每一堆切碎汽車廢料重量大約爲一萬八千公斤，其中的切碎非鐵純度爲三十五%，大約等於扣掉鋼鐵重量後的一萬四千磅，價值就要好幾萬美元。我再度踩踩這堆廢料，仍然覺得這些東西像海綿一樣。我告訴諾伊和華理斯，「覺得純度不像三十五%。」

「別擔心，」傑克帶著業務員的自信微笑，告訴我：「就是這樣，我們檢查過。」這樣說是客氣話：他們經營的就是回收、秤重、出錢，再把產品賣到全世界去的業務。

我跟著他們，走到一條輸送帶旁邊，看著輸送帶把切碎非鐵送進一棟難以形容的大型建築裡，進行廢料分類工作，我們走到梯頂時，我把自己的照相機鏡頭蓋蓋上，我即將看到的東西是具有高度專利的機器，雖然其中的若干技術和科技已經有將近一百年的歷史，而且（至少在原則上），是全球廢料處理業知之甚詳的東西，但是這種機器怎麼組合、怎麼順利運作，卻不是全球廢料處理業所知道的事情。對於在精密程度上無法媲美休倫河谷公司的競爭對手而言，照片應該等於提供他們藍圖。

到了裡面之後，我需要片刻時間，讓眼睛適應昏暗的燈光，適應後，我的第一個感覺就是有人帶我到了極爲險惡的水道之旅中。很多水槽帶著湍急的水流上上下下，水槽靠著狹長的水道串接，也靠著讓架子和空氣振動的暗色箱型新發明串接。

但是我看著這塊陰暗的地方時，最讓我震驚的是，這裡居然沒有半個人。遠處可以看到一位戴著安全帽的年輕男性，走在狹長的通道上，但是就是這樣而已。這裡不是新格集團的工廠，沒有一大群女工。這套力量強大、難以說明的機器會自行運作，就像在空屋裡放電影一樣。考慮過所有事情後，這裡給人永恆的感覺，就像流著湍急水流的水槽是大自然雕刻出來，而不是工程師創造出來的。

然而，蓋這棟建築的目的不是要讓人敬畏，而是要把碎金屬，從解體汽車中的碎泡沫、碎塑膠和其他非金屬物質分離開來，其中的原理卻十分簡單。

想像一顆普通的雞蛋，如果你把雞蛋放在裝滿清水的碗裡，雞蛋會沉下去，但是如果你在水中加了夠多的鹽，水會變得比蛋還重，蛋就會浮起來。一九六〇年代中期，從一九五七年就開始為傳利茲工作的工程師榮恩．道爾頓（Ron Dalton）想到，水裡面需要加什麼東西，才能讓不同的金屬浮起來。他在採訪中告訴我，他會想到這一點，是因為看到一本書裡描述礦業怎麼利用浮選法，把礦物分離出來。礦工利用「重介質」，也就是和食鹽相等的工業用鹽，增加水的重量，讓碎岩從碎礦中浮上來流走，把這種觀念運用到廢金屬上似乎很合理。

今天道爾頓會率先承認：這種想法幾乎沒有他開始時所想像的那麼簡單。首先，要把鋁從切碎非鐵堆中浮選出來，所需要的東西遠比普通食鹽貴多了。然而，休倫河谷鋼鐵公司經過幾年的摸索後，第一座「浮選法」工廠（部分工廠購自明尼蘇達州北部一座舊鐵礦砂場）從一九六九年開始開工。當時的目標和今天一樣，是要讓垃圾從金屬中「漂浮上來」，再讓輕金屬（也就是鋁）從黃銅、青銅和錫之類的「重金屬」中漂浮上來。

我們在一條狹長通道上前進，跟一條利用湍急水流和介質，把廢金屬從金屬中浮選上來的水槽平行。水槽的水面果然不斷翻騰，橡膠片和泥土浮到最上層來。他們還跟我保證，各種金屬會在底下滾動。最後，到了這種專利製程的某一點，金屬會導向一個方向，浮上來的垃圾會導向另一個方向。這時金屬流大致上已經很純淨，會跟混在一起的塑膠、橡膠和金屬碎片一起落在輸送帶上，加速前進，掉進末端封閉的水槽和箱子裡。

但是這時有一件事情很有趣，如果你走過去，站在輸送帶旁邊，你會看到奇怪的事情，金屬片並不是掉下去，反而比較像是漂在半空，自行掉進完全靠輸送帶的動能、應該不會掉進去的水槽和箱子，同時，剩下的橡膠和塑膠之類垃圾卻不受影響，自由自在的掉下去。

促成這種奇怪分選現象的設備叫做渦流機。一八八〇年代時，愛迪生開發出第一台渦流機後，還爲這台機器申請了專利，而且我們絕對可以確定，他沒有預料到渦流機會利用在切碎汽車上。然而，他還是立刻就看出實際的運用狀況。衆多磁鐵旋轉時，會在沒有磁性的金屬碎片（例如鋁和銅碎片在正常狀況下不具磁性）四周，產生某種磁場，促使沒有磁性的金屬碎片向轉子前進，碎片到達轉子時，磁場會向同性的兩極接近時互相排斥一樣，把碎片排斥開來，實際的結果就是金屬碎片會從輸送帶上剩下的雜項垃圾中彈開。

諾伊帶著華理斯和我走下樓梯，來到潮濕的工廠地板，指著一個料斗箱，裡面裝滿輕介質工法產生的最後產品，裡面沒有塑膠和橡膠，而是混在一起的電線、壓扁的黃銅、紅色、灰色和銀色金屬的碎片，以及齒輪、支架和其他零件的片段。這個箱子秤重後，重量會回報送廢料來這裡的顧客。休倫河谷公司會付款，如此這般，箱子現在屬於休倫河谷公司，休倫河谷公司要負責精確的想出辦法，怎麼把這些混在一起的金屬回收。

有一個方法應該很簡單：把這些東西運到亞洲，讓別人——或是很多的別人——用手工方式分類，變成純粹的金屬碎片，送進熔煉爐裡。

諾伊告訴我：「中國人會在片刻之內，買下這些東西，他們愛死這種東西了。」的確如此，過去十五年來，上海新格集團之類的中國公司，每年進口千百萬公斤的這種混合金屬，再利用低成本的勞工，以手工方式為這些金屬分類，再把分類好的乾淨金屬，賣給中國和亞洲各國迫切需要原料的廠商。

但是輸出並非總是最好的獲利之道，如果你擁有能夠跟手工競爭的科技時，更是如此。畢竟底特律和北美各地的製造商都急於買到品質良好的廢鋁，製成從汽車零件到電線之類的產品。如果美國廢料公司有辦法把鋁和其他金屬分離開來——休倫河谷公司就是這樣——公司在北美洲就會有現成的顧客基礎，能夠從中賺得高昂的利潤。休倫河谷公司不見得代表回收產業的未來——畢竟他們運用科技，為金屬分類已經有幾十年歷史——但是他們為不希望採用比較勞力密集回收方法的人，提供了另一種模式（提供一種他們擁有專利權的資本高度密集模式）。

諾伊、華理斯和我跟著一輛裝滿雜項金屬的裝卸車，走進隔壁的重介質處理廠，參觀鋁從其他金屬中分離的過程。這間廠房一樣黑暗，但是地方比較小，讓人覺得裡面放了同樣多的水槽、樓梯和渦流機，因而覺得有點侷促不安，金屬摩擦、碰撞的聲音聲聲入耳，從渦流機到輸送帶之類機器發出的低沉隆隆聲，震撼了我全身的骨頭。這裡也是浮選法工廠，卻不是用浮選法把垃圾跟金屬分開來，而是用浮選法，把比較輕的鋁跟比較重的金屬（包括黃銅、青銅、錫和不銹鋼）分開來。因此我們停在一條狹長通道上時，我可以看到灰色的鋁片浮在含有泡沫水流的最上方，水下是休倫河谷公司所說「比較重」的東西。

但是這種情形只是這座工廠所採用複雜製程的起點而已，我抬起頭，看到一條表面上放了金屬碎片的輸送帶快速上升；我看看右邊，可以看到更多的輸送帶、更多像水槽一樣的通道，所有設備都去而復返，像洛杉磯忙碌的高速公路交流道一樣。這些設備後面有很多像汽車一樣大小的箱子，裡面放著渦流機，這些機器不但能夠把垃圾和金屬分開來，而且經過小心的調整後，還可以區分不同金屬方面，扮演重要的角色，其中的原則很簡單：磁場會把不同類型、不同大小的金屬丟到距離遠近不等的地方。因此，我們舉兩個有點特別的例子，如果箱子擺的地方正確，離渦流機的距離適當，你應該可以在不同的箱子裡，回收大小小於兩公分的鋁片，也回收大小大於四公分的不銹鋼片。

但是實際上，渦流機甚至算不上這裡最有趣的設備和製程。

華理斯帶我走到一個一．二公尺高的金屬箱旁邊，金屬箱放在一個和浴室大小相當的箱子下方，他把這個箱子叫做「錢幣之塔」，錢幣塔每隔不到一秒鐘，會以不規則的頻率，高速射出圓形的彈丸，射進金屬箱裡。我走向前，想看得更清楚一點，諾伊拍拍我的肩膀，暗示我小心一點，說：「你不希望眼睛被擊中吧。」

因此我小心的向前傾，看到金屬箱四周堆了三十公分高、經過撞擊敲打的兩毛五、一毛、五分和一分美國硬幣。金屬箱子旁邊還有一個箱子，裡面裝滿了有更迫切的事情要辦、沒有時間撿零錢的美國人口袋裡掉出來的硬幣。諾伊說，一輛廢棄的美國汽車解體時，平均含有一．六五美元的零錢。如果他的說法正確，從我所看到的情形來看，我相信他的說法一定正確——那麼美國每年解體的一千四百萬輛汽車裡，就有超過二千萬美元的現金等著回收。可想而知，休倫河谷公司無意說明他們從美國汽車中，收回多少錢（他們跟美國財政部有個協議，把這些錢歸還財政部，換回占原有價值一定比率的代價），但是華理斯很樂意的指出，「這個硬幣回收系統已經賺回本身的設置成本。」

我心裡想，休倫河谷公司正好從事最有前途的行業，從事本身會產生錢的行業！也就是說，休倫河谷公司不必生產產品行銷、賺錢，只是靠著這樣做就能賺錢。

他們帶我到錢幣塔旁邊，好看清楚他們怎麼完成這種賺大錢的任務，這個系統令人吃驚，卻也是他們公司希望我不要描述的事情。一言以蔽之，他們有能力辨認輸送帶上由廢料蓋著、看來像錢幣的東西，然後射出精確瞄準的壓縮空氣，把這種東西從輸送帶上打下來。我採訪廢料新聞這麼多年來，沒有一樣東西比這個系統讓我樂意再多看一會兒。

這座重介質工廠的精密程度雖然令人驚奇，但是和這座工廠的主要目的相比，從廢料中撿出硬幣只是副業，主要目的還是從「重金屬」中撿出鋁。諾伊和華理斯帶我走出這間潮濕的房間，走進不同倉庫之間一處通風的地方，靠牆的地方有一堆十分壯觀、高度大概有三公尺的暗灰色金屬碎片，每片碎片的大小跟掛鎖一樣，支離破碎的形狀像冬天裡的雪花一樣繁複。

諾伊告訴我：「那些是浮選鋁片。」

真的是浮選鋁片。

根據美國廢料回收產業協會的規格，浮選鋁片就是在休倫河谷公司之類業者所經營浮選廠中分離出來的碎鋁。這種碎片中，鋁（和鋁合金）的純度應該是九十五％，我用工作靴踢踢這些鋁片，看來純度的確有這麼高，然而，華理斯提醒我，休倫河谷公司的浮選鋁片純度實際上高得不可思議，高達九十九％。從九十五％到九十九％聽起來差別不大，但是在金屬業中，這樣的差距極大，讓休倫河谷公司的鋁運用範圍變得大多了，而且更重要的是，還可以讓休倫河谷公司賣出高價。

我從地板上拉出幾片重量很輕的廢鋁片，這些東西很快的，甚至可能在今天，就會裝進貨車，送到位在北邊、離這裡三十二公里、離亨利・福特的再生部門不遠的休倫河谷公司紅河冶煉廠，熔成新鋁，再賣給北美洲的很多公司，包括汽車業者。短期內，或許在不到一周之內，所有的浮選鋁片——所有在美國回收再製的浮選鋁片——會重新製造，變成引擎、傳輸系統、駕駛盤和美國人行動經驗中的其他基本產品。

這一切做法都不是出於善意。美國汽車工業會購買休倫河谷公司的再生鋁，是因爲這種鋁的品質跟原生鋁一樣好，價格卻比較低廉。但是休倫河谷公司賺錢目的中的環保效果卻不容否認：生產再生鋁所用的能源，大約是生產新鋁所用能源的八％，而且不需要開採鋁礬土礦（生產一磅的原生鋁，大約需要開採五磅的鋁礬土）。這種節省直接流入需要鋁製造產品的廠商口袋裡，也流入負責回收鋁的廠商口袋裡。

我看看右邊開著的裝貨門，看看外面很多堆還沒有處理的切碎非鐵。四十年前，這些東西會送去掩埋，被人遺忘。今天休倫河谷公司不但從中提煉金屬、賣到整個北美洲，偶爾也從事開採垃圾掩埋場的業務，取得浮選法和其他分離技術開發出來之前，丟棄在掩埋場的切碎非鐵。

對八十多歲的休倫河谷公司創辦人傳利茲來說，重新開挖、重新開採的垃圾堆勾起他久遠的回憶，畢竟他九歲時，就靠著在底特律市的垃圾場裡東挖西撿，賺到足夠買學校制服的錢。某一個夏日午後不久，我在他的辦公室裡，結束一場兩小時之久的訪問後，他變得深思熟慮。他坐在桌子後面，琥珀色的眼鏡掛在鼻梁上，對我說：「你看吧，你在這裡出生，你挖掘垃圾，東挑西撿。」他停了一下，考慮要怎麼說，「我們九歲時，就開始在市政府的垃圾場撿垃圾，而且總是在尋找別人丟掉的東西。」

幾個月後，我在新加坡一場廢料回收研討會中，跟休倫河谷公司負責非鐵銷售的副總裁法蘭克．柯爾曼（Frank Coleman）共進早餐，柯爾曼年近六十，身體健康、儀容整潔，結實的身材讓他看來至少年輕二十歲。鉗工兒子出身的他至少從一九七一年起，就在休倫河谷公司當工人，在最早的揀選線上，用手工方式揀選廢料，一路升到現在的職位，經常跟世界各國有意購買他們公司「重金屬」的廢料買家晤談。

他穿著波羅衫和休閒褲，除了寬闊的肩膀散發出強壯的力量外，他和在這家旅館停留的幾百位廢料貿易商還有點不同，至少我覺得，他現在就像過去一樣熱情、一樣有趣到可能造成傷害的程度，最近幾年裡，他已經變成我最喜歡的廢料業者。他也顯得很多愁善感，因為幾星期內，他就要歡度在廢料業中工作四十周年的時刻。

他吃美國式早餐時告訴我，廢料業有兩點讓他真的非常喜歡，就是從業人員和觀察廢料的演變。他告訴我，一九七〇年代初期，汽車的金屬純度大不相同。今天汽車當中可能有七十五％是重量很輕的鋁，但是早年汽車中大約有六十五％是重金屬，其中六十五％是非常重的鋅。他吃蛋時回憶說：「我們負責解體五〇年代末期、中晚期、到六〇年代初期的汽車，因此，你可以想像到，這些車子都很重，像又大又重的道奇汽車上，有很多鉻，鏡子全都是用鋅製造的，車上有鉻的地方都是用鋅製造的，連收音機轉鈕都是鋅的製品。」

只要美國人開又大、又重、裝了很多鋅的閃亮汽車，休倫河谷就是世界最大的鋅回收廠商之一。回收鋅的方法是把包括鋅在內的所有重金屬送去加熱，到鋅熔解，可以跟其他還沒有熔解的金屬分開爲止。這種回收鋅（大部分都變成了鋅粉）有很多顧客，汽車製造商也是顧客之一，他們把鋅粉用在車體上，作爲防銹材料。

但是這麼多年來，這種服務絕對不是休倫河谷上千萬公斤再生鋅最值得注意——或最具有歷史意義——的用途。一九八二年，美國政府決定以含鋅九十五％的一分硬幣，取代銅製的一分硬幣，美國政府所需要的一百八十二萬公斤的鋅，就是由休倫河谷公司供應。

下次你看到一九八二年的一分錢時，你可以這樣想，你拿的硬幣可能是用你祖父時代鍍烙熱軋鋼棒回收的東西所鑄造。

總之，在油價便宜、供應充足的時代，在車上放這麼多鋅都很好，車子都很亮。但是一九七〇年代的石油震撼促使美國人，開始思考燃油效率，也開始思考比較輕、卻不見得比較小的汽車。一部車從生產線走到廢料場，通常大約要花十年時間，到了石油震撼後十年的一九八〇年代中期，休倫河谷公司開始注意到，旗下工廠處理的切碎非鐵出現重大變化。柯爾曼告訴我，「我們發現鋅遭到取代，逐漸退出，取而代之的是鋁，如果你的車上還有車門搖桿，現在全都是用塑膠製造。你的車上現在再也沒有側通風口了，側通風口已經變成歷史遺跡。到了八〇年代，你會看出變化，一切都在演變，廢料也在演變，鋅已經被鋁和塑膠取代。」

這種變化對美國廢料業造成深遠的影響，對休倫河谷公司的影響尤其深遠，因為該公司的一大部分業務，是以底特律對鋅極為龐大的胃口為基礎。但是這件事絕對不是最深遠的變化，最深遠的變化在亞洲發生，亞洲新興經濟體開始出現，尋求金屬來源，用來推動基礎建設、生產低價出口產品、回銷美國和歐洲，中國之類的國家具有開礦和冶煉能力，但是在歐美國家擁有過剩廢金屬等著熔煉時，為什麼要開礦呢？

「是柯爾曼嗎？真的是你！」

我們兩個都轉頭看著蔡美麗（Melissa Tsai，譯音），她是台灣籍中間商，專營廢金屬輸入中國的業務，在業界中備受尊敬。她提了一個皮製公事包，背著一個很重的手提袋，她伸手拍拍柯爾曼的肩膀，顯得親切而熟悉。她跟休倫河谷公司生意往來已經有好幾年；事實上，幾年前的某一個晚上，我在洛杉磯跟休倫河谷公司的人一起吃便飯時，就認識她了。

「哦，對不起，艾先生，」她笑著說：「我只是要問柯爾曼一個問題。」

柯爾曼的臉上浮現會心的微笑，好像知道是怎麼回事。「美麗，我們明天晚上一起吃飯吧？」

「好，」她用有點急切的音調回答，還看了我一眼。「但是我想知道我能不能拿到一些重金屬，我需要重金屬。」

柯爾曼咯咯笑著，我趁機告辭，我們晚上還要共進晚餐，他和蔡美麗要談一筆把美國切碎汽車廢料出口到亞洲的生意，我坐在那裡，對什麼人都沒有好處。

一九八六年，休倫河谷公司投入鉅資、進行深入的研究後，設立了一座工廠，以讓人難以相信的方式，把渦流機和影像辨認設備結合在一起，把一箱、一箱的混合重金屬，分類成個別堆放的純黃銅、青銅、不銹鋼和鋅金屬堆。這座工廠對休倫河谷公司的業務影響深遠：一九八六到一九九五年間，該公司從切碎非鐵中回收的金屬數量，幾乎增加了四倍，增爲每年遠超過四千五百萬公斤，這一切成就都沒有靠分類檯上的半個用手工揀選的工人。

廢金屬是競爭十分激烈的險惡行業，連至交好友都會詆毀別家廢料場的品質。但是沒有人——沒有半個人——敢宣稱，自己爲重金屬分類的能力勝過休倫河谷公司。

說得更正確一點，從來沒有人擁有休倫河谷公司以機械化方式爲重金屬分類的能力。然而，用手工分類卻是另一回事。一九七〇年代時，台灣廢料處理業者教導當時薪資低落的員工，如何用手工方式分類，到了一九八〇年代，有些台灣人把這種技術出口到中國，預期中國很快就會極爲迫切需要金屬、推動基礎建設，生產低價產品對美國出口。

但是其他地方也出現了一些變化。

中國和印度廢金屬進口商有很多特點，其中一個特點是極力避免納稅。因此，你想一想，你願意爲看來毫無價值的東西，繳納十七%的稅，還是願意爲四萬磅、每磅價值一美元的東西，繳納十七%的稅？實際上，混在一起的青銅、黃銅、鋅和不銹鋼廢料堆的價值，遠低於已經分類、分別放置的不同金屬堆（首先反映的就是揀選成本）。一九九〇年時，從當時過勞、程度低落的貪腐中國海關官員的角度來看，噢，混在一起的廢金屬堆看來幾乎是毫無價值（不過後來中國海關官員程度已經提高，卻可以說還是一樣貪腐）。因此，如果你希望避免關員對你進口的廢金屬評定高價，你最好進口混合在一起的廢金屬，而不是進口純金屬，然後在廢料送到你設在中國的倉庫後，你派出一群每天工資三、四美元的勞工，揀選廢金屬。這種錢當然是成本，但是如果你進口已經分門別類揀選好的金屬，工資成本卻比你要繳納的稅負還少。

換句話說，如果中國政府居然決定希望結束用手工揀選廢金屬的日子，要達成目標，最快的方法應該是廢除混合金屬的進口關稅。

照華理斯的說法，一九九〇年代中期，休倫河谷公司開始接中國和印度進口商的訂單，實際的做法就像他所說的一樣：（要買一貨櫃的黃銅、一貨櫃的鋅、一貨櫃的青銅，在你出貨給我們之前，請你把這些東西混回去）從休倫河谷公司的角度來看，這樣當然會造成一個跟價值有關的問題，就是既然如此，爲什麼要花精神把重金屬分類呢？因此，他們大致上就不再花精神去分類。

一九九〇年代中國金屬需求成長之際，北美洲的煉銅廠卻因爲成本上升，加上環保法令趨於嚴格，和中國低成本的競爭者相比，競爭力不斷下降。因此，不但北美洲業者不能像中國企業一樣，以低廉的方式經營，也不能像中國企業一樣，出高價購買廢金屬。因此，原本留在國內的美國廢銅開始進軍東方，進一步摧殘了原本心高氣傲的美國煉銅業。事實上，到二〇〇〇年，北美洲只剩下一家煉銅廠（後來的情況一直如此）。不算巧合的是，二〇〇〇年，休倫河谷公司關閉北美洲的重金屬分類廠，二〇〇三年再關閉新近在歐洲設立的重金屬分類廠，從此以後，重金屬廢料變成全都運往東方（鋁還留在國內）。

銷售混合金屬不像聽起來那麼容易；負責銷售的人不但要十分了解分類生產線中出來的東西，也要了解送進去的原料，柯爾曼不但了解這些東西，還知道怎麼建設分類系統，因爲從這種系統奠定基礎以來，他在其中很多座廠中工作過。

柯爾曼走出門，巡視休倫河谷的廢料場時，表現得極為專業：他會穿著白色工作袍、戴著安全帽、嘴角會叼一支小雪茄，我覺得他看起來像在尋找酒吧打架的外科醫師一樣。他點起小雪茄，人沒有向左轉，沒有向介質工廠走去，而是向右轉，向大到足以放得下汽車的儲藏區走去，只是儲藏區裡沒有放汽車，而是堆放解體汽車留下來的碎片。有些廢料堆呈現灰色，有些呈現紅色，有些介於兩者之間。

當天是相當熱的八月天，諾伊跟著我們一起走，他顯然喜歡跟柯爾曼在一起，而且喜歡分享柯爾曼的知識，但是一切還是跟專業有關：柯爾曼停在一堆紅色的廢料堆前面，廢料堆裡堆放的是電線的碎片、壓扁的黃銅，還有很多銀色和灰色的其他金屬碎片。柯爾曼吸了一口小雪茄，問道：「這麼多的錳碎片是哪裡來的？」

我恍然大悟，我花了一輩子的時間，跟像柯爾曼一樣的人在一起，卻沒有碰到過一個人，能夠在一堆金屬碎片中，看出不比椒鹽脆餅碎片還小的錳來。說眞的，要是有這麼一小片錳，漂浮在我喝的湯上面，我一定都不會知道。

諾伊對柯爾曼銳利的眼光並不覺得驚訝，原因之一可能是諾伊現在負責管理這些廢料堆，可能比柯爾曼更清楚廢料堆裡有什麼新的東西。他踢了一下廢料堆，然後轉頭對我解釋說：「有時候，重介質工廠會出現問題，把太多的某些東西放過去。」

柯爾曼點點頭，繼續向前走，他現在正處於品管模式中。他拿著小雪茄，指著另一個儲藏區，問道：「這是什麼？」

諾伊回答說：「這是新產品，是鋁和鎂。」

我看著一處又一處的金屬儲藏區，每一個儲藏區裡都放了一堆原本屬於汽車的金屬。我盡力從這些碎片中，想像汽車原來的樣子，卻想像不出來，這樣就好像站在超級市場肉品部門，看著一盒雞腿，設法想像雞的樣子一樣。

幾個月後，我回到佛山，追蹤離開休倫河谷公司，送到中國去分類的所有美國汽車廢金屬動向。多年來，我已經聽說，佛山會成爲中國混合廢金屬貿易中心，其實有很多原因。佛山具有企業文化，海關官員以貪腐聞名，同樣重要的是，佛山原來有很多貧農，希望賺取現金工資，改善自己的命運（這些農人現在已經致富；從外地移來的勞工現在希望變成像這些農民一樣）。但是最重要的原因或許就是佛山的天氣很好。

你可以這樣想：你要把黃銅從青銅中揀選出來時，願意戴著手套還是願意空手揀選。在中國北方的廢銅重鎮天津，冬天氣溫可能降到遠低於零度，工人必須戴手套揀選廢金屬，這點表示他們在天津漫長、煙霧瀰漫的冬天裡，工作會比較不精確。但是佛山的天氣跟佛羅里達州很像（只是煙霧多多了），工人長年可以赤手空拳的精確揀選金屬。對附近需要精密揀選的鋁、銅和其他金屬、熔製成新產品的廠商來說，在全年精確和每年只有七個月的精確之間選擇，根本不是問題，隨時都會選擇佛山的金屬。

我坐在朋友黃泰利（Terry Ng，譯音）的休旅車後座，經過佛山市的後街，黃泰利正好是休倫河谷公司穩定的好顧客，說話輕聲細語、身材中等，才三十歲出頭，絲毫沒有這裡大部分企業家所具有的那種強韌性格，他穿著寬鬆的牛仔褲、不皺卻燙過的鈕扣式黑襯衫，戴著昂貴的設計師眼鏡，看來比較像是略有成就的不動產業務員，而不是每個月能夠進口幾百萬美元廢料的人。

我們一面開車，一面交談，他笑得很開心，我爲什麼不開心呢？二〇〇八年下半年我認識他時，他們家的廢料進口公司頂鋒有限公司每個月大約進口一百五十個貨櫃的金屬，其中的計算不難：以每磅一美元計算，他們每個月總共大約進口六百萬磅的金屬。三年後，他告訴我，他們公司每個月的進口量已經成長到二百個貨櫃。換成是我，我也會笑得很開心。

我們的第一站是他們家最新創設的廢料場（用金隆金屬再生公司的名義經營），最新的廢料場好像設在佛山郊外一條泥土路的盡頭。我下了車，踏上大致由混凝土圍牆圍起來的空地。盡頭處的屋頂下方，大約有五十位工人帶著塑膠桶，蹲在很多堆混合金屬堆上。他們像同業上海新格公司一樣，主要是揀選鋁，賣給本地的煉鋁廠。黃泰利告訴我：「這些鋁要賣給豐田汽車公司。」

「用在中國製造的汽車上嗎？」

「我想是，」他哈哈大笑的說：「我不知道。」

這件事不會讓我覺得驚訝。二〇〇六年我第一次到上海時，美國仍然是世界最大的汽車消費國，日本是對美國市場輸出汽車的最大出口國。因此，大致上，出口到上海的美國廢金屬最後都會回到美國。但是今天中國是世界最大的汽車消費國，最大的汽車廠商都在離這裡開一段短短車程可以到達的城市裡，設立汽車製造廠。送到黃泰利他們家廢料場的美國廢金屬不再往返美國，越來越多的廢金屬留在中國，因爲中國新興的中產階級車主需要這些廢料。

我們走在廢料場中時，我注意到工人跟二〇〇二年時新格集團廢料場的工人不同，不是年輕女性，我看到的反而是有了年紀的臉孔和突出的中年小腹，我偶爾也會看到男工。他歎了一口氣說：

「年輕人再也不想做這種工作了，他們想找更好的工作。」諷刺的是，這個工作已經是比較好的工作，因為金隆廢料場和整個佛山的月薪，已經提高到四百美元。金隆公司大部分的員工已經不住宿舍，而是騎著自己的自行車通勤，回到他們在外面租賃或自有的公寓裡。

黃泰利帶著我，走進一棟兩層樓的建築裡，樓下擺了六張綠色野餐風格的塑膠桌子和板凳，桌子上面擺著熱水瓶和裝了午餐的塑膠袋，至少站在門口看時，一切都非常正常，就像任何工廠裡的小餐廳一樣。

但是我們沒有什麼時間停留，蔡泰利午後有一個約會，我也希望看看重金屬工廠。十五分鐘後，蔡泰利的休旅車慢慢開進金隆重金屬分類工廠的大門，廠區右邊是一棟平房的辦公室，上次我在裡面時，古德曼和我曾經設法撮合蔡泰利和佛山另一位廢料業者的女兒。廠區的左邊就是重金屬分類廠。

廢料場跟曲棍球場的大小相當，可能還大一些，堆著半人高的混合金屬堆，中間的走道上有很多裝了廢金屬的白色袋子，大約有一百個工人坐著，為金屬分類，把各種不同的金屬，如黃銅、青銅、鋅和不銹鋼等「重金屬」，放在塑膠箱裡。

我注意到，這裡的工人年紀也比較大，待遇也比較好，每個月的月薪大約為五百美元，但是這樣有道理，因為這裡的金屬片比較小，工作比較困難。我在三位我認為至少有三十五、六歲的女工旁邊彎下腰來，她們跟其他廢料分類公司比較年輕的女性不同，看到我會咯咯笑著，但是我拿著照相機，要替她們拍照時，她們就害羞起來，把臉遮住。

因此，我改拍她們的手部和廢金屬，這些廢金屬真的很小，不超過五公分的電線片段，和郵票大小的銀色金屬碎片混在一起。這裡的工人揀選速度很快，把銀色金屬跟銀色金屬分開，也把紅色金屬和電線片段分開，但是她們的速度沒有上海新格集團揀選比較大片金屬的女工那麼快。

我聽說，這裡是佛山最大的重金屬分類廠，這點表示，這裡一定是世界最大的廢金屬分類廠之一。我問蔡泰利是否如此，他只是聳聳肩，沒有說話。這家公司不是他創設的，而是他父親和他注意避免提到的其他家族成員創設的。現在他只想盡力壯大長輩交給他的事業。他說：「家父說，這份事業現在是我們的了，他工作的日子已經結束了。」

這份事業即將出現變化，蔡泰利也知道這一點。一旦中國廢料業勞工成本再度暴增四倍，蔡泰利可能在幾年內，就會像推動他父親在一九九〇年代內用低價競爭擊敗的自動化，事實上，這一天可能比任何人預期的都提早來臨。

中國的勞工成本上升，已經造成政府主管機關，擔心中國可能無法有效的爭取到國外廢料，因此主管機關已經補助業者發展科技，減少揀選工人的需要。如果競爭變成機器和機器之間的競爭，中國是否能夠勝過休倫河谷公司？很可能可以，原因完全是因爲中國對原料的需求極爲龐大，企業願意不計代價，取得原料，因此只要需求持續存在，進口商也會繼續存在。

第十三章

熱金屬流

二〇〇八年十一月八日星期六，我吃過午飯後，走到北京中國大飯店後面散步。強風把內蒙古的沙塵吹來，和北京無數建築工地飄起來的灰塵混在一起，使我的眼睛刺痛，我決定不再散步，改去健身房。

往回走時，我看到卸貨區裡大概有五、六位推著自行車、背著背包、身體結實的廢金屬小販，正忙著爲旅館的鋁製空啤酒和飲料罐，和卸貨區經理討價還價。雙方都很有理由認眞的討價還價，因此我停下來看他們。

二〇〇八年九月雷曼兄弟公司（Lehman Brothers）倒閉，全球金融海嘯開始爆發以來六個星期後，鋁價下跌了一半以上。這種事情一點也不罕見，廢金屬原料跟全球經濟的騷動極爲息息相關。如果廠商不生產，廢料商人會第一個感受到。事實上，早在雷曼兄弟公司倒閉前半年，廢金屬價格就已經開始下滑。同樣的，如果經濟開始成長，廢料價格通常是最先上升的指標之一（葛林斯班擔任美國聯邦準備理事會主席時，廢料價格是他最喜愛的經濟指標之一）。在我們家的廢料場裡，我們總是覺得自己提早好幾個月，就知道經濟風向吹向什麼方向。

二〇〇八年的情形不同的地方是：一切都發生得太快，價格下跌得太深（某些級別的鋼鐵價格在幾星期內，暴跌了八十%）。業界沒有人經歷過這樣的事情——就像沒有人經歷過十年來廢料價格暴漲的現象一樣，每一種現象背後的推手都是全球化，全球化使廢料出口商能夠滿足進口商難以滿足的需求。碰到大家心生恐懼，需求消失時，行情就破底暴跌。

邋遢的廢料小販聚在北京中國大飯店後面，他們很可能從來沒有聽過雷曼兄弟公司的名字，但是他們非常清楚，北京街頭上可口可樂罐子的價格已經比幾星期前下跌了一半，中國大飯店的卸貨區經理不是必須降價，就是在不太可能找到買主的情況下，留下已經飄出臭味、裝滿鋁罐的垃圾袋。

讓我驚訝的是，小販費盡唇舌，卻徒勞無功，卸貨區經理還是堅持不讓。或許固執的卸貨區經理認爲，價格最後會反彈，所有過去造成北京塵土飛揚，最近跟風停工的廢棄建築工地會恢復興建，會需要鋁窗，會再度拉抬鋁罐的價格。看來他的打算不是很恰當。

在這個乾爽的十一月天裡，各種回收項目中，不是只有鋁罐跟著趨勢跌成毫無價值而已，附近的角落上堆了很多堆紙箱，過去紙箱是北京謹慎小心廢料小販努力搜求的東西，現在卻靜靜的放在初冬的陽光下，等待別人收走，卻沒有人要收。經濟危機已經嚴重摧殘美國人的消費意願，因爲美國人購買的大部分東西都是用紙箱包裝，舊紙箱的價格也已經暴跌。最後，對廢料小販原本價值一天工資的中國大飯店廢紙箱，會送去掩埋或焚燒，包括廢料小販、環保分子，或希望從中賺到一點現金的卸貨區經理在內的每一個人，對這種事情都無可奈何。

我會到中國大飯店，是因爲受邀來觀察一場罕見的高峰會。那天下午二時，世界上一些最大、最富有的廢金屬買家和賣家，要在中國大飯店較低樓層、不通風、又狹隘的十二號多功能活動廳的長桌上開會，希望針對威脅全球再生金屬貿易的違約事件，解決彼此之間的歧見。這些人當中，至少有兩位億萬富翁，還有好幾位如果讓自己的公司公開上市，也可以得到這種地位。其他與會者的年齡從年近四十到七十多歲不等，他們出身的國家包括從中國到海地、從美國到奈及利亞，可以說是遍布全球，他們的富有程度，不是在卸貨區討價還價、一身穿著一身卻身體結實的廢料小販所能想像——雖然事實上，雙方都是從事低買高賣別人垃圾的行業。他們之間的差異很大，但是很多差異都起源於一個簡單的事實，就是小販只在本地販賣，業界鉅子向全球銷售。

參加二〇〇八年十一月這場會議的人大都大腹便便，但是想法並非這麼深奧，大部分人反而是因為看到全球若干廢金屬、廢紙和廢塑膠價格在幾星期內，暴跌高達八成，而覺得生氣或害怕。暴跌更是害慘了中國回收業者，因為很多業者預期中國推動的原料價格會永遠持續下去，建立了大量歐美廢金屬庫存。大家認為，中國經濟發展是不可避免的事情，隨著越來越多的國家參與這種發展，金屬價格可能只會漲、不會跌。

因此回收業者不斷加碼買進廢金屬，經常只付出二十%的頭期款，就買進一貨櫃重十八公噸、價值超過十萬美元的廢金屬。但是二〇〇八年秋季時，廢金屬價格直線下跌，很多業者審慎計算後，做出冷靜的決定，認為虧損二十%的頭期款，勝過不斷擴大、甚至可能擴大到五成的虧損。因此，從九月起，幾百位中國廢料買家，拒絕支付已經從歐美港口出貨的廢金屬貨櫃欠款，這樣做是違約。到十一月初，中國很多港口已經堆了幾千、幾萬個價值已經下降的美國廢金屬貨櫃，沒有人想提貨，更沒有人願意付款。只不過是幾星期前，我才到浙江寧波港，那時貨櫃堆得像小孩玩的積木一樣，港口官員十分憤怒，對敢來寧波港的中外廢料業者大聲咆哮。

富有的外國出口商到十二號多功能活動廳開會，目的是爲了要錢，富有的中國廢料業者多半保有大量現金準備，來開會的目的是希望重新談判合約條件，以便省錢。十年來建立的友誼和夥伴關係即使沒有遭到永遠的破壞，也已經出現裂痕，在商務活動停頓、沒有人讓步的情況下，先進國家產生的電話纜線、洗衣機馬達和切碎美國汽車碎片，沒有市場可以去化，以後歐美國家市政府的回收物資倉庫中，堆滿了廢金屬和紙箱。

到十二月初，美國人和歐洲人過去努力分類、放在藍色和綠色箱子裡的回收物資，現在價值不會超過棄置在中國港口裡的廢金屬和廢紙貨櫃。美國和歐洲的回收業經理人看著紙箱堆到倉庫外頭，只能把這些東西送去掩埋和焚化。

這場會議由中國有色金屬工業協會再生金屬分會主辦，這個拗口的機構同時充當同業公會、政府機構和廢料交易業者的角色。中國沒有多少人聽過再生金屬分會，聽過的局外人更少。但是如果過去十年裡，你參與價值數百億美元的越太平洋廢料貿易，你不能甘冒風險，忽略中國廢料業中眞正掌權的人。再生金屬分會的權力擴及整個產業，從決策到執行法規無所不包；如果某個港口出了問題、再生金屬分會聽到這件事後，會以個別的方式解決問題；中國政府最高階層認定廢料和石油相當，應該是「策略性工業」時，會要求再生金屬分會制定計畫，負責推動。再生金屬分會絕對不是無所不能的機構，但是無可否認的是，在眞正權力並不明確的中國，再生金屬分會從過去到現在，都是大家建立關係的核心，中國在世界上所向無敵的製造業所需要的三分之一金屬，由這個像繞口令般的機構掌握，這就是權力。

這次會議的時機相當偶然，到最後一刻才安排好：正好世界大部分的重要廢料貿易商都齊集北京，參加再生金屬分會的「次要金屬國際論壇」第七屆年會。大部分年會都是鋪張、豪華的活動，很少人聽的枯燥政策演說重要性不及大宴小酌重要，更是不及生意重要。過去的年會裡，大廳和大廳酒吧擠滿了交換名片和價格的買方和賣方。中國廢料貿易商在旅館與會議廳外，灑大錢主辦貴得離譜的精美大餐（我參加過的某次宴會中，餐桌中央擺了一隻經過調理的大型鱷魚），座位上還有身材纖細的美女，一切的一切，目的都是要說服少數外國廢料供應商，讓供應商相信除了他們之外，不應該把廢料賣給其他人。

但是金融海嘯突然打斷了所有的歡樂。二〇〇八年的年會和二〇〇七年不同，你在旅館大廳裡，看不到台灣廢料經紀商對掛著會議代表標誌，有一貨櫃舊洗衣機馬達可以出售的白色臉孔（男性）低聲說：「你需要女朋友嗎？」沒有人邀請你吃龍蝦生魚片大餐和免費的一切；沒有人付錢請你周末到「中國的夏威夷」海南島，跟更多的「女朋友」度假。相反的，在行情直線下跌，最近又有報導證實：英國一位廢料貿易商因爲商務糾紛的關係，遭到華南一家國營廢料公司綁架的氛圍下，緊張和偏執的氣氛取代了一切。我看到一位中國買家，轉身從他最近鬧僵的一位美國供應商身邊跑步離開；我看到另一位我認識的中國買家，名牌上寫著新的公司名字，也寫著新的姓名。有些參加會議的人帶著保鑣到場，以防萬一。到十二號多功能活動廳的「特別會議」召開時，外國供應商只跟外國供應商談話，中國買家只跟中國買家談話。

我受邀以記者的身分，參加這場會議，但是在再生金屬分會的眼中，我不是一般的記者，不只是道瓊社或彭博資訊通訊社的財經記者而已。實際上，過去六年來，我是世界上唯一專門爲全球廢料業兩份最重要的期刊《廢料》（*Scrap*）和《再生國際》（*Recycling International*）雜誌，負責採訪亞洲廢料業的記者。這點讓我獲得獨一無二的地位，可以接觸在十二號多功能活動廳裡開會的人，我拜訪過他們的工廠，跟他們的子女見過面，跟他們一起享用過鱷魚大餐，跟他們一起唱過卡拉OK，時機適當、而且有幫助時，還跟他們交換資訊。這是我坐在會議桌上的原因，我不用坐在緊靠牆壁、面對會議桌、令人難過的椅子上。廢料業者和中國官員通常不喜歡外國記者，但是他們喜歡外國記者之後，對他們通常很好。我知道再生金屬分會對我有關中國廢料業的報導，並非總是很滿意，但是我身爲唯一報導他們產業的記者，他們至少已經信任我的報導很精確，我們的關係和接觸從這種基本諒解中發展出來。

會議廳呈現受到控制的正式氣氛——美國人尤其覺得大吃一驚，很多美國人雖然跟中國有過千百萬美元的貿易，卻天眞的預期會有隨心所欲的開放式討論，得到（當然對他們有利的）解決方法。但是中國人大致坐在長桌的一邊，外國出口商坐在另一邊，這樣安排的原因之一是爲了塑造一種幻象，顯示雙方的讓步已經恢復。換句話說，這種幻象意在顯示：雖然中國進口商違反了跟美國供應商的幾千件合約，中國進口商仍然可以跟受到他們欺騙的供應商一起坐下來、一起談天，甚至繼續進行貿易。你知道後來有什麼發展嗎？兩年後，從歐美出口到中國的廢料數量幾乎又回到二〇〇八年的水準。

但是我不知道二〇〇八年十一月時，出口商是否認爲這種和解是無法避免的事情。

再生金屬分會沒有把這場會議變成開放式的討論，而是安排了官員和經濟學家，發表一系列用語謹慎的演說，這樣做頂多只等於宣稱中國方面也面臨很多問題。沒有人說抱歉，甚至沒有人承認極多中國進口商欺騙了外國貿易夥伴，這樣做無助於穩定面臨千萬百美元損失的出口商情緒。中國某些企業主的公開聲明和行爲也沒有幫助。專精回收進口廢銅的民間大企業、寧波金田銅業公司總經理羅國君站了起來，要了麥克風，準備說話。過去幾星期裡，謠言盛傳，金田銅業撕毀了跟與會業者之間價值千百萬美元的合約，造成嚴重的財務損失。據報導，金田銅業爲了減少損失，關閉了幾座工廠，還尋求政府的協助。羅國君長得像香菸一樣瘦，手指沾滿了香菸的黃斑，是個心高氣傲的中年人，剛剛開始掉頭髮。他站著苦笑，看來相當緊張，還花了好幾分鐘的時間，敘述他的公司二十年來足以自傲的歷史和良好名聲。他透過口譯，開始輕聲細氣的說：「我很清楚我們違約的謠言，因爲我們地位很穩固，我們在上游或下游市場，從來沒有不付錢的行爲。」他等待譯員口譯時，勉強擠出一絲笑容，但是這種笑容很快就消失，因爲他的話引起一陣唉聲歎氣和憤怒的談話。

美國最大的廢料再生同業公會廢料回收產業協會商品處處長鮑伯．賈里諾（Bob Garino）抓起麥克風，直接對著羅國君，劈頭就說：「你所說的謠言是事實。」

兩個人都坐了下來，夏立夫金屬公司總裁沙蘭．夏立夫（Salam Sharif）跟他隔著兩個位置坐著，夏立夫長得英俊瀟灑，留著鬍子，總是衣冠楚楚，是這家中東廢金屬王國的少主，公司業務廣及約旦、波斯灣各國、沙烏地半島、葉門和索馬利亞，他坐在椅子上前後搖動，神情激憤，夏立夫金屬公司靠著回收波斯灣富裕消費者丟棄的垃圾，也靠著回收中東衝突中即使沒有幾百萬公斤、也有幾十萬公斤的廢舊彈殼，把生意做得虎虎生風（這就是所謂的衝突廢料，一定要有人回收這種東西，夏立夫金屬公司爲什麼不這樣做呢）。夏立夫抓起麥克風，提醒中國人，中東進口大量iPod播放機之類的中國產品，他透過慌張的譯員，警告說：「從有來有往的信念來說，這件事情必須解決。」這次會議後的幾個月裡，夏立夫會組成中東回收協會，謠言指出，這個協會不但把違約的中國進口商列入黑名單，也把跟中國違約商人來往的中東廢料貿易商，列入黑名單。

接著，身材魁梧、從哲學系所畢業，當上歐爾特貿易公司（Alter Trading Company）副總裁的羅伯·史坦（Robert Stein）抓起麥克風，歐爾特貿易公司是北美洲最大的廢料回收業者之一（推而廣之，也是北美洲最大的廢料出口公司之一）。史坦看著華北的廢料大進口商黃萊斯（Lester Huang，譯音）——一年前，我到他的辦公室採訪時，他曾經自傲的要我看掛在他牆壁上的史坦相片。史坦厲聲說：「非常不幸的是，中國買主和外國供應商之間培養的信任，在一個月內完全消失，你們不能憑空把金屬產品生產出來。」

這項威脅中，含有無可否認的事實：過去二十年來，中國製造商已經對歐美廢金屬上癮，要是為了不明原因，廢金屬供應中斷，中國人一定要尋找新的原料供應來源。即使中國的廢金屬進口商看不出來，中國政府是否一定看得出來，不要進一步激怒廢金屬出口商，才是比較明智的做法呢？

十二號多功能活動廳的會議結束時，時間已經接近下午四點半。至少從表面上看來，什麼問題都沒有解決——即使經過幾小時無休無止的解釋，穿插著憤怒的咆哮，經常讓困擾的譯員翻譯起來力不從心，結果還是沒有解決。到了最後，氣氛變得極為惡劣，以至於中國人和外國人都以極快的速度，說出極多的話，以至於只有跟他們說相同語言的同胞，才能了解他們的話，譯員落在後面，無助的苦苦追趕不上。但是對雙方來說，訊息都很明確：外國人希望中國人付款，中國人希望重新談判合約。大家都不高興，這一個下午都浪費掉了，大家只能靠時間來解決問題。

一年前，全球回收廢料貿易變成最徹底的賣方市場，大家認爲，凡是能夠出比前一個人高價的人，都是誠實的業務夥伴。需求極爲龐大、競爭極爲激烈，以至於歐美廢料供應商可以從幾百位追求者中，選擇顧客。讓人毫不驚訝的是，情勢甚至演變成比較務實的一些中國廠商，把年輕的男性業務代表換下來，換上年輕貌美的女性，據說其中有些女性樂於跟顧客睡覺，希望額外多爭取幾個貨櫃的鋁廢料。

我走進一條空蕩蕩的走廊，在厚厚的絨布長椅上坐了下來，附近有一位說話帶香港口音的華人，低聲跟兩位歐洲廢料貿易商說話，從我所能聽到的話來判斷，這位香港貿易商希望購買歐洲貿易商原有顧客留在港口裡的貨櫃，兩位歐洲人看來不很高興，卻也沒有多少選擇，畢竟承受龐大的損失，勝過完全損失。香港買主也不是在做善事，他們知道，美國消費者早晚會開始買東西，廢料回收早晚會重新開始，現在用低價買進廢料的中國人，將來會以高價賣出，目的是要讓美國人有機會購買更多的東西，有機會丟掉更多的東西。如果美國經濟不復甦，中國經濟卻繼續成長，那麼會有很多新的中產階級消費者，會有意購買用美國廢料製成的汽車、個人電腦和iPad平板電腦。

和美國人與歐洲人相比，中國人似乎比較能夠認清廢料貿易只是暫時停頓，他們知道美國人雖對違約十分不滿，但是不管他們願不願意，將來他們都會再度跟中國貿易。在美國和中國都擁有廢料場的美籍華人廢料商李傑士嘲笑說：「美國現在沒有製造業，因此美國人必須把廢料賣給別人，經濟危機結束時，中國會再度變成最大的買主。」

根據美國政府的統計，二〇一一年內，美國一共出口五千一百七十萬噸的廢金屬、廢紙、廢橡膠和廢塑膠，到世界上的一百五十五個國家，出口值為三百九十二億美元。但是這些統計幾乎一定低估，沒有包括所有為了避稅和逃避主管機關而走私的廢料。不管從美國和其他已開發富國出口的廢料數字和數量是多少，從一九九〇年代中國經濟開始加速成長以來，出口到中國的廢料暴增，以鋁來說，從二〇〇〇年到二〇一一年間，廢鋁進口成長超過九百%。

二〇〇〇年代初期，我親身感覺到這種需求，就開始參加回收金屬分會之類單位主辦的中國廢金屬會議。這種會議通常會吸引幾百位中國的廢料貿易商和處理廠商參加，幾乎沒有人有興趣聽跟政府廢料進口政策有關的說明，業者有興趣的是認識和追逐與會的相當少數外國廢金屬出口商。一般說來，出口商不難看出來，在幾百位中國人臉孔中，出口商通常都是大腹便便的中年白人男性，我既不大腹便便，也沒有中年人的臉孔，卻是白人；因此我走在廢料研討會上時，幾乎不可能不碰到至少好幾位手上拿著名片和說明書，神情迫切的進口商衝過來，提出簡單的建議：「請你給我一張名片好嗎？我對銅片和銅粒有興趣。」

身為新聞記者，這種互動自有好處，很多渴望購買廢料的貿易商樂於出現在我服務的雜誌上，我也樂於尋找消息來源，但是我搜集消息來源幾年後，受夠了他們激進的做法。因此，二〇〇六年年會時，我請一位中國朋友在我的名牌底部，寫了「我沒有廢料」的字樣，希望能夠為包括我和貿易商在內的每一個人節省時間，也避免生氣。

這樣做沒有用。

第十四章

此廣東非彼「廣東」

二〇一一年秋季，曾強森在七十七號州際高速公路上，以高於速限八公里的速度開車，縱貫西維吉尼亞州向南開，貨車超過我們的車，汽車也超過我們的車，但是曾強森維持這種穩定的速度。今天早上他從辛辛那提開車到俄亥俄州的「廣東市」（Canton），現在準備開往北卡和南卡兩州，這條路是他經常開的路，突然間，他提出了一個問題：「爲什麼廣東的英文名字叫做Canton？」

我沒有預料到他會這樣問。

長久以來，曾強森的故鄉廣東省會廣州市的英文名字就是「Canton」；同樣的，老廣說的話，文名字就叫做Cantonese。我沒有回答他的問題，只是大聲問另一件事：「我不知道住在俄亥俄州『廣東市』的人是否會自稱廣東人（Cantonese）。」

「不會，」他熱切的搖著頭，以對自己故鄉爲傲的語氣說：「Cantonese屬於老廣。」

我轉頭看著他，他沒有笑，我剛才不是想開玩笑，而且我顯然也沒有開玩笑。雖然曾強森已經取得加拿大公民權，過著到處漫遊的日子，他卻十分清楚自己是廣東人，沒有一個俄亥俄州人在這一點上能夠左右他。

事實上，我們兩個都不特別喜歡俄亥俄州的「廣東市」，那天稍早，曾強森跟那裡的廢料場有約，我們偏離要開到北卡羅萊納州的正路，開了四小時的車子，到達那一家廢料場，卻發現廢料場經理前一天已經把所有能夠出口的廢料賣掉了。「廢料場老闆和經理應該打電話，說他們沒有原料可以供應了，」曾強森用難得一見的惱火語調告訴我，然後停下來重新考慮自己剛剛說的話，「但是他們很忙，我也會這樣做，賣方市場嘛。」

現在是下午三、四點，我們至少還要再開六小時的車子，才會到達明天第一場約會所在的北卡羅萊納州史泰茲維爾（Statesville）。曾強森歎口氣說：「中國貿易商正常的日子就是這樣，長途開車，沒有收穫。」實際情形並非如此，幾小時前，我們在俄亥俄州「廣東市」廢料場的停車場上時，辛辛那提一家廢料場打電話來，同意賣給他價值大約七萬美元的兩貨櫃廢料，使他比較接近這星期要花一百萬美元買廢料的目標。他承認：「然而，我原來計畫買四個貨櫃。」

你只要花幾天時間，跟中國廢料貿易商在路上跑，你就會不由自主的開始想到，機會和美國廢料貿易商擺明著對他們不利，訂好的見面會取消，存貨會賣光，員工毫不掩飾他們的種族主義歧視，這些都只是侮辱而已，還有比這更嚴重的惡行劣跡。

照曾強森和其他巡迴貿易商的說法，廢料出口商並非總是像他們承諾的一樣，讓廢料訂單快速出貨，如果行情上漲，他們可以把廢料再度出售，賺到更多錢時，更是如此。曾強森懊惱的大笑說：「但是價格下跌時，他們就迫不及待的把廢金屬運到中國！而且，行情上揚時，他們裝在貨櫃裡的東西，重量可能不到一萬八千公斤，我打電話表示不滿時，他們總是說，他們不能冒險超載，因為公路法規對運到鐵路集散場或港口的廢料重量，有一定的規定。但是行情下跌時，公路法規就沒有了，運來的貨櫃總是超重！」

這些不滿都不是新的怨言。東泰公司總裁陳作義回憶自己在一九七〇和八〇年代當巡迴廢料買主時，曾經一再告訴我這些事情。二〇〇九年十一月，他的賓士車快速開過佛山時，他坐在後座上，低聲的告訴我：「他們裝進貨櫃裡的東西不是我們買到的東西。」

「即使我們看中這一堆、即使我們在現場，他們還是會把另一堆推進貨櫃裡。」

我問陳作義，他當巡迴業務代表時，爲什麼會發生這種事情——是因爲種族主義的關係，或者只是大家都非常合乎人性，假設所有外國人都是傻瓜，他回答說：「對，你說得對。」

我爲他難過，但是我也知道，這種陰謀詭計不是只有美國廢料商人才會這樣做，歐洲人會這樣做；日本人會這樣做；中國人也會這樣做。大部分廢料商人所說的這種「花招」是生意的一環，不論生意是在什麼地方完成。曾強森和其他巡迴廢料貿易商只是很不幸，在外國碰到這種事情。但是相信我，要是曾強森在中國的公路上跑，他一定會經歷大致相同的事情。

我問他，他在美國做巡迴買家時，種族主義跟他受到的待遇有沒有關係，他告訴我：「在廢料場裡還好，他們知道如果沒有半個中國買家，行情就不會好，但是在他們的潛意識裡怎麼樣，我就不知道了。」

曾強森開車時，接了一通由兩位中國男士組成的買家從亞歷桑納州打來的電話，他們剛剛完成了一筆交易，希望他代爲安排貨櫃的運籌事宜。這是曾強森和他太太的新業務，他太太最近辭掉溫哥華的工作，跟他一起做全職的工作。因此電話結束時，他開始打另一通電話，要求他太太爲亞歷桑納州的貨櫃安排船運事宜，也爲他在辛辛那提談好的貨櫃安排船運。今天晚上他會在旅館裡，把相關資訊發送出去。

安排運籌事宜不像交易廢料這麼好賺，但是風險小多了。想一想，曾強森今天早上在辛辛那提買的廢料必須裝進貨櫃，運到鐵路集貨場，再裝進貨櫃船，橫渡太平洋。貨櫃最後抵達香港時，四十五天已經過去了，這段運輸期間，全球市場行情不會靜止不動，行情可能上漲，也可能崩盤。畢竟二〇〇八年秋季時，某些廢料的行情暴跌一半以上。

不過這只是風險的開端而已。

如果海關的運作很有效率，曾強森的貨櫃可能很快的通關，進入中國。但是二〇一一年秋末我們在路上奔波時，海關的運作一點效率都沒有，事實上，這一年一大半以上的時間裡，中國官員一直在討論是否制定法規，針對曾強森和其他中國經紀商長久以來、專門採購和進口的所有混合廢料，採取限制進口、甚至禁止進口的措施。在這種法規建議下，不但混合了汽車水箱末端、聖誕樹電線和水錶的廢料要禁止進口，而且廣東省全境到處用手分類的混合切碎廢料也要禁止進口。原因很簡單：中國海關關員難得受過訓練，難得有時間詢問進口商，裝在貨櫃裡的混合廢金屬價值多少。如果這樣問是爲了評估進口稅額，進口商會說，一個貨櫃價值二萬美元，海關關員必須接受這個數字，不然就必須要求把貨櫃裡的東西卸下來，分門別類爲不同的廢金屬秤重和估價。

進出口商在恐慌之餘，一起遊說，似乎促使主管機關放寬了這種法規建議，主管機關沒有公然禁止混合廢料進口，也沒有設法正確評估混合廢料的價值，而是轉個方向，提高稅率。曾強森像所有善良的商人一樣，對稅率提高大爲不滿：「這樣就像桌上放的一塊肉一樣，海關要分一塊。」

但是眞正讓他惱火的是海關提高稅率的做法。海關在八月改變稅率前，曾強森的貨櫃在中國海關裡留置了四十五天，沒有人對他解釋原因，但是曾強森發現，一直到比較低的舊稅率失效後，海關才讓他的貨櫃放行。「我不知道誰把東西留置在那裡，但是海關發布新稅率後，就說，好了，來領你的貨櫃吧。順便要說的是，（海關）的估價提高了二萬元人民幣（大約三千美元）。」

我們繼續南下，天色暗了下來，我們經過一個停在路肩爆胎汽車後面的警車。曾強森歎氣說：「美國的警察太好了，會停下來幫助你換胎。」我們兩個都知道，中國的警察可能會停下來，開一張爆胎的罰單給你。

天暗下來後，我們回頭談廢料的問題。他告訴我，進口廢料稅率提高是問題，卻絕對不是進口商最大的問題，也不是進口商最新碰到的問題。最大、最新的問題是貨櫃從香港拖到老鄉那裡時，有人從貨櫃裡偷取廢料。根據曾強森和後來跟我談話的另兩位出口商的說法，貨櫃從進入到離開中國海關控制這段期間，會有人偷竊放在最精華的廢料。

因此而產生的損失可能達到幾百美元，甚至達到幾千美元，不用說也知道，這種損失會累積。沒有人十分清楚到底是誰在偷竊，甚至沒有人十分清楚偷竊事件在什麼地方發生。但是跟竊盜怎麼偷竊有關的說法很多，最多人提到的說法是：混合廢料在海關裡經歷卸貨、估價和秤重的程序，曾強森告訴我：「他們過去只是查看和檢查而已，現在他們要過磅和盜竊。」

幾星期後，我跟美國一位規模很大、備受尊敬的出口商談話，他告訴我，情況其實比曾強森所說的嚴重多了。例如，他告訴我，他們公司最近「遺失了」一包零售價值大約二萬美元的銅——遺失地點介於香港和大陸之間，雖然他曾經採取預防措施，甚至在東西運到大陸前，自己出錢，在香港爲這個貨櫃過磅，仍然無法打消小偷的企圖。

但是後來我不由得想到：爲什麼曾強森或這位出口商會覺得訝異呢？廣東的廢料業頂多只能說一直都是半合法、半不合法的行業，要是廢料業沾上犯罪企圖，任何人都不應該覺得訝異才對。

今晚曾強森在夜色中繼續開車，我們談到在對方的國家裡身為外國人的處境。我們看到明亮的滿月掩蓋了滿天的星光。他告訴我：「外國的滿月總是比較大、比較漂亮，月亮在中國是好預兆，但是在你們國家裡卻是壞預兆，滿月就是這樣。」

我回答說：「的確如此。」

「為什麼呢？」

我想起狼人，「我不知道，不過今天晚上的月亮看來很漂亮。」

幾星期後，我才發現當時曾強森借用了「外國的月亮比較圓」的中國俗話。至少在傳統的意義上，這句話是要警告大家，不要偏好到處漫遊、遠離故鄉。

早上我們離開超級八號汽車旅館，開了不到一．五公里的路，來到一塊周圍大樹挺立、綠葉成蔭的狹長型土地上，備受尊敬的廢料處理業者戈頓鋼鐵金屬公司（L. Gordon Iron & Metal）就設在這裡。這裡的人像老朋友一樣招呼他，坐在前排桌上工作的小姐不必看他放在櫃檯上的名片，就用甜蜜的腔調，叫他的名字，跟他打招呼。「嗨，強森。」

一位小姐帶我們走進理察．戈頓（Richard Gordon）沒有窗戶的狹窄辦公室，戈頓已經五十多歲，頭髮開始掉落，是創設和仍然擁有這家百年老店廢料處理場家族的第四代成員，他正在講電話，因此舉起一隻手指，暗示我們他一分鐘就會講完。我們站在那裡的時候，高高瘦瘦、留著少許鬍子的倉庫經理史考特．柏格梅爾（Scott Bergmeyer）奉命來到辦公室，要帶曾強森巡視倉庫，戈頓看來很忙，因此我們往外走。

我們穿過車道，走進倉庫時，柏格梅爾問道：「強森，你今天的價格如何？」

「很好！」曾強森回答說：「這星期有別的中國買家來過嗎？」

「你是第二位。」

我笑著望向別處，這段簡短對話大致摘要說明了中國和美國廢料業者三十年來的互動，也就是很多中國人追逐供應有限的昂貴廢金屬。

倉庫裡裝得滿滿的，曾強森一面走，一面拍照，拍下裝成非常大包的聖誕樹電線、銅纜線、粗黑的通訊電纜、金屬標誌板和一箱銅加工場的研磨廢料。曾強森在最後這箱東西前，拿出一塊磁鐵，在箱子四周移動，檢查看看裡面是否受到鐵的汙染。柏格梅爾指著一箱裝滿拆解完畢的動力電鑽，曾強森搖搖頭說：「等老鄉來時再看。」顯然要知道其中金屬的價值，需要專家——需要曾經分解動力電鑽的人。

柏格梅爾懶洋洋的對曾強森說：「稅負正在上升，價格正在下跌。」

我看看他，以為他是在談美國的稅負，但是並非如此。他談的是中國的進口稅提高，十年前，美國廢料業沒有人會為了廣東省的海關程序，煽動中國買主；現在連倉庫經理都這樣做。他說：「你們繼續這樣做的話，你就什麼東西都不能買了。」

我們回到辦公室時，戈頓還在講電話，但是他比著一些椅子，要我們坐下來。這間辦公室很小、很狹窄，但是有兩樣東西很顯眼：一樣是牆上掛著的北卡大學藍白兩色的時鐘，另一樣是牆壁上貼著的卡羅萊納黑豹美式足球隊「俱樂部座位」的貼紙。「東西多重？」他對著另一個房間的某一個人吼著（大概是電話線上另一端的人）。

「一萬六千磅。」有人吼著回答。

「一萬六千磅嗎？」戈頓敲著桌上放的計算機，考慮了一下結果，然後抬起頭說：「二十三美分！」然後又回頭講電話。

同時，曾強森打開文件夾，開始寫訂貨單，一面寫，一面檢查黑莓機上倫敦金屬交易所的價格。

「對不起？」

我們全都抬起頭來看，看到一位坐在前排桌子上的小姐站在門口。

「強尼正在電話上，要跟你說話。」

戈頓在電話機上按了一下按鍵，把正在講的電話保留，再按下強尼的電話，用很平順的語氣宣布：「強尼，我要報給你一個非常好的價格，六十八美分。」然後他停了好一陣子才說：「他付多少錢？好，我付你七十美分。」

戈頓就像這樣，一直講電話，到曾強森把寫好的訂貨單交給他爲止。戈頓稍微看了一下訂貨單，提到曾強森的競爭對手「在某些項目上」，出的價格比較高，而且價格開始往上升了，紅銅的價格更是「實在——」太低了，但是我從曾強森開始洩氣的樣子，覺得他不會提高價格。接著有趣的事情發生了：戈頓告訴他，還有一批數量夠大的「乾淨貨品」，也就是說，他有一批除了銅之外、沒有其他雜質的貨品。

「眞的嗎？」曾強森問，然後精神一振，說：「我要打電話給老鄉。」

這通電話只講了二十秒，通話結束時，曾強森提高了價格。讓我驚訝的是，他說明了這樣做的原因：「這種東西（在海關）比較容易申報，最近混合廢金屬的問題很多。」換句話說，裝一種金屬的貨櫃從香港運進中國時，風險會少多了（大概是因爲不需要卸貨、檢驗）。因此，從曾強森的眼光來看，這批貨每磅多值幾分錢。我心算了一下，曾強森和老鄉買這個貨櫃，大概要花十萬美元。

我聽曾強森和戈頓討價還價時，這個家族的第五代成員路易斯．戈頓（Louis Gordon）走過來自我介紹，我們開始聊天。我想，我們的年齡大致相當，出身相同的背景。但是他跟我不同，實際從事這一行，而不是像我一樣撰寫跟這一行有關的報導。我坐在這裡，看著短短的走廊上，貼著說明戈頓家族商業成就的雜誌封面，看著這個家族的人在走廊上走來走去，不免心生嫉妒。我應該喜歡在家人和「垃圾」的陪伴下，把一輩子的時間，花在這一行裡。

然後他提醒我一些事情：「近來利潤率極爲低落，情勢很艱困。」

「我也聽說了。」我告訴他，我跟曾強森一起在路上奔波，看出現在情勢到底有多困難。然後我想到，要問他我在這一行裡工作時還不是大問題的問題。「如果沒有中國讓你們把廢金屬送過去，會有什麼後果？」

他聳聳肩說：「很多廢金屬都會送去掩埋。」

我看看曾強森，他正在爲一批銅纜線努力的討價還價，他們談的是兩貨櫃的貨物，從我所能了解的情況來看，他可能買到這些東西。但是如果他們買不到，毫無疑問的是，會有另一位中國買家會買下來，回收再生的力量是在太強大了。

第十五章
塵歸塵、垃圾歸垃圾

我寫最後這一章時，我的書桌上放了一支iPhone 4s手機，這支手機很好用，功能遠遠超過我的需要，但是我像每一個地方的高檔產品消費者一樣，知道更新、更好的iPhone 5手機即將推出。不論我是否需要換更好的手機（我其實不需要），我都希望換更好的iPhone手機。然而，我受到兩個因素限制：第一，新iPhone手機很貴；第二，我十分清楚跟製造新電子產品、處理舊電子產品有關的環境成本。

蘋果公司似乎沒有花多少時間，擔心顧客對該公司訂價政策有關的怨言，但是長久以來，跟該公司環保足跡有關的怨言，一直是蘋果公司優先要處理的事項。事實上，蘋果公司實至名歸，領導整個科技產業，在生產電子產品時，努力利用比較少和比較環保的原料（同時使該公司的產品更難維修、更難翻新——我在後文中會進一步探討這個問題）。更好的是，蘋果顯然努力翻新自己生產的產品，必要時，還會努力回收這些產品。

蘋果採用環保的做法，當然不只是爲了地球好，也是因爲知道像我這樣關心環保的消費者要購買新手機時，向承諾要回收利用舊產品的公司購買的可能性高多了。

現在我的索尼牌筆記型電腦的螢幕上，所顯示的網頁是蘋果公司在美國所推動的蘋果回收計畫，上面包括下列文字：

你參加蘋果回收計畫，會延長在次級電子市場中有價值產品的使用壽命，進而對環境有所幫助。你也會確保到達使用壽命終點的產品，在北美洲會以對環境負責的方式回收。

這些話很有趣：請你注意，蘋果宣稱要以什麼方式在北美洲回收，卻沒有說明要在什麼地方翻修、要在什麼地方銷售翻修後產品的細節。翻修比較可能在北美洲以外的地方進行（蘋果公司答覆了我的詢問，卻不願意透露翻修工廠的所在地），在勞工成本使翻修工作變得更便宜，又有很多顧客願意買成本較低蘋果產品的地方翻修。我對這種做法沒有異議：提供科技導向的就業機會給窮國人民是好事，提供翻修產品給無法購買新產品的人，甚至是更好的事情。

我把現有手機的細節，輸入蘋果公司的這個網站，網站通知我，我這樣做會收到二百十五美元的贈品卡，我可以自由利用這二百十五美元，購買iPhone 5手機。對我來說，這是非常好的交易：我買新手機可以省錢，也知道我的行爲合乎環保永續的標準，但是對地球來說，這樣眞的是這麼好的做法嗎？

二〇一二年四月號的《消費者心理學報》（*Journal of Consumer Psychology*）刊出兩項實驗的結果，凡是主張回收再生是維護天然資源、促進永續生活形態的人，都應該關心實驗結果。

研究人員在第一項實驗中，要求受測者評估一種新產品——在這個實驗中，新產品是一把剪刀，方法是用剪刀把紙張剪成事先規定的各種形狀。一半的受測者進行評估時，旁邊只放了一個垃圾桶，一半的受測者評估時，旁邊放了一個垃圾桶，還放一個回收桶。結果令人困擾：旁邊有回收桶的人進行評估時，用掉的紙張，比只有垃圾桶可以丟棄廢紙的人高出兩倍。這份研究報告的作者傑西．凱特琳（Jesse Caitlin）和王義同（Yitong Wang，譯音）寫道：「這點顯示，增加回收選項，可能導致用掉的資源增加。」

第二項實驗在大學男廁所這種比較自然的情況中進行。研究人員連續十五天，每天計算丟在洗手台旁邊垃圾桶的擦手紙巾數量，然後重複同樣的試驗，只是洗手台旁邊多放了一個回收桶，以及告示牌，「顯示校園裡的一些廁所也參與擦手紙巾回收計畫、放在回收桶裡的紙巾會回收」。經過十五天後，研究人員計算所得到的資料，發現洗手台旁邊放回收桶時，上廁所的人用掉的紙巾，大約是只放垃圾桶時的一倍半。這樣似乎不多，但是你想一想：平常的日子裡，每天有一百個人上這間廁所，意思是回收桶（和相關的告示牌），通常可能促使大家每天多用五十張擦手紙巾。把這種用法擴大到這間廁所每年要利用二百五十天，理論上，每年光是丟進這間廁所回收桶裡的擦手紙巾，就會多出一萬兩千五百張！

這到底是怎麼回事？回收不是理當會促使大家節約、進而保護環境嗎？爲什麼放了回收桶後，大家會用掉更多紙巾？這點跟我不必換掉現有的手機，卻新發現自己願意買新手機有沒有關係？這項研究的作者提出了一種假設：

> 在我們的研究中，消費量會增加，可能跟消費者充分知道回收對環境有利的事實特別有關；然而，回收的環境成本（例如回收設備所用的水、能源等等）比較不明顯。因此，消

費者可能只注意回收有利的一面，認爲回收可以減輕罪惡感之類可能跟浪費資源有關的負面情感，同時是爲增加消費合理化的方法。

作者在報告中也指出：

我們認爲，回收選項比較可能擔負「（大富翁遊戲中）出獄卡」的功能，反而暗示消費者，只要回收用過的產品，消費就是大家可以接受的行爲。

這裡必須指出，報告的作者並不反對回收，他們坦然承認回收對環境有利，勝過開採或鑽探新資源。但是他們也不相信「純粹的儘量推廣回收，是對環境最佳的方式」。他們反而認爲，這樣做是僅次於減少消費和重新利用的第三種好方式。

減量、重新利用、回收再生。

毫無疑問的，如果每一個人都不再消費這麼多東西，環境應該會變得更好。但是這種可能性基本上等於零，甚至可能低於零。就我到處旅行所遇到的人來說，不管是不是美國人，幾乎每一個人都覺得追求方便比永續維護重要。以套在我們所使用的星巴克紙杯外面的紙套爲例，放在我電腦旁邊桌上的星巴克杯套有一段文字，說明製造杯套的原料中，有八十五％是消費者用過的纖維（也就是再生紙和紙板）。我身爲報導回收產業的記者，對這種事實應該覺得好過嗎？我和星巴克是否應該努力，追求完全不再使用紙杯和紙套，即使這樣會有點不方便和不舒服，我們是否也應該這樣做呢？這些回收紙板能不能用在其他更好的用途上呢？

連應該比較了解過度消費的人，對過度消費根本也無可奈何。二〇一一年十一月，我在香港一場回收研討會的會場外，碰到活躍的環保分子帕克特，他在二〇〇二年所拍攝的紀錄片《輸出傷害》（*Exporting Harm*），喚起全世界的人，注意到貴嶼鎮的電子廢料產業。帕克特當時拿了一個塑膠袋，裡面放了新的電子產品，我的目光落在塑膠袋上時，他開玩笑說：「剛剛買了一些未來的電子垃圾。」

將來有一天，帕克特未來的電子垃圾可能會在美國的回收廠裡，開始自己的來生，有些碎片會留在美國，但是大部分碎片最後會送到亞洲，由人工揀選。不論碎片送到什麼地方，不論碎片用什麼方法再生，都會造成對環境不利的成本。

我要把方便、而不是永續維護怎麼對全世界消費者形成鼓勵的原因，留給別人探討（其中一個理論是消費比節約有趣）。我反而只想再重述一次我在本書開始時所看到的事情，也就是一九六〇到二〇一〇年間，美國人從家裡回收的再生資源從五百六十萬噸，增加到六千五百萬噸，這樣聽起來相當好，除非你知道同期內，美國人生產的垃圾從八千一百一十萬噸，增加到二億四千九百九十九萬噸。美國人和世界各國的人同時消費和再生的資源數量，創下空前最高紀錄。顯然除非我們更深入了解回收再生能夠做什麼、不能做什麼，否則提高回收比率，不會影響我們所產生的垃圾數量。

我對一些團體發表跟回收有關的演講時，第一個問題通常是：我們可以採取什麼行動改善我們的回收比率？我有兩個答案。第一個答案是：如果目標是節省資源，那麼提高回收比率的重要性，遠遠不如藉著回收或其他方法，降低我們所產生的垃圾總量。就像我在前面所指出的一樣，回收經常只是暫時擺脫清潔隊員的方法而已。

你可以想一想：紙板和紙張不可能永無止盡的一直回收再生。看紙的種類而定，個別纖維大概只能經歷六、七次變成新紙箱和新紙張的能源密集製程，仍然能夠保持安然不變的樣子。同樣的，很多塑膠只能經歷一次回收再製製程，就必須「降級」，變成搭建郊區住宅陽台所用塑膠板材的無法再生產品。

金屬則不同，理論上，銅電線可以永無止盡的回收再生，但是前提是電線本身容易回收。從電纜中回收銅的製程相當簡單；從iPad平板電腦中回收銅卻相當困難、方法相當不完美，而且通常會產生若干損失——即使由非常高明、技術最先進的回收業者來做，也是如此。然而，連相當簡單、業者十分熟悉的回收再生製程，例如舊啤酒罐回收再生，變成新啤酒罐的整個過程中，都會喪失一些金屬（包括從貨車上掉下來的罐子，到在熔爐裡氣化的金屬）。

此外，還有一些我們常常認爲可以再生，卻根本無法再生的東西，iPhone手機螢幕就是例子。一般說來，玻璃很容易回收再生，卻經常因爲一個非常簡單的原因，沒有回收：玻璃的主要原料矽子很便宜，因此幾乎沒有商業上的誘因，讓企業搜求用過的玻璃去重新熔解再生。iPhone手機觸控螢幕的玻璃，當然跟啤酒瓶所用的玻璃不同，其中包含一系列所謂的「稀土」元素，包括價值不菲的銦——我寫本章時，每磅銦的價格超過二百美元。可惜的是，沒有一種商業上可行的方法，能夠把銦從觸控螢幕玻璃中提煉出來，而且我們也不可能找到這種方法（觸控螢幕中所含的銦，數量頂多只有一小撮，使提煉銦確實變成非常令人質疑的事業）。在可預見的將來，銦這種最稀有的元素之一，還是可能會在開採出來後，只用在一支iPhone手機上，然後就永遠的喪失。

沒有什麼東西——沒有一樣東西——可以百分之百的回收再生，很多東西——包括我們認爲iPhone手機觸控螢幕之類可以回收的東西——其實都無法再生。從本地廢料場、蘋果公司，到美國政府裡的每一個人，如果不再暗示其他的看法，而是傳達比較務實，說明什麼東西可以再生、什麼東西不能再生的實際狀況，應該會幫地球一個大忙。

如果蘋果公司在說明回收計畫的網頁中，納入這種資訊，當然可能收不到這麼多舊iPhone手機，送去再生，但是無法賣出這麼多的新手機，給像我這樣關心永續維護的消費者。《消費者行爲學報》所刊載的兩項回收實驗研究報告作者凱特琳和王義同，在研究報告所寫的最後一段話，就是這個意思：

> 因此，重要的問題應該是找出方法，敦促消費者努力回收再生，同時讓消費者知道回收不是完美的解決之道，降低總消費量才是比較好的方法。

本書的目的不是要對政府官員，提供政策指導，也不是要對擔心到哪裡拋棄有二十五年歷史錄影機的人，提供建議。然而，對於閱讀這本書、有心做環保、希望提高自己所居住社區回收比率的人來說，我想不出有什麼建議比上面這段話還好。我對自己的廢料場出身很自傲，我最喜歡看到的是越來越多的廢金屬移進、移出廢料場。但是以自認爲環保分子的我來說，我希望看到移進移出廢料場的金屬減少。要達成後面這個目標，最好的方法是教育消費者，讓他們認清回收不是縱容他們消費的出獄卡。

然而，如果目標是追求務實的永續前途，那麼我們就必須看看我們可以採取什麼行動，儘量延長我們所要購買產品的壽命。因此我對應該怎麼提高回收比率問題的第二個答案是：要求企業開始設計容易修理、重新利用和便於再生的產品。

以超薄的麥金塔輕巧書本型電腦（MacBook Air）爲例，這部電腦是現代設計的傑作，大小只比裝了幾張文件的牛皮紙袋大一點。乍看之下，這部電腦似乎是可以永續使用的傑作，因爲其中所用的原料比較少，卻可以執行比較多的功能。但是這點只是表象，實際上，要把電腦做得這麼薄，必須把包括記憶晶片、固態硬碟和處理器之類的所有零組件，緊密的放在機殼裡，以至於其中沒有升級的空間。更糟糕的是，從回收再生的觀點來看，薄型電腦（和緊緊放在一起的內部結構）表示到了回收利用的時候，特別難以拆解成個別的零組件；實際上，這種電腦將來只能切碎，不能修理、升級和重新利用。

理論上，我們應該可以生產出便於修理、分解和回收，又受到大家歡迎的薄型電子產品。例如傳統的桌上型個人電腦就便於在科技進步時，抽出舊組件，換上新組件。任何人只要有螺絲起子，都可以安裝新記憶體、新硬碟和新顯像卡。這樣做可以節省金錢，可以減少——卻不能消除——製造全新電腦所需要的原料需求。最後，到了回收再生時，老舊的模組式桌上型電腦容易拆解成不同的零組件。

如果消費者希望採取行動，因應全世界電子垃圾數量不斷成長的問題，那麼消費者發起運動，要求廠商生產新產品時，納入便於回收的原則，長久之後，應該可以使電子產品免於丟進垃圾掩埋場，免於送到貴嶼鎮之類的地方。同時，消費者可以鼓勵重新利用的發展，方法是自己購買翻修過的機器。戴爾、蘋果和其他主要電子廠商，都行銷附有完整保證的翻修產品；下次你要買新產品時，爲什麼不考慮這種東西？

便於回收再生的設計當然可以擴大應用，遠及於筆記型電腦和行動電話的範圍之外。想一想廢棄物管理公司之類的業者，在自動化的都市垃圾回收工廠中，採用昂貴、複雜的感應器，偵測塑膠。如果汰漬清潔劑的塑膠瓶進入這種系統，塑膠瓶外的大標籤卻用跟瓶身不同的材質做成（紙張或不同種類的塑膠），偵測器可能誤判紙張或塑膠標籤是實際的包裝材料，發生這種情形時，塑膠瓶最後可能送到廢紙堆，甚至可能送到垃圾堆裡。最後，塑膠瓶大概會挑出來，放在正確的箱子裡，準備回收。但是即使塑膠瓶最後送到塑膠箱裡，瓶身上貼的紙製標籤還是不會回收，反而會在塑膠回收製程中融化。

這樣會變成小小的損失，但是在前面章節中所提到的情形下，這種小小的損失會變成大問題，也就是一種產品中所應用的材料越多元化，產品的回收再生會變得越困難。

看看我現在用來打註解的密德公司（Mead）五星牌筆記本，這種筆記本是簡單的產品：兩百頁白紙夾在紙板封底和塑膠封面之間，用鋼絲線圈穿著，固定在一起。其中每一樣東西、包括鋼鐵、塑膠、紙板、紙張，都可以回收，但是誰或什麼東西會把塑膠和紙板封底，從鋼絲線圈和紙張中分離開來？如果我把這本筆記本丟進美國人所用的回收桶中，送到回收廠後，機器可能會感應到，把筆記本分送到紙廠去（假設感應器把筆記本當成紙張），再切成碎片。筆記本上的塑膠非常可能和其他塑膠混在一起，送去掩埋（混在一起的塑膠無法製成新品），鋼製線圈會送到廢料場，紙張和紙板——如果分開來處理，可以製成新紙板和新紙張——會變成品質比較差的再生紙。這樣當然是回收，卻是不太好的再生方式：大概除了鋼鐵之外，沒有一樣東西回收再生的品質，比得上東西送進紙廠前，由人用手工的方式分開。

但是密德公司只要轉個念，把五星牌筆記本設計成由紙張和紙板構成，而且（用合乎理想的方式）以紗線裝訂（紗線可以跟紙張一起回收），這樣會有什麼結果呢？紙板和紙張仍然可能混在一起，但是其中應該不會有任何廢塑膠，而且浪費在回收再生鋼鐵的能源，可以移用到別的用途上。這樣整體回收的比率應該會提高，而且誰也不必買新的回收桶。這個例子很簡單，卻可以擴大沿用到一系列的產品和產業上。

我對一些團體發表有關回收再生的演講時，聽到的第二個問題通常像下面這種樣子：我們要怎麼防止自己回收的東西，運到中國和其他開發中國家，在造成汙染又不安全的狀況下再生？如果前面的章節寫得相當成功，現在大家應該看出，這個問題和第一個問題（如何提高我們的回收比率？）息息相關。提高回收比率畢竟是值得稱讚的目標，但是如果大家都不希望再生我們從回收桶中收集到的所有物料，提高回收比率還是不能解決問題。

目前和在可以預見的將來，美國應該能夠把大部分（大約三分之二）收回的物料再製成新品。但是還有千百萬噸的東西，是美國回收業者無法回收再製的東西，因爲對美國廠商（推而廣之，也涵蓋美國的消費者）來說，這些多出來的原料現在根本沒有用處。或許將來有一天，美國製造業會擴張，因而能夠利用中國和其他開發中國家開始買廢料之前，流入垃圾掩埋場的所有聖誕燈飾和其他低品級的廢料。不過這種情形似乎大致等同於美國人擁抱節約、拒絕讓iPhone手機升級。

因此，如果目標是要儘量提高美國人拋棄的廢棄物回收比率，就應該容許美國人回收的資源，流到最有需要的地方。換句話說：如果美國人想要聖誕燈飾，中國企業需要銅，生產聖誕燈飾所用的電線，那麼美國應該容許、甚至鼓勵中國企業，進口廢舊美國聖誕燈飾，否則這些東西最後會流進美國的垃圾掩埋場。同樣的，如果中國人希望從破舊的美國電腦中，回收可以重新利用的記憶晶片，那麼中國人應該能夠進口這種電腦。毫無疑問的，這種聖誕燈飾和記憶晶片回收再生時，不會在符合美國政府所要求健康、安全與環保最高標準的場所進行。但是禁止對開發中國家輸出回收資源，同樣完全無助於改善這些標準。反之，生活水準提高後，每一個開發中國家所面臨迫切多了的問題，如食品安全、適當營養和乾淨飲水等問題先解決後，這種狀況一定會改變。

廢棄物全球化現在變成全球經濟恒久不變的特徵，跟智慧型手機生產的全球化沒有不同，也不會比較不持久。只要產品在某一個地方生產，在另一個地方消費和拋棄，就會有專業公司，把這種廢棄物運送到廢棄物是最寶貴原料的地方去，這種公司經常屬於我祖母所說的廢料事業。

別人問我有關回收再生的第三個問題、也就是最後一個問題，通常是朋友問的，問題大致上是：「我應該把我的什麼東西，送到什麼地方回收?」這種東西可能是舊電腦、一袋報紙、一箱舊葡萄酒瓶、一堆放在垃圾箱裡的輪胎，或是放在後陽台的舊金屬紗門。有時候，大家還會加一句話，說：「我真的希望做正確的事情。」但是大家並非總是會這樣說。

如果問題裡的東西很簡單，是罐子、紙板、報紙、塑膠瓶和其他家庭回收資源，我通常會建議大家去找最近的廢料場。回收物資的市場極為有效率、需求通常極高，以至於不管廢棄物流入全球回收再生系統的入口是什麼地方，是「我們購買廢料」的小貨車，還是大型廢料場，都可以絕對保證所有的物資，最後會流入可以從中取得最大價值的個人或企業手中。你的廢舊汽車也一樣：不管你把舊車賣給廢料場，或是賣給拖吊車司機，最後一定都會變成碎片，運到中國。

電子產品和其他複雜的裝置是不同的挑戰。在很多開發中國家裡，可以使用的過時電子產品需求很高，也有很多機構和回收企業負責輸出。只要翻閱一下電話簿裡的黃頁，或是在網路上尋找，就可以找到這樣的企業。壞掉的電子產品是另一回事，一般說來，歐美電子產品回收業者會測試舊設備，如果發現舊設備已經不堪使用，就會送到切碎機裡（修理很不經濟）。我認爲，這種做法是誤入歧途：壞掉的電子產品通常含有可以再度利用的組件。但是即使其中不含這種組件，簡單的事實是：開發中國家的回收業者利用人工揀選的方式，和切碎機利用磁鐵與渦流機的方式相比，從某種設備中收回的回收資源還是比較多。對於在家裡做回收的人來說，這種事實要求他們在先進國家回收方式、或開發中國家回收方式之間，做出抉擇，也要在兩種方式帶來的所有問題之間，做出抉擇。我希望本書能夠告訴你必要的資訊，讓你做出對你自己、對環境、對全球回收產業中幾億從業人員都正確的抉擇。

不過最重要的是，我鼓勵大家思考回收再生的意義，在你以消費者身分，購買最後一定會丟掉的東西前，先做出精明的抉擇。回收再生在道德上是複雜的行爲，對於希望尋找黑白分明之類確定性的人來說，本地廢料場是令人困擾的漸層灰色地帶，在這種地方，「環保思考」通常表示小小現金箱裡的鈔票。但是就像我在序文中所說的一樣，這個世界因爲有很多廢料場，因而變成更好、更乾淨、更有趣的地方，我不希望住在沒有廢料場的星球上。

伊利諾州喬利埃特（Joliet）的美國第一金屬公司（First America Metal）在炎熱的八月天裡，看來就像一般的美國機器工廠一樣。這家公司設在一條死巷的盡頭，四周都是綠色的草坪，高大的旗桿上飄揚著美國國旗，凸顯了這個地方的存在。和這個地方有關的一切，沒有一樣顯示這裡是美國境內由中國人擁有、經營最成功的廢料場。事實上，大部分人不知道中國廢料業者——幾乎全都是男性——正在美國各地，悄悄的併購和經營廢料場。他們的動機不難判斷，他們希望徹底消除中間人，在這一行裡，中間人就是美國廢料場，他們站在中國原料進口商和把所有金屬與廢紙丟進回收桶的美國人之間。這樣做比表面上困難（很多中國廢料公司已經發現這一點），但是如果你能夠把這種事情做得很好，你會得到龐大的報酬。

喬利埃特這家廢料場由我的老朋友李傑士擁有，他就是二〇〇二年帶我去參觀上海新格集團工廠的人，現在他帶著我參觀他的倉庫。我們在一箱故障家用食物調理機的箱子前停留片刻，他拿起一台已經破裂的食物調理機，讓我看看裡面像棒球一樣大小的馬達。要把其中的銅取出來，最好的方法是由工人利用鉗子夾出來，偶爾大概還需要用到鐵錘和螺絲起子。美國的業者不會這樣做，因此可想而知，這個紙箱會送到李傑士設在中國的某個廢料場，由便宜的人工完成這項任務。

李傑士停在另一個箱子旁邊，「你知道這是什麼東西嗎？」他問我時，笑得很開心。

我看看裡面：看到一些油油亮亮、混在一起的灰色金屬屑，好像是工廠把一塊金屬研磨成圓形時掉下來的東西。「不知道，那是什麼？」

「鈦。」

鈦是價格昂貴、質地極爲強韌、重量很輕的金屬，通常用在航太工業和高爾夫球桿上。幾年前，我到台灣採訪時，曾經拜訪台灣最大的鈦金屬回收工廠。這次採訪令人難忘：我看著他們用沖壓的方式，從鈦金屬板中，壓出推桿頭，就像用麵團壓出餅乾一樣。但是美國第一金屬公司的廢料看起來比較像油亮的紙花，我想要找這種東西的買主不容易，但是李傑士總是會讓人吃驚。他告訴我，「賣給別人做鞭炮，鈦燃燒時會發白光，因此你把鈦賣給鞭炮廠商，他們用鈦製造發白光的鞭炮。」

我再度看看箱子，「做鞭炮？」這些碎屑或許是製造波音公司噴射機引擎零件時研磨下來的。不管來源如何，現在都要運到中國中部的煙花廠，包在鞭炮裡，把天空照成明亮的白色。

「你要怎麼找鞭炮廠買主？」

「我知道去哪裡找，」他回答說：「美國廢料業者不知道去哪裡找。」

的確是這樣，美國廢料業者跟中國窮鄉僻壤的鞭炮廠沒有關係，這是美國產生的鈦金屬碎屑會流到李傑士手中，而不是流入美國人所開設廢料場的原因之一。畢竟，成功的回收或是像這個例子裡的廢物利用，不只是價格的問題而已，也是知道誰要這種碎屑的問題。

李傑士帶我走出倉庫，走進原本可能屬於小型不動產公司的安靜辦公室，我們走在唯一的走廊上時，李傑士解釋說：「我們公司的門面是美國式的，辦公室卻是中國式的。」

的確如此，接待員是白皮膚的美國人；但是接待櫃檯後面的辦公室裡都是中國人，說的是普通話。我們走進會議室，李傑士讓我坐在一張長形會議桌的首席，他坐在離我幾個位置的地方，身體向後靠，一隻膝蓋抵著桌子，問候我家人，我告訴他，我很快就會結婚，而且一定會邀請他參加。

我問他：「生意如何？」

「不壞，」他說：「總是會碰到問題，但是生意不壞。」

照他的說法，美國第一金屬公司每年出貨一百四十五萬公斤，以數量計算，是農業重鎮的美國中西部五大非農產品出口商之一。他所生產的金屬中，只有三%到五%留在美國，主要是賣給汽車零件廠，他認爲這種生意是夕陽業務，「美國汽車廠進口很多東西、進口很多零件，這樣會害死美國的很多製造業者。」換句話說，低成本的中國汽車零件生產已經崛起，可能促使李傑士的最後一批廢料，輸往需求和價格都比較高的亞洲。

我們談了一個多小時，談話快要結束時，我問他，他從美國人不想做的事情當中，賺到這麼多錢，是否有美國出生的員工對他心懷怨恨過。他笑著說：「我不知道，我不知道他們心裡怎麼想。」

因此我問他，我是否可以採訪一位他的員工。

讓我驚訝的是，他同意這麼做。「其實我對這一點也很好奇，你等一下。」他離開會議室，幾分鐘後，跟夏恩．吉勃森（Shane Gilbertson）一起回來，吉勃森留著一頭沙金色的頭髮，大概三十多歲，肌肉結實，長得英俊瀟灑，是廢料場經理，他穿著一件油膩的綠色T恤，反戴著棒球帽。

「你怎麼會進入廢料業？」

他告訴我，他是大學畢業生，當過邦諾書店（Barnes & Noble）的職員。新千禧年開始後，他經營自己創設的金融服務事業，專門從事房屋貸款，接著住宅泡沫破滅，他歎口氣說：「你應該很清楚後來的變化。」他告訴我，美國第一金屬公司有很多像他一樣的員工，他們「很高興有工作」，在經濟走下坡期間尤其如此。

我問他，他踏進廢料業前，對這一行有什麼了解。他微笑著告訴我，他是「農村出身的小孩」，這件事說明了他現在所做的一切事情。他說：「我舉一個例子。」他才十幾歲時，有一天下午，他跟祖父拿著舊乾草架，去找「廢料商約翰」。照他的描述，廢料商約翰不是讓人覺得很富有、甚至不是能夠留給大家好印象的人，他年紀輕輕，當然覺得約翰貌不驚人，就對祖父說了一些「批評」約翰的話，他祖父顯然對這一行有些了解，就糾正孫子。「他告訴我，『這個人比你所認識的任何人都有錢。』」

時代雖然變了，但是我近來相當確定的是：李傑士比吉勃森現在所認識的人都有錢。然而，吉勃森對這種事情似乎不以爲意。我問他，他看著好好的美國廢金屬全都出口到中國去，到底作何感想，他又著胳膊，說：「我認爲這是美國經濟的缺點，我認爲我們回收的很多東西，都可以在美國利用。」

「爲什麼沒有這樣做呢？」

「我們有一種心態，就是認爲自己太厲害了，不能經營某些產業。同時，我們害這些東西不能送去掩埋場，大家認爲我們有點像壞人。」

可惜吉勃森沒有多少時間談話，一天的工作快要結束了，倉庫裡還需要他。「我們還要安排很多事情，我在這裡的資歷還相當淺。」

他離開後，他所說「我認爲我們回收的很多東西，都可以在美國利用」的話還哽在我心裡。我起初以爲，他的意思是廢料可以在美國回收再生，而不是輸出到國外。但是後來我發現，吉勃森實際上的意思更深入，是跟曾強森開著出租車，穿越他稱爲「垃圾大國」有關的事情，美國有太多的垃圾、太多的希望，卻全都流到外國。

二〇一二年七月底，我坐在廂型車上，廢金屬設備廠兼處理廠湖南萬容科技公司國外業務經理馮貝利（Belly Feng，譯音）陪著我。馮貝利很熱心，大概接近四十歲，而且人如其名，長得矮矮胖胖，人很快樂、也很有自信，因爲他在北京政府以政治力量和財力支持的湖南萬容乾淨再生計畫中，擔任極高階主管。湖南萬容有不少著名的成就和計畫，目前負責設計、生產要在貴嶼鎮升級計畫中安裝的升級科技。

我望著窗外，看到緩緩流動的汨羅江，在湖南省西北部的優美景色中蜿蜒流過，這裡離上海大約一千公里，地形平緩，梯田起伏，旁邊的小村莊趁著最近的繁榮浪潮，正在擴建成比較大的村莊。

最後我們向左轉，開上一條還在鋪築的馬路，柏油上還沾著湖南的紅土，最後我們來到幾座小山峰的山腳下，右邊就是湖南萬容公司的六十畝地，上面蓋了兩座巨型倉庫，其中一座旁邊蓋了一棟四層樓高的辦公室建築。外面正在下雨，泥流在紅褐色的輪胎痕跡和水溝中流動。

我們下了廂型車，我的眼睛立刻注意到幾十萬台舊電視機，堆成五、六層高、形成懸崖峭壁，從至少占地十二畝的倉庫打開的裝卸貨大門中顯現出來。

我們一起走進裝卸貨大門，走在一條又一條的走道上，走道上堆著的電視機有我兩個人那麼高。有些電視機小得像便當盒一樣，有些電視機大得像手提箱一樣；有些機殼是紅色的，有些是白色的，大部分都是褐色和黑色；螢幕都完好無缺，轉鈕仍然轉得動，電源線還連在機身上。但是最令人動容的是電視機一台接一台、灰塵接著灰塵、廢物接著廢物，擺放的無邊無際，看不到盡頭。

馮貝利告訴我，很多電視機還可以看，但是中國再也沒有人有興趣，要一台已經有二十年歷史的黑白電視機，即使在中國的二手電子產品市場上，大型的彩色電視機也很常見、很便宜。

我看著兩位穿著藍色制服的工人，推著吱吱作響的平台車，沿著一排電視機，把六台新近送到的電視機推過去，停在靠近盡頭的地方，合力把電視機搬起來、再堆上去。

我覺得自己好像剛剛發現了中國所有舊電視機的臨終病房，但是這樣說不很正確。馮貝利告訴我，這裡只是人口七百萬的長沙，和人口五百萬的岳陽，把一部分丟棄的電視機送來回收再生的地方，這兩個城市的人口只占中國總人口的百分之一不到，在中國的其他地方，還有大約九九．一％人口所擁有的舊電視機有待回收。

有些人可能說，這種情形是統計和環保問題；有些人可能說這種情形是商機。在獲得中國政府最高層支持的萬容公司裡，這種情形既是問題，也是商機。

這座新蓋的廠區裡，到處布滿拆解線，用來回收電視機和相關廢料，這種配置很複雜，但是我最先注意到的事情是：大部分空間都安排成工作站，讓工人把電視機拆解成玻璃、銅、塑膠之類的不同組件。然後有些材料會直接運到回收廠，有些會送去切碎。簡單的說，這樣表示萬容公司在電視螢幕切成碎片前，有能力從中抽出和揀選大部分的非鐵金屬，把螢幕切碎後進一步揀選的需要降到最低。萬容公司不是唯一這樣做的企業，我在印度看過這種做法，在勞工成本低落、接收美國和其他富國人民切碎廢料的其他開發中國家裡，也看過這種做法。

換句話說，如果你像我一樣，有一台舊電視，希望看到這台舊電視用最合乎環保要求的方式，送去回收再生，留下其中的大部分材料，那麼湖南省很可能是你的電視機應該要去的地方。

這就是未來嗎？歐美的電視機最後會流到汨羅（湖南省汨羅市），進行合乎環保要求的回收再生嗎？李傑士直接向美國人購買廢料、再運到這裡來的做法，能夠讓他以此爲生嗎？照北京幾位高階主管官員的說法，中國即將對這個問題提出肯定的答案（急於保護自己的歐美回收業者可能不同意）。爲什麼不是這樣呢？如果——這種發展似乎無可避免——中國變成世界最大的廢料產生國，那麼，爲什麼中國不應該也變成最大的回收國呢？如果中國保持世界最大生產國的地位，爲什麼中國不應該利用其他國家拋棄的廢棄物，變成最大的原料回收國呢？爲什麼中國不應該變成這個廢料場地球的首都呢？

結語

二〇一二年四月，我從上海飛到拉斯維加斯，參加廢料回收產業協會年會。我的未婚妻克麗斯汀陪著我：她從來沒有參加過廢料業的年會，我不敢說她是否覺得興奮，但這不是她參加這次年會唯一的原因。

幾個月前，我的準岳母告訴我們，年會期間的四月十八日星期三，在中國的農民曆中，是特別吉祥的好日子。巧的是，在猶太人的曆法中，這一天也是特別吉祥的好日子。因此我們身為猶太人和華人，就認定四月十八日是結婚的大好日子。我們邀請的客人不多，但是深具國際化和廢料業的意味：包括一對荷蘭籍的夫妻、一位巴西人、兩位美籍華人和兩位美國出生的美國人（他們當然全都報名要參加這次年會）。婚禮舉行的地點是緩緩開在拉斯維加斯大道上的一部大禮車，我們的證婚人是《廢料雜誌》發行人肯特．凱瑟（Kent Kiser）。

我們喜愛婚禮的安排和來賓，原因有好幾個，但是最重要的原因是他們反映我成長和現在報導的產業國際化程度。我不買賣廢料，但是我的很多朋友都買賣廢料，這種關係、這種國際關係，絕對是廢料目前在世界市場上流通無阻的關鍵。

但是有一點很重要：過去的情況並非總是這樣。

二〇一一年夏季，我花了幾天時間，翻閱廢料回收產業協會（ISRI）的檔案，尋找可以加強本書內容的歷史資訊。在其中，我發現的最有趣文件，是這個協會前身的同業公會年會晚宴的相片和記錄。例如，全國廢物料交易商協會（NAWMD）通常在紐約的艾斯托大飯店（Hotel Astor）舉辦年度晚宴。我發現一九二四年拍攝的一張照片顯示，這種晚宴極為豪華，需要一整間大廳、幾十張桌子，以及上百公尺長、彰顯愛國精神的彩旗。但是九〇年後看來，最讓人注意的是參加晚宴的人並不多元化，只有穿著晚禮服的白人男性參加。這種情形不止是人口結構的問題而已（不過當年美國這一行的確是由東歐來的移民主導）。全國廢物料交易商協會的年度聚會是正式的「男性集會」——這種傳統一直延續到一九八〇年代中期。

時代的確已經改變。

近年來，廢料回收產業協會已經變成擁有國際會員的國際性組織，協會的年會有五千多位代表參加，是國際盛事。中國貿易商、印度貿易商和非洲貿易商混在一起，每個人都追逐美國的廢料供應商。在這場大戲中，女性就像在整個產業中一樣，還是少數，但是女性的數目正在增加，影響力正在擴大（在香港和洛杉磯尤其如此）。毫無疑問的是，廢料業——至少在經營階層中——還是男性主導的行業。但是我認為，二十年內，這種情形也會改變。

然而，我很清楚，這一行以外的人——尤其是環保團體的人——並不是這麼熱情的看待廢料與回收物資貿易的全球化。他們認為這種情形是委外和倒垃圾，是鼓勵汙染。我了解他們的憂慮：開發中國家的回收業者通常不符合富國訂定的標準。有些開發中國家的業者有能力改善，有些業者沒有能力改善；以中國的貴嶼鎮來說，他們有資金可以改善，但是政治和問題的規模太大，使得他們無法改善。不過問題是即使他們以比較骯髒的方式營運，他們是否能夠省下更多？開採銅礦和金礦是否比在貴嶼鎮提煉黃金還好、還是比較不好？讓電腦晶片在中國重新運用比較好，還是在北美洲的倉庫裡切碎比較好？最後，這些問題都不會由先進國家富有的回收商回答，反而要由需要原料的開發中國家人民回答。

回收再生對環境比較好——我說的不是對環境「很好」。但是如果沒有經濟因素、沒有原料的供需在發揮作用，回收再生頂多只是毫無意義、美化垃圾的做法。回收再生無疑勝過把東西丟進焚化爐裡，卻不如把可以翻修的東西送去修理，如果把東西送去掩埋讓你受不了，你就該把東西送修。把紙漿、鋁罐或酒瓶丟在回收箱裡，不表示你已經回收任何東西，也不表示這樣會讓你變成更好、更環保的人，只是表示你把自己的問題委外出去。有時候，委外的地點離你家很近，有時候，委外的地點是在國外。但是不管這些東西運到哪裡，全球市場和原料的需求才是最後的仲裁者。

如果這種理解讓你覺得難過，幸好你總是有替代方案，首先就是不買這麼多廢物。

至於我和內人，我們在家裡並不做回收工作，而是把我們的所有塑膠瓶、鋁罐和紙板放在箱子裡，送給替我們整理房子很多年、深受我們敬愛的王群英阿姨，她這個人很有意思，是熬過二十世紀中葉中國革命動盪歲月的人，現在已經半退休，靠著替我們這樣的外國人打掃房子過日子。這些回收物資是她每星期兩次的獎金，因此她義不容辭，要把這些東西賣到最高的價錢。

因此，她每星期兩次，會提著一、兩袋我在美國的朋友稱之爲「回收物資」的袋子，離開我們家，然後從七樓走下去，送到街道上，賣給用行情收購這些東西的小廢料商。我們從來不跟她要錢，不過我偶爾會問她，以便知道鋁罐或塑膠瓶的行情。

我們有什麼特別的東西要她拿去賣時，情況會變得很有趣（從廢料商的觀點來看）。例如，內人和我從拉斯維加斯回來幾星期後，我們的廚房洗碗槽出了問題。解決之道是換一條重量大約三公斤半的鑄鐵排水管，我把舊管交給王阿姨時，她的眼睛一亮，因爲這條管子值不少錢。我告訴她，她可以把鑄鐵排水管拿走，但是有一個條件，就是我要陪著她，去找樓下那位廢料商人，看看交易的情形如何。

王阿姨一聽，臉上浮起憂慮神色，轉頭對內人說：「如果廢料商人看到外國人，他們不會付那麼高的價錢。」

「爲什麼呢？」

「他們認爲你們其實不知道眞正的價值。」

我聳聳肩，哈哈大笑的說：「那麼妳自己去吧，要爭取最高的價錢。」

十分鐘後，她走回來，手上拿著一些人民幣，我們堅持要她留下來。然後她告訴我們她賣到的價錢，我立刻看追蹤中國廢金屬價格的一些網頁，尋找鑄鐵廢料的價格，結果發現，她收到的價格大約是行情的三十%，這樣其實不差。要得到跟行情一樣的價格，表示必須擁有鋼鐵廠，必須經營這種企業帶來的所有數量和問題。

那天晚上，我接到美國廢料公司一位老朋友的電話，他打電話給我，是要提供一些資訊，讓我寫在這本書裡，但是我們談到這種資訊前，他有一個問題要問：「你最近有沒有聽到跟廢鋼價格有關的消息？我們聽說廢鋼價格疲軟。」

我看看筆記本，上面記著王阿姨賣掉舊鑄鐵水管的價格，告訴他：「實際上，我今天才跟上海一位廢鋼商人談過話。」

EARTH ⑪

一噸垃圾值多少錢

Junkyard Planet : Travels in the Billion-Dollar Trash Trade

作者—亞當．明特（Adam Minter）
譯者—劉道捷
主編—林芳如
責任編輯—謝翠鈺
執行企劃—林倩聿
封面設計—陳郁汝
內頁排版—宸遠彩藝
董事長
發行人—孫思照
總經理—趙政岷
出版者—時報文化出版企業股份有限公司
10803台北市和平西路三段二四〇號四樓
發行專線—（〇二）二三〇六六八四二
讀者服務專線—〇八〇〇二三一七〇五
（〇二）二三〇四七一〇三
讀者服務傳真—（〇二）二三〇四六八五八
郵撥—一九三四四七二四時報文化出版公司
信箱—臺北郵政七九～九九信箱
時報悅讀網—http://www.readingtimes.com.tw
法律顧問—理律法律事務所 陳長文律師、李念祖律師
印刷—盈昌印刷有限公司
初版一刷—二〇一四年二月二十一日
定價—新台幣三六〇元
行政院新聞局局版北市業字第八〇號

國家圖書館出版品預行編目資料

一噸垃圾值多少錢 / 亞當.明特(Adam Minter)作 ; 劉道捷譯.
-- 初版. -- 臺北市 : 時報文化, 2014.02
面 ; 公分.
譯自 : Junkyard Planet : Travels in the Billion-Dollar Trash Trade

ISBN 978-957-13-5888-8(平裝)

1.廢棄物利用 2.廢棄物處理

445.97 102027355

ISBN 978-957-13-5888-8
Printed in Taiwan